专利的价值

贾年龙　吉桂宜　著

知识产权出版社
全国百佳图书出版单位
—北京—

图书在版编目（CIP）数据

专利的价值 / 贾年龙，吉桂宜著 .—北京：知识产权出版社，2024.12.
ISBN 978-7-5130-9587-7

Ⅰ .G306

中国国家版本馆 CIP 数据核字第 2024A0904U 号

内容提要：

本书从专利价值的本源出发，以专利价值的产生、评价和运用为主线，将高价值专利、质押融资、专利价值评估、技术评估、专利导航、高校专利申请前评估等知识产权前沿课题联系在一起，共同揭示专利背后的价值。

本书不仅涉及企业的知识产权问题，还涉及技术评估和产业规划方面的问题，适合有一定专利基础的企业、政府和服务机构的知识产权管理人员、专利分析师、科情研究员及科技成果评估人员学习使用。

责任编辑：吴　烁　　　　**责任印制：**孙婷婷
封面设计：杨杨工作室 · 张冀

专利的价值

ZHUANLI DE JIAZHI

贾年龙　吉桂宜　著

出版发行：知识产权出版社有限责任公司	**网　　址：**http://www.ipph.cn
电　　话：010-82004826	http://www.laichushu.com
社　　址：北京市海淀区气象路 50 号院	**邮　　编：**100081
责编电话：010-82000860 转 8768	**责编邮箱：**laichushu@cnipr.com
发行电话：010-82000860 转 8101	**发行传真：**010-82000893
印　　刷：北京中献拓方科技发展有限公司	**经　　销：**新华书店、各大网上书店及相关专业书店
开　　本：880mm × 1230mm　1/32	**印　　张：**11
版　　次：2024 年 12 月第 1 版	**印　　次：**2024 年 12 月第 1 次印刷
字　　数：290 千字	**定　　价：**88.00 元

ISBN 978-7-5130-9587-7

前言

PERFECT

对专利价值的探讨不是新鲜事。但是，专利价值本身具有动态性、模糊性和复杂性，直到目前，我们也很难确切地对专利价值作出真实的衡量。在现实世界中，有很多场景需要我们对专利的价值进行评价。由于评价场景和需求的不同，专利价值的评价方式和内容也应相应调整。在一个不断演变的社会中，追求一个固定不变的“真实”专利价值可能既无意义也难以实现。然而，深入理解专利的价值是如何形成的，哪些因素会影响其价值，如何对其进行衡量，以及如何实现其价值，对于培养高价值专利、提升创新效率、促进专利成果的利用和保护，以及改进专利制度以更好地支持科技创新，都具有极其重要的意义。

为了深入理解专利价值的本源，本书首先从对价值的理解入手。在探究过程中，笔者发现有关价值的哲学探讨是极其深邃的，因此在本书中呈现了历史长河中思想巨匠们在认识价值时的微妙见解和理论交锋。效用理论认为，价值产生于物品满足人们需求的能力，强调实用性是价值的根本。均衡价值理论进一步说明，在市场稳定的状态下，商品的价值是由供应与需求之间的动态平衡所确定的。劳动价值论则从劳动的角度出发，认为价值的本质来源于劳动，并且清晰地区分了价值与价格的概念，指出价格是围绕价值上下波动的。通过对内在价值与外在价值哲学讨论的细致分析，笔者更加深刻地意识到价值概念的复杂性和多维度特征。在探索专利价值本源的过程中，本书提出了专利价值空间的理论框架。这一理论将专利的效用视为一个具有弹性的空间，认为它反映了专利技术满足不同主体期望的能力。尽管这个空间存在一定的可伸缩性，但在特定的时间节点和环境下，专利的价值可以被具体化为一个确切的数值。这一假说提供了理解和评估专利价值的新视角和理论依据。

专利本质上与技术创新紧密相连，专利的价值不仅包含其作为发明的内在价值，还应包括专利权带来的超额收益。同时，诸多外部因素（如市场的规模、专利权的保护力度及专利的有效性状态等）均对专利价值有着显著影响。一套公认的评估专利价值的维度体系已在长期实践中逐渐发展起来，主要分为技术价值、法律价值和市场价值三大维度。此外，经济价值和战略价值等其他维度也被一些学者纳入考量，以更全面地评价专利的综合价值。

对专利价值进行评估的需求催生了定性评价与定量评估这两种主要的方法。本书致力于综述这些评估手段，并着重整理了各种标准和实践中的评价准则，旨在为研究人员和从业者提供便捷的参考，帮助他们选择适宜的评价指标，以有效地进行专利价值的评估。

在专利价值的评估中，有两个特定的场景显得尤为重要。其一是专利组合的价值评估，特别是那些具有前瞻性和战略意义的专利组合的评估，对于企业专利战略管理至关重要。对于高度依赖研发的企业来说，如何有效评估这类专利组合的价值一直是一个重大挑战。本书汇集并介绍了最前沿的专利组合评估方法，旨在帮助企业更精准地管理和评价其专利资产。其二是在知识产权质押融资背景下的专利价值评估。随着知识产权质押融资业务的蓬勃发展，如何科学合理地评估用于质押的专利价值成为亟待解决的问题。本书通过深入分析成都首例纯专利质押融资案例，为业界提供实践经验和参考依据。

探讨专利价值不可避免地要涉及对高质量和高价值专利的深入分析。本书从多重视角审视了这两者之间的联系，并总结了高价值专利的评估方法与培育策略。此外，本书还详细论述了专利在科技成果评估中的多种应用形式，以及如何通过专利信息分析在产业与企业层面上创造显著价值。通过这些探讨，本书力图为读者构建一个深刻理解专利价值及其实际应用的综合框架。

为了专利价值最大化，完善的法律保护和高效的商业化运作不可或缺。为此，本书详细整理了中国在专利保护及商业化方面的最新变化。特别是针对高校的专利价值实现问题，本书系统总结了专利挖掘与战略布局方法、国内外在高校内部进行专利申请前的评估机制及将高校专利成果转化为经济价值的经验与实施策略，为相关从业者提供借鉴参考。

总之，专利价值的产生、衡量、价值实现涉及了专利的创造、运用、管理和保护多个环节。我们需要以辩证和动态的视角来理解专利价值，它不仅是专利权人可获得的直接经济收益，更蕴含在专利的战略性部署中，体现在对未来创新投资的预判和布局，以及推动技术创新、增强企业运营的竞争优势、促进产业进步的深远影响中。专利价值是一个多维度的概念，它深刻地交织了技术、商业和法律的内容，对经济社会的发展起着至关重要的作用。

本书不仅涉及了专利价值的理论探讨，还以专利价值为线索把高价值专利培育、专利价值评价、质押融资专利筛选和评价、技术评估、专利导航、高校专利申请前评估等知识产权前沿课题联系起来，其中涉及的大量案例均来自一线专利实务工作的实战经验总结。因此，本书特别适合企业、政府及服务机构中拥有一定专利知识基础的专业人士，如知识产权管理人员、专利分析师、科技情报研究者和科技成果评估专家参考使用。同时，本书亦是高校师生探索知识产权领域、深化学习与研究的参考资料。

目录

CONTENTS

第一章
建立知识产权制度的意义

第一节 知识的产权化

一、知识与知识产权化

知识（knowledge）在孔狄亚克所著的《人类知识起源论》中被定义为人类精神活动的产物。知识唯一的来源乃是外界客体作用于感官而产生的感觉，因此一切知识无不起源于感觉和经验。《词语大全》定义知识为人们在改造世界的实践中所获得的认识和经验的总和。[1]《中华大词典》解释知识为一个人通过经验或教育获得的事实、信息和技能，对一门学科的理论或实践理解，以及在特定领域或总体上知道什么。[2] 综合以上定义可知，知识是人们在认识和改造社会中形成的符合自然规律的经验、技能等智慧结晶，这些智慧结晶可以进一步指导人们的实践。

在人类社会的发展过程中，知识的产生和传播并未受到外在的限制，公有领域的任何人都有权去学习、使用和传播知识。此时，知识并未被作为一种权利进行保护，它是人类的共同财富。人们在知识创新和创造过程中所投入和付出的时间、资源和精力很难得到应有的回报。辛辛苦苦创新得来的知识，轻易地被别人复制和模仿。这种现象盛行，无法得到规制，长此以往，扼杀了人们的创新热情，最终严重地阻碍了社会科技经济的发展。

在文艺复兴的影响和科技革命浪潮的冲击下，为知识赋予权利的思想便产生了，这便是知识产权化（propertization / property rights）。为知识设置产权，意味着知识产权化，指将知识纳入财产权法律制度之中。知识产权化也被称为创新成果知识产权化，其核心任务是把一切可以转化为知识产权的智力劳动成果变成一种民事权利，通过这种转变达到保护的目的。[3] 当然，要实现知识的产权化，并非简单地将所有的知识都赋予这样一种民事的权利，而是需要对特定的知识，经过特定的程序认定，再赋予这种权利。知识产权化是将智力成果通过法律手段和程序确认为民事权利的行为过程。此时，知识产权化本身可被看作一种行为人参与的活动。

知识产权化提出后，仍然面临诸多的问题。其一，知识的存在形态与特征区别于物理世界，具有非物质性和无形性，是否可以对其进行保护？如何进行保护？其二，知识原本属于公有领域，将其产权化将会导致知识的私有化，而知识的私有化是否会损害公众的利益？其三，知识产权化是否真的可以促进创新？如何才能真正地促进创新？

对于这些问题，可以从知识产权哲学基础、知识产权法律框架和实证研究中寻找答案，本书也会围绕这些问题来进行论述和解答。由于知识产权具有非物质性，与物权的保护存在根本差别，知识产权仅能通过法律和程序来赋予这种权利，并予以保护。专利会通过“公开换保护”并设置保护期限等措施来平衡知识私有化和公众利益的问题。此外，各类知识产权法律也大都设置了对专利权限制的相关条款。

知识产权化的过程中所形成的民事权利，被称为知识产权或智慧财产权（intellectual property rights）。随着科学和经济的不断发展，知识产权客体的新形式在不断产生，知识产权化的领域和范围也在不断拓展。

在知识产权化的早期，并不包括商标。知识产权化的重心在于智力劳动成果，而商标主要关注的是维持市场秩序和保障消费者的利益。商标重在防止伪造和欺诈，而非创造知识。因此在知识产权化的早期，商标并未被纳入知识产权的范畴。直到19世纪下半叶，知识的产权化程度进一步加深，对知识的保护才从对知识的劳动价值扩展到对象本身的价值上。知识产权化开始更加专注于财产权性质和经济价值。此时，商标也被纳入知识产权法律体系之中。此时，知识成果可以通过专利权、商标权、著作权等多种知识产权的客体类型来进行产权化和保护。

二、知识产权的范畴

关于知识产权的定义，有概括主义和列举主义两种定义方式。

采用概况主义定义方式的知识产权概念主要出现在一些期刊或书籍中。例如，郑成思教授定义知识产权为人们可以就其智力创造的成果依法享有的专有权利[4]；刘春田教授定义知识产权为基于创造性智力成果和工商业标记依法产生的权利的统称[5]；张玉敏教授定义知识产权为民事主体对创造性的智力成果与工商业标记及其他具有商业价值的信息，它们有排斥他人干涉的权利[6]。

世界上多数国家的法理专著、法律，乃至国际条约，均主要采用列举的方式来明确知识产权的范畴。具体又可以分为广义知识产权和狭义知识产权两类。其中，广义的知识产权是依据1967年在斯德哥尔摩签署的《建立世界知识产权组织公约》[7]划定的，包括：①与文学、艺术、科学作品有关的权利；②与表演艺术家的表演、录音制品和广播有关的权利；③与人类创造性活动的一切领域的发明有关的权利；④与科学发现有关的权利；⑤与工业品外观设计有关的权利；⑥与商标、服务标志、商号及其他商业标记有关的权利；⑦与防止不正当竞争有关的权利；⑧其他一切来自工业、科学或文学艺术领域的智力创造活动所产生的权利。

狭义的知识产权主要包括工业产权与著作权两部分。其中，工业产权依据《保护工业产权巴黎公约》的规定，工业产权的保护对象包括：①发明专利权、实用新型专利权、工业品外观设计专利权；②商标专用权、厂商名称、产地标记、服务标记等，随着时代的发展，延伸到禁止不正当竞争权、集成电路布图设计、植物新品种、商业秘密等；③在著作权保护上，延伸到邻接权、信息网络中产生的著作权等。

在全球知识产权制度不断发展完善的今天，知识产权化所指的不仅是将创新成果转化为一系列知识产权，更为重要的是，通过知识产权化来建立起对创新成果的保护，在个体、企业和社会层面形成可持续的创新生态，激励人们大胆地创新，而不必担心被轻易抄袭和模仿。

三、知识产权的权利价值

知识产权制度为智力劳动成果赋予权利并予以法律保护。对于专利权，需要按照专利法的规定，经过专利的申请和授权程序，才能最终获得专利权。发明专利需要经过初审和实审，并且在满足专利授权的条件下才能被授予专利权。实用新型专利和外观设计仅经过初审，即可被授予专利权。对于商标，可以通过专利注册程序来获得商标权，也可以通过商标的实际使用获得商标权。而对于著作权，按照著作权法的规定，作品一经完成便可以自动获得著作权。

在知识产权制度尚未形成时，知识作为一种公共资源，不仅可供知识创作者使用，任何获得知识的人亦享有无偿使用的权利。然而，知识产权制度的出现，将部分知识纳入私权保护，防止他人未经许可擅自使用。在包括专利法、商标法和著作权法等在内的知识产权法律体系内，均明确规定了未经许可的侵权行为将受到法律制裁。与此同时，赋予权利人通过知识产权的行使或处分获取经济利益的权利。

《中华人民共和国专利法》（以下简称《专利法》）第十一条明确规定："发明和实用新型专利权被授予后，除本法另有规定的以外，任何单位或者个人未经专利权人许可，都不得实施其专利，即不得为生产经营目的制造、使用、许诺销售、销售、进口其专利产品，以及使用、许诺销售、销售、进口依照该专利方法直接获得的产品。外观设计专利权被授予后，任何单位或者个人未经专利权人许可，都不得实施其专利，即不得为生产经营目的制造、许诺销售、销售、进口其外观设计专利产品。"《专利法》第十二条则进一步规定，任何单位或者个人在实施他人专利时，应当与专利权人订立实施许可合同，向专利权人支付使用费。

对于商标权，《中华人民共和国商标法》（以下简称《商标法》）第五十七条规定："有下列行为之一的，均属侵犯注册商标专用权：（一）未经商标注册人的许可，在同一种商品上使用与其注册商标相同的商标的；（二）未经商标注册人的许可，在同一种商品上使用与其注册商标近似的商标，或者在类似商品上使用与其注册商标相同或者近似的商标，容易导致混淆的；（三）销售侵犯注册商标专用权的商品的；（四）伪造、擅自制造他人注册商标标识或者销售伪造、擅自制造的注册商标标识的；（五）未经商标注册人同意，更换其注册商标并将该更换商标的商品又投入市场的；（六）故意为侵犯他人商标专用权行为提供便利条件，帮助他人实施侵犯商标专用权行为的；（七）给他人的注册商标专用权造成其他损害的。"《商标法》第六十三条规定："侵犯商标专用权的赔偿数额，按照权利人因被侵权所受到的实际损失确定；实际损失难以确定的，可以按照侵权人因侵权所获得的利益确定；权利人的损失或者侵权人获得的利益难以确定的，参照该商标许可使用费的倍数合理确定……"

对于著作权，在《中华人民共和国著作权法》（以下简称《著作权法》）第十条规定，著作权包括人身权和财产权。其中，人身权包括：发表权（即决定作品是否公之于众的权利）；署名权（即表明作者身份，在作品上署名的权利）；修改权（即修改或者授权他人修改作品的权利）；保护作品完整权（即保护作品不受歪曲、篡改的权利）。财产权包括：复制权、发行权、出租权、展览权、表演权、放映权、广播权、信息网络传播权、摄制权、改编权、翻译权、汇编权，以及应当由著作权人享有的其他权利。著作权人可以转让或许可他人行使财产权方面的权利，并依照约定或者《著作权法》有关规定获得报酬。

由此可见，知识产权的权利源于对他人未经许可的使用行为的禁止。同时，知识产权的权利人可以就其拥有的知识产权进行处分，如转让或许可，并且从中获得报酬。这两者构成了知识产权权利价值的基础。

不同知识产权的权利保护范围的大小是不同的，知识产权虽然在相同的法律框架下进行保护，但仍然存在价值高低的差异。商标既有较高知名度的商标，也有不为大众所知的普通商标。著作权方面既有高价值的作品，也有无人问津的作品。知识产权制度为不同的知识创新成果提供保护，权利的赋予为知识产权的价值提供了法律基础。然而，知识产权的最终价值，须体现在知识成果本身所具有的价值及在市场上受人民欢迎的程度。

第二节 知识产权对创新的激励作用

一、促进创新的策略

技术创新按照不同的分类标准可以分为产品创新与过程创新，激进（基本或基本）创新与增量创新（改进），破坏性创新与持续创新。还有一些类型的创新不是来自科学和技术研发，但往往对研发投资的产品和服务的营利营销至关重要，包括营销创新、机构创新和补充创新。[8] 在知识产权制度产生以前，创新成果都处于公有领域，共有物的属性使得其他人可以轻易地共享这些创新成果。创新者知道一旦向世界展示了他们的创新成果，其他人就能够免费利用它们，从而难以收回创新过程中所付出的成本。意识到这一风险后，创新者将更愿意把精力投入其他更有利可图的活动中，如此整个社会的创新与发展都将受到影响。

解决以上问题，至少有以下五种策略可供选择。[9]

其一，由政府自己来进行技术创新。类似于灯塔和国防等公共产品，政府一直通过自己提供相关物品或服务来应对私营带来的风险。

其二，由政府补贴私人的创新活动。

其三，政府向为公众提供社会有益创新的个人和组织颁发事后奖励。

其四，政府帮助创新者隐瞒实施其创新所必需的公共信息，从而提高创新者向希望利用这些创新的人收取费用的能力，这一策略最熟悉和最重要的例子是商业秘密。

其五，政府将知识产权授予创新者。政府通过授予创新者从事与其创新有关的某些活动的专有权，如“制造、使用或出售”，体现创新产品的权利。这类权利使创新者能够向希望获得其作品的人收费，从而使创新者既能够收回创新的成本，又能从他们的创新活动中获利。

研究发现，以上五种策略无一是完美的。五种策略都各有其优缺点，并且在不同的工业环境下，其优缺点的表现程度呈现差异。就第五种策略而言，由于知识产权制度本身的“副作用”，会使得知识产权制度促进创新的制度设计变得复杂。知识产权制度的“副作用”主要体现在以下四方面。

（1）管理成本很高。建立和维持专利注册制度，雇用律师进行维权，法院配备人员来解释和执行法律，这会消耗大量社会资源。

（2）知识产权有时会阻碍累积性的创新。假设创新者乙的创新需要建立在创新者甲的工作基础上，从创新者甲那里获得许可证，至少会增加创新者乙的成本。如果创新者甲出于某种原因不愿意授权，创新者乙的工作甚至可能会完全无法开展。

（3）赋予创新者权利向消费者收取的费用比复制创新的边际

成本更高，如维权成本太高，难以实现知识产权的保护。

（4）诉讼的威胁可能会阻碍公司进入某些领域，从而抑制而不是激励研发。

知识产权的这些弊端表明，知识产权不应该被随意地创造和扩展。相反，知识产权应该只在带来的利益（在刺激生产力方面）超过其伴随的社会成本的情况下得以建立。在此基础上，在研究最佳专利保护期限的过程中发现，专利持续时间或强度每一次增加，都会刺激发明活动的增加。

实际上，在激励创新方面往往采取一些综合的策略。例如，涉及安全、国防，以及一些重要科技攻关的项目仍然由国有单位负责进行。在针对企业或个人的补贴方面，国家出台诸多优惠政策，如研发费用加计扣除等。在为公众提供社会有益创新的个人和组织颁发事后奖励方面，也有科技进步奖、专利奖、人才评价和奖励机制等。在帮助创新者隐瞒实施其创新所必需的公共信息方面，关于商业秘密的保护在多部法律中均有涉及，如《中华人民共和国反不正当竞争法》《中华人民共和国劳动法》《中华人民共和国刑法》《中华人民共和国民法典》（以下简称《民法典》）等。在知识产权方面也出台了《专利法》《商标法》《著作权法》等一系列法律法规来保护科技、文化方面的创新。

二、专利制度促进创新的特点

1624 年《英国垄断法案》产生，它被认为是世界上第一部具有现代意义的专利法。第一次工业革命的时间为 18 世纪 60 年代至 19 世纪 40 年代，第一次工业革命是技术发展史上的一次巨大革命，它开创了以机器代替手工劳动的时代。这不仅是一次技术改革，更是一场深刻的社会变革。我们无法确定是不是专利制度导致了工业革命，但是无法否认专利制度在工业革命的产生和发展过程中发挥的重要作用。

专利制度用排他（垄断）的有限期权利来交换创新的动力（并揭示创新），不再允许随意地仿制和使用。通过对创新成果的保护，为创新者提供了一种独享创新成果的可能。专利制度打消了人们的顾虑，让人们勇于创新、乐于创新。专利制度为科技创新提供了法律的保护，为“天才之火”浇上“利益之油”，因此专利法又被称为创新之法，有力地推动了科技的进步和社会经济的发展。

（一）专利制度是一把双刃剑

知识产权的保护从来都不是越严格越好，它需要适应国家和区域的科技、文化、经济的整体发展水平。我们需要在保护创新和促进行业发展方面进行折中，以确定一个适度的保护水平。

回顾我国专利制度的发展历史，可以更清楚地看到这一点。1984 年 3 月《专利法》颁布实施，至今已经历了四次修改。前面两次修改分别发生在 1992 年和 2000 年，均是在国际形势下的被动修改。其中 1992 年的修改发生在乌拉圭回合谈判的背景下，我国为履行国际义务而作出了扩大专利保护范围和保护水平的修改。2000 年的修改发生在我国加入世界贸易组织（WTO）的背景下，修改的法条达到 35 条之多。此次修改为深化改革创造了条件，提高了执法有效性，加大了保护力度，并且为加入 WTO 做好了相应的准备。后面两次修改分别发生在 2008 年和 2020 年，均是在国内科技经济发展背景下作出的主动修改。其中，2008 年的修改以鼓励创新和加强保护为中心。2020 年的修改作出了多个方面的改变，其中最为重要的方面是加强知识产权保护、健全惩罚性赔偿制度、大幅度提高侵权违法成本。

由此可见，知识产权的保护要服务于国内国际的形势，其保护水平应当适度。过低的保护，不利于发挥知识产权的作用，无法满足创新者的基本需要，达不到促进创新的目的。过高的保护，在某些行业可能会造成国外竞争者对技术和市场的垄断，从而阻碍国内行业的创新与发展。过高的保护，还会加速两极分化：处于有利地位的企业会获得更多的竞争资源，而处于不利地位的企业将会难以生存。长此以往，位于优势地位的企业也将减少其在创新方面的投入，从而造成抑制创新的后果。过高的知识产权的保护，还会挤压公众利益：消费者不得不为获取专利产品付出更多的成本，这会损害人民的根本利益，进而带来诸多社会问题。

（二）专利对创新的激励存在行业差异性

为了说明知识产权制度与创新之间的关系，埃德温·曼斯菲尔德（Edwin Mansfield）研究发现，如果没有专利保护，在1981—1983年，有60%的药物发明根本不会被研发出来，有65%的发明不会被引入商业领域。[10]

此外，专利促进创新的效力存在较强的行业差异性。制药行业是为数不多对专利保护水平要求较高的行业，制药公司行使市场权利产生的排除他人生产、销售、许诺销售和进口专利产品的权利导致药品价格大大超过生产的边际成本。导致这一结果的原因是，专利保护使制药行业竞争对手承担的“模仿成本”远远超过其他任何技术领域。研究发现，制药行业能够达到较高的专利保护水平，主要因素包括：①非常高的研发成本；②关于特定研究路线是否会取得成果的高度不确定性；③竞争对手可通过合法的“逆向工程”确定新药的含量；④生产药品的低成本。以上这些因素使创新者非常容易受到模仿者的攻击，同时降低了商业秘密应用的效力。

然而，在大多数行业，专利保护并不被认为是一个比技术秘密保护更为有效的保护手段。经验证据表明，一般中小型企业更倾向于利用商业秘密而不是把专利作为保护其发明的一种形式。中小企业回避专利申请的主要原因是专利申请的高成本以及专利制度的复杂性。此外，高的管理和维权成本与低的维权收益的双重加持，放大了专利制度的“副作用”，导致这些企业往往采用一种消极和被动的知识产权保护态度。一项关于澳大利亚专利申请活动的研究表明，44% 的公司采用专利进行保护，而 74% 的公司使用商业秘密进行保护。该研究结果还表明，企业规模是决定是否倾向于专利保护的一个重要因素：少于 20 名员工的小公司中有 35% 倾向于采用专利进行保护，而超过 500 名员工的公司有 75% 倾向于采用专利进行保护。[11]

特别是，在一些细分行业，由于市场空间有限，在这些细分市场的主要竞争对手在技术方面存在较大的同质性，产品设计方面差异性并不大。而公共关系、商务能力对于企业来说是在竞争中获得成功的关键。在这种情况下，即使是行业龙头企业也不会把专利作为保护创新的主要抓手。虽然这些企业会积极投入研发，并鼓励员工申请专利，但是无论是企业主还是研发人员都不会把太多的精力放在专利保护上面。专利对于企业的作用更多的是用于高新技术企业认定，或用作科技成果评估和报奖的材料支撑。大多数情况下，企业并不会设置专门的知识产权管理的岗位，遑论知识产权专业人才的使用和培养；相反，它们更倾向于商业秘密保护。

随着科学技术的发展，原有保护策略可能也会面临挑战。比较典型的例子是软件程序的保护。在早期，软件程序的创造者可以依赖于商业秘密来保护他们的创新不受竞争对手的影响。但是随着“反编译器”技术的出现，对象代码能够很容易地转换为源代码，从而削弱了这种策略的有效性。实际上，随着我国软件行业的成熟和发展，在专利方面也作出了相应的调整。在过去，专利文本中，特别是权利要求中是不允许出现程序一词的，因为一旦出现便会触及《专利法》第二十五条规定的情形，程序因属于智力活动的规则或方法而不能被授予专利权。在2017版的《专利审查指南》中放开了这一严格的形式限制，允许以一些特定的权利要求撰写形式来保护软件产品，如“一种存储介质，其上存储有一种计算机程序，当执行该程序时执行以下步骤：……”

（三）专利的激励体现在创新全过程

越来越多的企业和专业人员认识到将专利活动融入创新全过程的重要作用。在集成产品开发（IPD）及《创新管理—知识产权管理指南》（ISO56005）中均有关于知识产权检索分析方面的要求。

集成产品开发不仅是一套理论模型，更是一套成功产品经营与研发管理的实践。早在20世纪80年代，美国PRTM咨询公司就提出了产品及周期优化法（PACE），并在业界推广，广泛应用于电子信息、机电、汽车、重工、家电、食品、医药等行业。IBM公司在1992年左右实施了PACE研发管理变革，并在1994年的经验总结时提出了集成产品开发体系。集成产品开发的核心思想之一是把产品开发看作一项投资行为，将资源用于最有前途的市场机会和产品组合，及时砍掉无前途的项目。在技术开发过程中，专利信息的检索和分析贯穿多个环节。在概念阶段，开展专利调研活动，对该领域的专利信息、相关文献及其他公开信息进行检索和筛选，并进行项目技术发展状况和竞争对手状况的分析，从而制定项目研发规划。到了计划阶段，形成初步技术方案时，开展专利风险调查，在检索分析和特征比对的基础上，制定防范预案，适时调整研发策略和内容，避免或降低知识产权侵权风险。项目进入开发阶段后，知识产权代表开展专利提案检索，及时对研发成果进行评估和确认，提供保护策略建议，明确保护方式，适时形成知识产权。[12]

无独有偶，《创新管理—知识产权管理指南》第 6 章专门规定了创新过程中的知识产权管理要求。[13] 其认为创新是非线性的和不断迭代的，包括在创新管理体系中定义的五个相互影响的创新过程：①识别机会，②创建概念，③验证概念，④开发方案，⑤部署方案。组织应为相应的创新过程配置不同的知识产权管理活动。嵌入式知识产权管理活动可以提高创新过程的效率，促进有价值的无形资产的获取与积累。

在识别机会阶段，可通过现有技术检索或知识产权全景分析识别现有技术，定义潜在的创新机会并对其进行优先排序。在创建概念阶段，可以从知识产权的角度提供见解，通过机会识别形成一些初步概念，并将其提供给决策者。在验证概念阶段，将进一步调查和评估知识产权风险和机会，并适时为通过验证的概念提供知识产权保护。在开发方案阶段，通过专利分析活动进一步降低可行解决方案的知识产权风险，持续开发知识产权资产并促进创新。在部署方案阶段，持续地加以监控，以确保产品的研发、保护、商业化在其生命周期里得到持续优化。值得一提的是，《创新管理—知识产权管理指南》还给出了在各个阶段使用的知识产权工具。当然，从知识产权管理的角度来看，要实现创新与知识产权的融合，还需要企业战略和组织的保障、专业专职人才的参与，以及高质量创新成果的运用和保护。

三、专利制度促进创新的机理

专利制度可以被认为是工业革命取得成功的一个重要因素。然而，专利制度促进创新的原理和机制却难以验证。关于专利制度与创新的相关性研究结果认为，专利制度在总体上是可以促进创新的。基于此，形成了隔离机制理论和社会契约论这两种代表性理论。[14]

（一）隔离机制理论

标准经济理论强调专利的激励效应。为了保障创新者愿意投资于研发项目，有必要保证该投资所产生的知识产权得到充分保护，不被挪用。这一论点被称为事前激励理论。[15]大量的理论文献已经研究了这一基本原理。专利制度为创新者赋予专利权，这种权利赋予了专利权人在一定时间范围内的独占使用，排除他人未经授权的使用行为。这种独占性的建立正是源于权利边界隔离机制。

企业要获得持续的竞争优势，往往需要拥有某种资源或能力。但是，企业所在的行业决定了企业能够保持这一持续竞争优势的时间长短。一家公司如果处于快速发展行业，如信息技术或快时尚行业，若能够保持一年的竞争优势，其可能会非常满意。如果这家公司处于另一种行业，如没有频繁变化的女性卫生用品行业，其竞争优势可能会持续更长时间。但是，没有一家公司能够无限期地保持持续的竞争优势。竞争者总是试图获得自己的竞争优势。如果一家公司能够阻止竞争对手模仿为其提供具有竞争优势的资源或能力，那么它就能够更长时间地维持这种优势，这个策略被称为隔离机制。[16]

理查德·鲁梅尔特（Richard Rumelt）在企业获取持续竞争优势的研究中提出，企业无法仿效的资源源于隔离机制。由于受隔离机制的保护，企业创新所形成的知识产权可保证企业的相对竞争优势在一定期限内得以持续。这种机制可以阻止竞争对手复制其创新成果，从而可以获得并保持竞争优势。隔离机制体现了专利权的垄断性本质，构成了创新者获得利益的保障。但是，专利制度要求创新者付出高昂的代价去建立和维持这种隔离效益。专利制度的隔离机制为企业的创新活动提供了基础保障。

试想，如果没有专利制度的保护，发明人投入大量时间、金钱及精力完成的创造，在产品推出市场后，极短的时间内就出现大量相同或相似的产品，这将导致原始创新者很难在市场上获得回报。当创新不能给创造者带来利益，甚至让创新者面临亏损，就没有人愿意再为创新投入。长此以往，在整个社会中将形成一种次优或非优的均衡，这种均衡就是大家都不愿意创新，最终造成对科技发展的阻碍。

虽然激励机制的理由对私营企业来说相当有说服力，但将其用在公益学术研究中却不具有可解释性。因为科学家的学术研究往往是基于内在动机，他们更关注学术自由。专利对科学家从事研究的影响可能很小，甚至可以说专利会分散科学家从事科学研究的注意力。在我国推行高校科技成果转化制度改革的同时，也开始出现一些专家对过度强调成果转化和鼓励教授们去创业，从而担忧给学术环境带来负面影响。

（二）社会契约论

除了事前激励论点，少数经济学家认为专利也发挥了事后作用。在科学知识被发现之后，专利鼓励了科学知识的传播。[17]社会契约论认为专利制度是制度执行者及社会公众与发明人建立的契约。在“公开换保护”原则的基础上，通过授予发明人专利权以实现专利权人在一定时间内对专利技术的独占，以此鼓励发明人公开发明，从而促进科技创新成果在全社会传播，继而促进产业的发展。专利制度不仅保护了专利权人的利益，还保障了广大公众对新知识和新技术的了解和利用的权利。正是专利制度营造了开放的创新环境，使科研人员能够了解当前的创新水平和趋势，更好地利用这些信息进行创新。当专利权期限届满之后，新技术成为公共资源，大家都可以自由地利用，从而最终促进人类科技文明的进步。

四、专利制度对创新的影响

在过去的几十年里，已经产生了大量关于专利、创新与发展的关系的研究，其中大部分是经验性的。从时间来看，专利制度的出现时间非常巧合地处于工业发展之后。19 世纪美国的工业发展似乎确实受益于专利。中国的专利制度也是在 1978 年改革开放后提出，逐渐演变成国家知识产权战略的。目前，大家发现发达国家比不发达国家拥有更强的知识产权保护。但是，知识产权保护强度对于创新的影响在理论上是模糊的。专利经济学一直想要解决的问题是专利制度的存在是否有利于创新。

从国内视野来看，已有研究结论如下。

其一，引入或加强专利保护可以明确地增加专利活动及企业将其作为企业战略工具的使用。

其二，专利保护的增加可以使人们更多地从技术秘密的保护转向专利保护，但其对于创新的影响是不明确的。

其三，来自一些国家的调查证据相当确切地表明，专利对创新的有益影响，很可能集中在制药、生物技术和医疗仪器、特种化学等领域，除这些行业外，专利并不是回报创新的最重要手段。

其四，国内专利制度的强度与国内创新活动的关系或呈U形，国内创新先是随着专利权保护水平的提升而下降，然后在专利权指数水平较高的发达经济体中上升。

其五，专利制度使以前由于保密和合同问题而必须保留在公司内部的活动能够转移到独立的实体中。[18]

那么，加大专利保护力度是否会成为推动技术向国内转移的积极因素？实际上，专利保护机制确实能够对外国公司在国内的投资决策、技术转让及与国内企业合资等行为产生深远影响。对于发展中国家而言，通过授予外国专利所获得的最为显著的经济利益，即吸引外国技术和资本的流入。

国际技术转让通常通过贸易、外国直接投资、设立合资企业或简单的技术许可来进行。在所有这些情况下，外国公司都面临着被当地公司模仿的风险。贸易实证文献表明，一国知识产权制度的实力确实影响了发达国家出口制造产品的意愿，特别是那些具有模仿能力的国家。外国直接投资于跨国公司的金额与国内专利数呈正相关，外国直接投资与知识产权执行力度相关。此外，关于加强专利保护是否会鼓励一国自身的技术发展这一问题，应当辩证地看待。更强的知识产权保护可以鼓励国内企业的创新活动，但这种保护也可能阻碍模仿学习，进而阻碍技术追赶。

理查德·戈尔德（E. Richard Gold）等人提出了一个有趣的观点：我们观察到知识产权强度与增长之间同时存在，但是出现这种现象的根本原因，可能是人们主观地认为知识产权保护是好的，而并非知识产权的运用促进了增长。[19] 这一观点既适用于个别公司，也适用于整个经济。

无论如何，知识产权制度至少给企业提供了一个保护创新的手段，在人们考虑要不要进行创新和要不要转移技术时得以消除顾虑。剩下的问题只在于创新者是否愿意拿起知识产权的武器去维护自己的利益。随着知识产权保护的强化，增加的侵权成本和更高的维权收益，将会进一步推动完善社会创新体系，发挥知识产权制度对于创新的促进作用。

第三节　专利制度的产生与发展

一、专利制度的出现

自农耕文明以来，人们对作坊中的技术诀窍，通常以不外传、“传男不传女”的方式保护。1236年，英王亨利三世以皇家特许令的形式授予波尔多的一个市民制作各色布的15年的垄断权，以鼓励创新。这实际上是封建特权的一种形式，即通过皇家的赏赐，以特权方式进行保护，这是专利制度的最早起源。

14世纪，威尼斯共和国成为意大利最强大、最富有的城邦国，为后续的技术创新浪潮创造了丰沛的经济培育土壤。在商业取得巨大成功的同时，威尼斯为建立政治威望，开始大刀阔斧地进行城市美化。当时的威尼斯，在开挖运河、改造沼泽地、寻找磨坊动力、粉碎鞣料、制造玻璃等市政建设和环境改善方面，有着非常强烈的技术需求。为了吸引发明者，获取最新工艺，制造、出售独有商品，威尼斯政府开始探索向创新发明人授予特许权的路径。1474 年威尼斯颁布了世界上第一部专利法，明确发明人拥有 10 年的垄断权，未经许可使用者将赔偿百枚金币。但该法律仅对发明给予私权保护，并未确立现代意义的一套专利制度。《威尼斯专利法》的诞生正值文艺复兴运动的快速发展时期和罗马法复兴运动时期。文艺复兴运动作为资产阶级的一次伟大思想解放运动，促进了文学、艺术的发展和哲学、法学思想的更新。而罗马法复兴运动直接给新的法律提供了理论基础和立法上的参照。

16 世纪、17 世纪，授予专利演化为英国王室增加收入的一种手段，专利权的授予已经变得泛滥。1623 年英国颁发《英国垄断法》，它被认为是现代专利法的起源。但根据其产生背景和主要内容、对专利工作的影响及英国相关部门对该法的认识等分析，《英国垄断法》是当时限制王权的立法成果之一，而非规范发明人专利权益的法律。作为涉及发明人权益的专利，是在欧洲封建特权的基础上随着近代科技经济与权利观念的发展而逐步形成的，《英国垄断法》将发明垄断作为“一切垄断非法”的例外予以规定，间接促进了现代专利制度的发展。

二、我国专利制度的建立与发展

在专利制度出现后的几百年时间里，世界上大多数国家纷纷建立了自己的专利制度。我国也逐渐了解到这一制度。1859 年秋，洪仁玕在中国第一份现代化方案《资政新篇》中提出：“兴舟楫之利，以坚固轻便捷巧为妙。或用火用气用力用风，任乎智者自创。首创至巧者，赏以自专其利……若天国兴此技，……国内可保无虞，外国可通和好，利莫大焉。”[162]专利制度自国人首次提出便进入了现代化的语境。1873年3月，郑观应在《论中国轮船进止大略》一文中倡导：“如朝廷有示体恤商贾，任天下之人自造轮船，尤能制一奇巧之物，于国家有益者，则赏其顶戴，限其自造多少年数……亦未始非富民之道也。”1892年，薛福成在日记中主张：“今中国务本之道，约有数端……如有能制新奇便用之物，给予凭单，优予赏赐，准独享利息若干年。”1896年12月，汪康年在《时务报》上先后发表《论中国求富强宜筹易行之法》和《商战论》，他不仅开创性地将著作权法（激劝之法）、专利法（专利之条）、商标法（冒牌之禁）联系为一体，而且明确指出，知识产权法的立法目的是使“商人自行”“各业自振”“使商人便利，使商人有权”，深刻地揭示了知识产权法的市场本位属性。1944年，《中华民国专利法》颁布。1950年，《保障发明权与专利权暂行条例》颁布，但基本没有实施。

1978年以前世界知识产权组织（WIPO）多次主动联系，希望我国早日成为其成员国。1978年7月中央作出“我国应当建立专利制度”的决策。1978年8月19日，邓小平同志在看到有关天津的一项科技成果未得到应有的重视后批示：“此事请国家科委亲自过问。如果成果可靠，应迅速推广，并在国际上取得专利权。”1979年，邓小平访美，先后促成《中美科技合作协定》和《中美贸易协定》的签订，两国在上述协定中约定，相互对知识产权实行全面保护。在向国际社会作出承诺的同时，我国启动了对著作权法、专利法和商标法的起草工作。1984年3月12日，全国人大常委会表决通过《专利法》。1984年《专利法》从起草到颁布，多次修改，历经近5年。

截至2023年，《专利法》从颁布以来，已经经历了四次修改。

分别发生在 1992 年、2000 年、2008 年和 2020 年。

1988 年，伴随着中美知识产权谈判，我国开始考虑修改《专利法》。1992 年《专利法》修改是在乌拉圭回合谈判的背景之下作出的。这次修改是在中美知识产权谈判的高压下完成的，当时，我国的企业仍然很少关注《专利法》，更谈不上专利战略，这时的《专利法》主要是在我国大量技术引进、设备引进中被应用。这次《专利法》的修改是在贸易压力下匆忙进行的修改，留下了一些未尽问题。这次修改内容包括：增加进口权；增设本国优先权；扩大专利的保护范围，增加药品、食品等发明创造的保护；延长专利的保护期限；对专利的审批程序做了调整，取消异议程序；等等。

2000 年的第二次修改是在我国加入 WTO 的背景下，主要围绕着符合《TRIPs 协定》的要求进行的。《专利法》实施以来反映出的问题还未及认真考虑，特别是我国加入世界贸易组织后，企业在参与国际贸易竞争中遭遇到严重的专利壁垒，加之我国《专利法》本身尚存在制度问题，这些都需要进一步完善《专利法》。这次修改进一步完善了专利保护制度，增加“许诺销售”专利产品的内容，发明专利纠纷由法院最终做司法裁判，增加诉讼保全制度，增加对假冒他人专利尚不构成犯罪行为的行政处罚，简化、完善有关程序，取消撤销程序，并将专利国际申请与《专利合作条约》相衔接。

2008 年的第三次修改，是在国家经济发展模式转变时期，从“制造型”经济模式向“创新型”经济模式转变的背景下所作出的首次主动修改。从我国自身的需求出发，为了提高自主创新能力，服务于创新型国家建设要求，新增了 7 条，修改了 23 条，主要涉及以下内容：提高专利授权标准，首次引入绝对新颖性标准；外观设计专利的门槛变高，类似于对发明和实用新型的创造性要求；对平面印刷品的图案、色彩或者二者的结合主要起标识作用的不授予专利权；增加遗传资源保护和披露要求；取消了涉外代理机构的指定；等等。

2020年的第四次修改，面向当时我国经济科技的发展，作出了多项重要调整，体现了扩大的保护范围，加强了专利保护和运用。修改内容涉及关于外观设计的多个修改、对职务发明专利权的下放、药品专利链接制度、开放许可制度、专利权评价报告制度、调高法定赔偿等。

未来，我国的专利制度必将更加健全，更加注重知识产权保护氛围和生态的建设，更加注重专利保护和运用与科技创新的共生和融合。

第二章
专利价值的本源

第一节　专利价值概述

一、专利价值的概念

传统的观点认为专利的价值明确体现为其持有者所享有的“将他人排除在市场之外的权利”，这一权利为专利持有者带来了显著的、正面的净预期价值。

专利的价值更多的是一个定性概念，有时候我们很难去估计其价值几何。专利的价值看起来总是难以捉摸，因为专利的价值并不取决于专利本身，而是会受到多种因素的影响，并且这些影响可能是至关重要的。专利不可能脱离技术而生，因此有学者认为专利的价值是发明的价值加上专利权的增值的结果。[20] 然而，要将这种增量收益从潜在发明本身的经济价值中分离出来是具有挑战性的。[21]

我们可以将技术创新比作专利价值的根，而专利则是技术创新以生长发展的枝干和树叶。整个专利的价值，还会受到外在环境中多种因素的影响。例如市场，没有市场应用前景的专利很难去谈专利的价值。在专利转移转化之前，可以把专利当成一种无形资产，但是还算不上财产。例如，一些高校在进行专利管理时，未转化之前的专利仅被视为资产，其价值并不计入财务之中，直到成果转化时，才将其作为财产在财务中进行体现。专利的价值还会受到其他专利的影响，比如是否形成专利组合，其他附属专利是否失效或权利丧失，这些都可能会影响其价值。同样的专利，对于不同的对象来讲，其价值也是不同的。在不同的时期，专利的价值也可能产生较大的波动。所有这些因素，我们可以将其视为专利价值的外部环境，这些外部环境或多或少地影响专利的价值。这些因素的结合，造成了专利价值的时效性、不确定性和模糊性。

李黎明在专利价值文献综述的基础上，将专利价值的定义方法总结为两个流派。[22]第一个流派，基于专利激励理论，其将专利价值定义为专利在市场上赚取的超额租金。这个流派认为专利价值体现为专利保护范围的激励效应。第二个流派，强调专利权人在专利保护范围内利用专利垄断权获得的利润。这个流派基于无形资产理论，将专利价值定义为专利的资产价值，也就是专利权人得到的利润回报。笔者发现，以上关于专利价值的定义仍是用结果论来看的，专利要么进行自我实施利用，通过专利的排他权来实现专利的价值，要么通过对外的许可转让获取直接的收益。然而，这样的定义方式仍然会面临诸多挑战。其一，专利的价值到底是如何产生的，以及受到何种因素的影响？其二，专利价值的体现过程中是否真实发挥了专利垄断的作用？如果出现了侵权事件，没有积极维权，其价值又当如何？其三，专利价值体现为在市场上赚取的超额租金，而这些又有多少是由于专利权带来的？例如，发明人如果选择技术秘密来保护，是否能实现相同的效果？比较极端的例子是：假如可口可乐的配方以专利的形式进行保护，其价值是否应当为负？

我们很难按照列举的形式定义专利价值，以结果或某一个独有的维度来定义专利价值的概念也不适合。因此，本书通过普遍适用的抽象的方式来概括和定义专利的价值，将其定义为对技术创新成果采用专利保护时，依专利权而获得的对于技术的保护和增值中呈现的价值。

二、专利价值的分类

（一）三属性专利价值

有关专利价值的分类，目前并没有一个统一的标准。在国家知识产权局公开的专利价值评价指标中将专利的价值分为技术价值、法律价值和市场价值。技术价值是核心，一件专利能经得起考验、能走得远，则必须在技术上有所突破、有所创新；法律价值是外壳，主要体现在专利排他性，包括布局好坏、保护范围的大小等方面对技术的保护力度；市场价值则是专利在产品化、市场化过程中带来的预期收益。

（二）五属性专利价值

另有学者认为高价值专利应当有五个维度，即专利的价值体现在技术、法律、市场、战略、经济五个维度。相比于三属性专利价值的观点，其作出了更详细的划分：定义市场维度为专利产品是否能够获得更多的市场份额，使企业在竞争中处于有利地位；定义经济维度为专利是否能够赚到钱、能否货币量化。专利价值的战略维度，更是定位到了企业如何更好地利用专利武器的高度，从战略上思考专利申请、布局和运营，体现在专利是否有助于企业实施有效的进攻或防御战略。

（三）内在价值和外在价值

在西方关于价值的讨论中，还有一个是关于内在价值和外在价值的争论。[23]根据价值论的观点，价值是一种善的或好的东西。如果第一件事从第二件事中获得了它的好处，而第二件事又从第三件事中获得了它的好处，并且以此类推，一定会有一个点，在这个点上会得到某种东西，它的善不是以这种方式派生的，它本身“就是”善的，它的善是善的源泉，这就是内在价值。外在价值是指它的好并不是它本身带来的，而是因为它以某种方式与其他好的东西相关，是一种衍生的好。哲学家几乎普遍承认，所有价值都是“附带的”或是“基于”有价值事物的某些非评价性特征。这意味着，如果某物具有价值，那么它会凭借其所具有的某些非评价性特征而具有这种价值，它的价值可以归因于这些功能。有一种观点是对价值的“适当态度分析”，其认为我们经常说某样东西是有价值的，而不是说它是好的，这本身就意味着对所讨论的事物进行评估是适合的。这里的“适合”通常被理解为表示一种特定类型的道德适合性。一个例子是：健康对人有好处，当你把一种非衍生的利益价值归因于某人的健康时，如果这个人是个恶棍，你很可能会否认这一点。事实上，你可能想坚持认为，鉴于他的邪恶，他的健康本质上是坏的，即使你认识到他的健康对他有好处。这就承认了内在价值是某种特殊道德类型的非衍生价值。托马斯·霍布斯相信某事物的好坏是由人们对它的欲望或厌恶构成的，而大卫·休谟同样认为所有的价值归属都包括将自己的情感投射到所谓有价值的事物上。

尤因等人认为某物有价值的基础和解释不是它的善，而是它具有的某种非价值属性，而它的善正是基于该属性而产生的。比尔兹利否认具有外在价值的事物的存在以具有内在价值的其他事物的存在为前提。他认为所有价值都是外在的。一些一元论方法的推论是，某物本身所具有的价值取决于该物的内在属性。各种观点和争论始终无法得到一个一致的答案。

（四）专利价值的其他分类

根据不同的分类标准，对于专利价值的分类可以有很多种。在智慧芽发布的《中国企业对专利工作七大类价值的重视程度》中，从本体价值、业务价值、资产价值三个视角划分了固化技术成果、防范经营风险、限制竞争对手、提升公司声誉、提供技术情报、获取收入、拓展融资七大类专利价值。[24] 其中，提升公司声誉、提供技术情报、拓展融资都可以被认为是一种事后激励。有意见认为对于专利管理制度健全的优势企业，专利的价值还体现在额外的宣传效益。

第二节　价值的哲学基础

关于价值的哲学探讨很早之前便已开始。在关于价值的理解方面存在多种分歧，各种观点都有其特点，将其应用到专利价值的探讨场景中是非常有意义和重要的。价值理论或公理学关注的最根本的是一件事是好是坏。《价值理论手册》研究了这样一些问题：价值存在的问题，什么样的东西是有价值的，如何比较和测量价值，价值理论如何影响伦理学和其他学科中的实际问题等。[25]

西方的边际效用价值论认为，商品价值由该商品的边际效用决定。认为商品的价值并非实体，也不是商品的内在客观属性。

价值无非是表示人的欲望同物品满足这种欲望的能力之间的关系。价值的形成还要以物品的稀缺性为前提。

马歇尔均衡价值论认为，一种商品的价值，在其他条件不变的情况下，是由该商品的供给状况和需求状况共同决定的。供求关系论实际上回避了价值，以供求关系中形成的价格来替代劳动决定价值的理论。

马克思劳动价值论认为，价值作为商品经济的一个核心范畴，其本质在于它是一种特殊的生产关系，即商品生产不同主体之间的一种特殊的劳动关系。马克思认为价值是商品的社会属性，价值不能在交换、分配、消费领域产生，只能在生产领域中产生。而价值的实现则必须通过市场和流通过程，使商品的价值转化为商品的价格，这也揭示了价格随着供求关系的变化围绕价值上下波动的规律。

客观上看，商品的价值是由凝结在商品中的社会必要劳动时间决定的，但是从消费者的角度看，消费者所关心的是商品带给他的效用。效用可以看作使用价值。马克思认为劳动是价值的源泉，但同时又认为，劳动产品如果没有使用价值，那么它就没有丝毫价值。按照马克思的劳动价值论，价值必须以被社会承认为前提，如果物没有用，那么其中包含的劳动也就没有用，不能算作劳动，因而不能形成价值。

后古典经济学提出的制度价值论，让价值测度从劳动手段、效用表象回归到社会制度属性。有些商品既具有自然属性也具有社会属性，因此其价值就由两种稀缺性同时决定。在不同制度与不同环境下，价值的主要属性会发生根本变化。决定稀缺属性的是制度（包括自然制度与社会制度），这是后古典经济学制度价值论的核心观点。[26]

徐晋认为古典经济学的劳动价值论、新古典经济学的效用学说（又称为效用价值论），以及后古典经济学的制度价值论，这三种价值论存在相互映衬的关系。他认为劳动是形成价值的手段，而人类劳动则是改造自然、创造社会财富的手段。效用是表现价值的形式，任何对象的价值大小，都可以通过对社会或个人需求的满足程度体现出来。所有属性的稀缺序列与价值测度都来源于制度规定，制度规定了稀缺序列，并通过对价值空间的秩序构建形成价值体系或信用体系。[27]

第三节　专利价值的产生、体现与实现

一、专利价值的产生

影响专利价值的因素多种多样，不同的影响因素下，专利价值体现出较大的不确定性和模糊性。当我们试图去探究专利价值的产生时，同样会面临较大的挑战，对于专利价值是何时产生的，以及专利价值是如何产生的充满疑惑。

回顾专利制度的出现历史，最早的专利是君主将布料染色的专利权特许给发明人。这时候，专利权获得了市场上的独占经营权和排他性，专利的价值体现为通过限制竞争所形成的自专其利所获得的增量收益。随着现代专利制度的建立，专利的创造、运用、保护等职能逐渐分离。发明人取得了专利权，并不一定要求该专利所对应的发明创造已经完成了产业化或进行了实施运用。获得专利权的技术方案甚至可能还处于概念阶段，离最终的产业化非常遥远。这时，专利的价值很难通过从市场的独占中获取超额的收益来实现，而是通过专利权的获取对技术进行保护，完成

权利的“圈地”和“抢占”。如果技术是有潜力的或被期待的，专利权的取得可以消除风险投资者们的顾虑，增加获取投资的可能，从而促进技术从发明走向产业化。专利的价值在产业化之前主要承载于人们对于该专利所保护的技术在未来市场中产生附加价值的预期。

从事后评价的角度来看待专利的价值可能更加贴合现实。可以说最终没有实现产业化的专利权，其价值终将如泡沫一般破灭甚至无迹可循；实现了产业化的专利必然可以在市场中体现其带来的增益价值。防御性专利没有最终走向市场化，专利的价值体现为它在多大程度阻止了竞争者。专利运用中通过许可或转让，曾体现专利价值的事件，可能作为证明其价值存在的依据。如此种种情形，我们总能够找到一个标准去衡量专利产生的价值。然而，事后的评价往往是没有现实意义的。在多种专利价值评价需求场景中，往往发生在市场化开始之前或期间，需要在未知的市场表现和产业化的背景下，进行专利价值的评价和分析。

专利技术是否最后走向市场以实现产业化，对于专利价值的影响至关重要。假如专利无法走向市场实现产业化，无论背后是技术本身的原因还是人为的经营不善所导致的，这些因素都无差别地影响着专利价值的实现。因此，我们可以考虑区分专利的价值与专利价值的实现，并从专利的产生和价值实现过程来看待专利的价值。

从劳动价值论来看，价值源于劳动。专利属于无形资产，承载的是智力劳动成果。因此，专利的价值应当源于技术创新过程中所付出的智力劳动。在吸收西方效用价值论的基础上，我们还可以断言专利的价值同样受到专利效用的影响。如果按照马克思和恩格斯的劳动价值论，商品的市场价值实际上包含生产费用和效用这两个因素。如果商品没有用，那么其中包含的劳动也就没有用，不能算作劳动，因而不能形成价值。如果套用到专利上，需要满足的假设条件是：专利属于商品，专利的价值是专利的商品属性带来的。之所以做这样的假设，是因为专利的价值可能并非唯一地来自其商品属性。专利的“公开换保护”的制度，体现了专利作为公共品的特点，专利信息的利用和知识扩散对于整个社会的发展体现出了专利的非商品属性的价值，这不应当纳入单个专利或专利组合价值的探讨范畴。对于具有商品属性的专利价值，按照马克思的观点，可以得到这样的结论：专利的价值来源于智力劳动，其价值的大小依赖于专利产生过程中所付出的劳动，而对于人们没有使用的专利成果，其中包含的智力劳动也就没有用，不能算作劳动，因而不能形成价值。

专利的价值通过专利权得以保障。专利权作为一种私权，体现为排他或独占。这种独占或排他的空间范围的大小构成了专利价值大小的基础。一项新创的突破性技术，通过专利保护，可以圈定一个较大的权利空间。一项改进发明可以针对该项改进形成一个独有的相对较小的权利空间。可以看到，专利价值是与发明创造本身紧密相关的，其依赖于技术创新本身所形成的技术空间而产生。

专利的法律保护致使技术创新从技术空间向权利空间进行映射，形成对技术空间进行独占或排他使用的权利。这种权利是由法律赋予的，因此专利法律保护的质量将影响技术空间向权利空间的映射广度和幅度。完美的知识产权保护，在理论上可以将技术空间完美地映射到权利空间，甚至通过上位概括等方式映射到超出原有技术空间范畴的权利空间。但是，如果在专利撰写、专利代理和专利审查等过程中表现不佳，甚至出现质量问题时，将会大大降低从技术空间向权利空间的映射幅度比例，从而造成技术得不到保护，或者保护范围缩减等情形。至此，我们可以非常明确地确定专利的价值源于发明创造所形成的技术空间，得益于专利从技术空间向权利空间映射所形成的独占权利空间。

按照价值理论，价值是由劳动和效用共同决定的，因此对于专利价值的衡量还需要明确效用空间的大小。

关于价值空间的一个例子是这样讲的：过去，50 千克花生能榨出 12.5 千克油，改进压榨工艺后，在品质不变的情况下能榨出 20 千克油，多出的 7.5 千克油就是价值空间。当然这个例子对于价值空间的解释还比较粗糙，但它告诉我们价值空间体现出了你相比于其他人的核心竞争力。通过专利保护，将技术空间映射到权利空间后，依赖于这种权利空间，为权利人带来的核心竞争力构成了专利价值实现的基础。

班瓦利·米托（Banwani Mittal）等提出了价值空间的概念，认为价值空间由效用、价格与个性化三类价值构成。[28] 德国哲学家舍勒从价值客观存在的持久性、不可分性、相对独立性、满足程度、普遍性的基本属性出发，将价值要素划分为感觉价值、实用价值、活力价值、精神价值和宗教价值五个由低到高的层次。可以用价值要素及描述它们之间关系的价值空间结构和顾客满足程度的标准这两个范畴来描述价值空间。[29]

当我们把专利的价值空间看作专利可能发挥价值的理论空间时，作为无形资产的专利，价值空间中最为核心的是效用空间的大小。按照应用效用价值论的观念，效用又最终体现为满足人们欲望或期许的程度。为衡量满足人们欲望或期许的程度，我们可以引入两个概念，一个是预期的应用规模；另一个则是单位超额收益。其中，预期的应用规模可能会随着政治、经济、社会、法律环境等因素变化。因此，效用空间并非一个刚性空间，而是一个弹性空间，而单位超额收益也会同样受到实际技术发展以及应用规模的大小的影响。最终，可以将专利的效用空间看作可满足人们预期或期许程度的弹性空间。但在一定的时间和环境条件下，我们可以找到一个特定的值，这个值就是专利的价值。

专利的价值的衡量需要经历从技术空间向权利空间的映射，并由权利空间和效用空间共同决定专利价值的大小，权利空间的形成则是基于技术空间和知识产权相关制度的制度价值保障。

二、专利价值的体现

（一）专利价值的基础体现

专利的价值起源于君权赋予的市场垄断，规范于现代的法律，给予专利权人以独占权。专利权可阻止他人未经许可的制造、销售、使用、许诺销售等，体现出法律赋予的垄断，继而体现出专利权的市场价值。专利权作为一种私有权，专利权人可以对其进行处分和获取收益，体现为经济价值。在专利权人具有处置权的情况下，通过拥有、使用、运营等，体现出专利的战略价值。

（二）专利赋予专利权人其他利益

事实上，专利对于专利权人可能同时在多个维度发挥价值。对于不同类型的专利权人，其价值的呈现途径和方式存在差别。其中包括用于保障自身的经营、通过专利运营获取收益、利用政策制度获取价值，如高企评定、职称评定、报奖、宣传、融资等。

琼·法雷－门萨（Joan Farre-Mensa）等在对专利的增量价值进行分析的研究中，从对初创公司的融资目的专利价值分析中得出这样的结论：在合同风险特别高的情况下，专利有助于初创公司获得外部融资；而后续的专利对于初创企业来讲，在促进增长方面发挥的直接作用并不大。[21]

实际上专利价值不一定是单一维度的显性表达，还可以通过隐性的方式来体现。例如，通过专利申请对自身研发创新成果加以保护，以应对企业经营中来自外部的不确定性风险，以实现自由实施（Free to operate，FTO）。又如，通过专利申请建立起防御的壁垒，使竞争对手不得不进行规避，而付出更多的研发投入或采用次优的技术路线等。

专利的其他价值可以分为专利的信号价值、专利的内部管理价值、专利的博彩价值、专利的防御性价值。[30] 专利的信号价值体现为专利廉价地传达关于该发明或该公司的有价值的信息；专利的内部管理价值体现为其作为内部指标，专利使创新的衡量、管理成为可能；专利的博彩价值体现为专利提供了从一个非常小的机会中获得非常大的回报的可能性；专利的防御性价值体现在与其他专利相对抗。

三、专利价值的实现

价值从产生到被消耗的过程，我们称之为价值的实现过程。价值的实现过程一般包含两个阶段：第一个阶段，即“获取过程”；第二个阶段，即“消耗过程”，任何事物的价值都是在被消耗的过程中实现的。价值的出现，必须以生命和事物的同时出现为前提，缺了生命和事物两者中的任何一个，价值都不可能存在。价值本身具有非常强的不定型性，它的具体形态根据生命对它的需求的变化而变化。一个事物，它的价值从产生开始到被消耗的过程，我们称之为一个“价值的生命周期”。[31]

无形资产所带来的超额收益是价值实现的终极目标，体现为产品价格的提高、产品销量的增长、劳动生产率的提高或者生产成本的降低等，这些超额收益都与生产经营活动密切相关，并且依赖于企业所处的政治、经济、技术等外界环境，这些因素都可能会对超额收益的达成造成影响。

然而，科学发现或技术创新要实现超额收益，需要被应用于商业化。专利制度并不要求专利得到商业应用才能获得，特别是来自大学和科研院所的专利，往往还处于概念化阶段，其技术成熟度较低，离市场化、工业生产还较远。从科学发现到可销售的新产品有一条漫长的道路，专利的价值能否得到发挥，还依赖于专利背后的技术创新是否被人了解并得到运用。

要促进专利的运用和转化，科学家们面临的挑战是找到可以通过他们的科学发现来解决的市场需求。另外，还应当促成科学家和公司之间的匹配。实际上大多数发明可能与大多数公司都无关，但偶尔科学家和公司之间会有匹配。为了找到匹配的对象，公司和科学家都会尝试进行对象的搜寻。对于科学家来说，他可能会推广他的创新；对于公司来说，则包括与学术界沟通公司的技术需求、搜索相关文献，以及参加成果推介会等。匹配意味着该公司拥有互补的资产来跟进一个基于科学家的发现的开发项目，如果发生匹配，科学家将继续在开发过程中发挥作用。当然，也存在科学家通过设立专业孵化公司来将专利技术孵化为产品推向市场的做法。总之，专利的运用和产业化是实现专利价值实现的根本途径，只有产业化的运用才能实现专利制度通过法律所赋予的独占权，继而实现超额利润。

第三章
专利价值的衡量

在第二章我们谈论了专利价值的概念，从价值的哲学基础出发探讨了关于专利价值的一些研究成果。从这些学说和研究结论来看，专利价值这个话题存在太多的模糊性和不确定性，由于其影响因素众多，很难形成一个没有争议的理论，但早期的这些研究成果对于我们理解专利的价值都颇具意义。即便如此，我们仍应当试图去探讨专利价值的衡量问题。因为在实务工作中，我们正在面临多个需要进行专利价值评价或评估的场景，如专利申请、专利管理、投资或商业化机会决策、专利权的许可、转让定价、抵押贷款和证券化、诉讼或仲裁纠纷、破产重组，以及财务报表报告等。同时，专利价值的衡量也是知识产权的重要研究课题，关乎专利制度的设计和应用。过去的研究，无论是在实务还是理论方面都取得了一些研究成果。本章将对现有专利价值衡量方法进行总结，从评价和评估两个维度来探讨专利价值的来源及专利价值的衡量问题。

第一节　专利价值衡量概述

人们对专利价值评价结果的怀疑越来越大，因为专利价值的分布极度不均衡，绝大多数专利没有明显的价值。此外，在评估这些专利时，我们面临的挑战巨大，如同盲人摸象，常常因缺乏深刻的洞察力而无法精准识别那些具有潜在高价值的专利。这种情况导致了专利真实价值的模糊性，给评估工作带来了较大的难度和不确定性。

专利和其他类型的知识产权精确评估是一项非常困难且具有挑战性的任务，不仅因为其涉及技术、法律、经济和会计学科，更是由于专利的价值本身存在太多的不确定性。其中最具挑战性的是，我们仍然缺乏在专利未来前景不确定的情况下评价专利价值的实际方法，尤其是在专利未来价值高度不确定的早期对专利价值作出科学的评价和管理决策。

对专利或专利申请的评价或者评估，可能会涉及对市场未来走势的判断。某种程度上的“猜测”是不可避免的。所有的专利估价方法都涉及一些预测因素，从预测折旧率到预测未来的现金流、市场状况、竞争的影响和分配，以及专利回报的波动性。

在决定是否进行专利申请及是否评估其潜在价值时，我们需要采取一种客观且系统的评估方法，并辅以专业人员的深厚专业知识。通过此种方式，我们能够作出值得信赖的决策。然而，在具体实施中仍然存在两个问题：其一，缺乏一种被普遍接受和值得信赖的客观估值方法或模型；其二，涉及估值的决策过程受到专家个体偏见的影响。[32]

当我们试图通过专利的历史法律事件来衡量专利价值时也同样面临不确定性。例如，在某些案件中，因为专利权侵权问题某专利权人与被控侵权方达成了和解，其和解的金额是否可以用于判断专利的价值呢？答案是否定的，因为可能另外一个被控侵权方拒绝和解，通过司法程序最终给出了另一个判赔金额。当然这个金额也不一定能够反映专利的真实价值，被控侵权人如果不服还可以进一步提起上诉。此外，专利资产很少在开放的金融市场中交易或在拍卖中出售。专利作为一种无形的资产，很多情况下其价值体现在护航企业的经营和生产中，以获得专利产品的更高利润空间，以及增加市场竞争力和行业地位。另外，用于战略目的的专利资产极难价值化。[33]

正是由于这些特点，相比于有形资产来说专利更加难以衡量且具有不确定性。过去的专利价值评价、评估方法和结果一直难以令人满意，但是在知识产权越来越重要的今天，专利价值的评估评价的需求越来越多，我们不得不对专利价值衡量的问题重新审视。

在估值背景下，评估特定资产的方法选择依据特定的评估场景而定，需确保所选评估方法在当前环境下是适用且准确的。专利价值衡量的应用场景可以划分为专利价值评价和专利价值评估两种。

专利价值评价在企业战略与决策中占据重要地位。在此过程中，知识产权价值的衡量受企业能力及战略部署的显著影响。专利价值的评估不仅基于未来的潜在利用情况，还涉及主观的专业判断。在某些情况下，对于专利价值的量化要求可能并非绝对精确，而是倾向于采用定性的结论来辅助决策制定。例如在专利管理中，我们需要对是否将创新的想法进行专利申请进行可靠的评估，并对现有专利进行定期监督，对专利价值进行分类管理等。

而对于另外一些场景，我们可能需要对专利价值给予一个价格上的体现，表现为专利的价值评估。其中，对专利价值进行价格评估的场景包括以下几种。[34]

（1）面向管理的事件：专利组合维护、预算分配、研发监测、发明人薪酬、风险分析、专利决策。

（2）公司行为：尽职调查、合资企业、首次公开募股、公司出售、公司估值。

（3）以融资和资产负债表为导向的事件：专利作为贷款抵押品、会计、债务和股权融资、自愿资本市场信息。由于有会计计量的规则，专利权人或金融机构经常有进行估值的外部义务。根据所提出的问题，专利权人或金融机构有基于成本（如购买价格分配）、收入或市场观点（如债务融资）的回顾性估值。

（4）面向转让的事件：许可、交叉许可、战略联盟、技术转让。专利的价值是从知识产权所有者的角度确定的，或由商务双方共同来决定的。在自愿估值的情况下，估值的重点主要是确定主观价值。对于强制估值，如转让定价，需要按照客观的评价标准来进行。

（5）面向冲突的事件：清算、破产、转让价格、损害赔偿金的确定。估价的部分目标是在追溯估价（支付损害赔偿）时已经出现的损害，以及对第三方的未来利益（清算价值、转让价格）。除侵权外，其他案件也需要进行知识产权评估，如知识产权失效诉讼、强制许可、所有权纠纷等。[35]

无论我们采用什么样的专利评价或估值方法，选择什么样的价值衡量指标，其结果都充满了不确定性。然而，在充满不确定性的环境中，即便是一个初步的、尚不完善的评估结果，亦能在一定程度上为人们提供有益的参考。

第二节　专利价值定性评价

专利价值评价的一个主要应用是管理公司内部资源，以便将资源集中于企业最重要的领域。评价可以是定性的，也可以是定量的，在实际评估中我们往往会采用定性和定量相结合的方式进行综合评价。

在企业专利管理活动中，由于专利的获得和维护都会产生成本，因此在企业研发流程中的各个环节都可能会与专利评价活动相关。在申请阶段，要求公司按照企业战略来规划专利布局的数量和质量，并对技术创新的可专利性进行评价；在专利管理阶段，需要评价专利的重要性，以便进行分级管理；在维护阶段还可以评价专利的实施情况和继续维护的价值等。对于专利组合亦可进行评价，通过应用标准化策略来构建和优化专利组合。

一、专利价值编号法

加斯曼（Gassmann）专利价值编号法，是指按照评分标准为专利分配一个价值得分编号，如从0到6或从A到E，通过对标标准来计算专利价值。[34] 表3–1给出了一个在实践中使用的参照标准。其中，专利价值的衡量选取了竞争规避的难度、对竞争对手的吸引力、发现竞争使用的举证难易、在生产中直接使用的可能性、专利组合规模五个维度，并综合考虑了一些附加的标准，如其是否属于未来的技术或未来的产品、能否用于确保重要的研发结果、能否支持销售、能否加强谈判立场、能否为项目的公共资金提供支持、是否能对应到技术标准及其他方面的作用等，综合量化评价专利的价值。

表 3–1　单变量投资组合评价：专利价值编号法

维度	标准	价值编号（0 ~ 6）
竞争规避的难度	不可能	5 ~ 6
	需要努力	2 ~ 4
	这很容易实现	0 ~ 1
对竞争对手的吸引力	强	5 ~ 6
	中	2 ~ 4
	弱	0 ~ 1
发现竞争使用的举证难度	很容易获得	5 ~ 6
	难以获得	2 ~ 4
	不可能获得	0 ~ 1
在生产中直接使用的可能性	非常可能的	5 ~ 6
	可能存在的	2 ~ 4
	不大可能的	0 ~ 1
专利组合规模	较小	5 ~ 6
	合适	2 ~ 4
	较大	0 ~1
附加标准	未来的技术或未来的产品	…
	确保重要的研发结果	…
	支持销售	…
	加强谈判立场	…
	为项目的公共资金提供支持	…
	有助于一个标准	…
	其他	…
总价值数		

注："…"表示价值编号可自行设定。

使用加斯曼专利价值编号法进行衡量时，虽然我们给出了评分的维度和标准，但是评分的作出仍然是不容易的。这种困难体现为这些评分的作出需要专业人员的支持。以竞争规避的难度评分为例，评价人员应当熟悉被评价专利所在的技术领域的知识，清楚常见的规避方式和手段，还需要对专利权利要求进行专业分析。而在对竞争对手的吸引力的评价上，同样也只能基于竞争双方的业务范围来为专家提供一种判断。其他的评价标准也或多或少存在这样的问题。然而，依赖专家打分的模糊综合判断方法，仍然为专利价值衡量提供了一条科学路径。

在企业的专利价值管理中，可以根据评价的场景和具体的需求不同，对评价的维度进行增减或调整。某些企业可能选用更为简洁而重要的指标。例如，柯达用于评估与收购、维护和许可相关的专利评价中，主要是根据保护的市场优势和获得许可的目的，其在内部审查中的定性价值评估并不包括财务评估。柯达使用以下标准：①经证实或预期内部使用；②经证明或预期外部使用；③专利权利要求书的范围；④专利技术或产品的使用。[34]

二、基于质量的专利价值评价方法

基于质量评价的观点认为专利的价值可以通过其表观质量来推断。安徽省 2017 年发布的《专利质量评价技术规范》[36] 给出了一种专利质量的评价方法，其专利质量评价指标体系由基础指标和附加指标构成。其中，基础指标包括权项布局度、主权范围度、技术综合度、确权滞后度、详尽全面度，用于反映专利的权利要求布局设置水平、专利的保护范围、技术适用范围、确权滞后情况和技术方案描述的详尽全面程度；附加指标包括技术原创度、技术被引度、专利族大小、专利维持度、专利应用度等。根据实际评价目的应当选择反映专利的法律保护水平、技术水平和经济水平的至少一个方面来作为附加指标参与评价。

在对企业专利的价值进行分类和分级管理时，如果按照全面的评价指标来对专利的价值进行评价和分析，将会显得过于复杂。某些指标的数据是很难获取的，因此在实际评价中可基于专利质量与专利价值的相关性，通过专利的法律保护质量来反映专利的价值。

通过简单的著录项目信息来初步筛选和评分，可以大大简化专利价值评价的过程。利用一些著录项目信息来分析专利的价值时，主要是利用了其统计学上的意义。虽然这些著录项目信息本身不会产生专利价值，但高价值的专利通常有更多的同族专利申请，被更多地引用，并更易受到其他竞争者或侵权者的法律攻击。

过去几十年，国内外学者提出了一系列专利质量评价指标。归纳起来大致可以分为以下几类[37]：①基于被引的专利质量评价指标，如被引次数、被引率、即时影响指数等；②基于引用的专利质量评价指标，如科学关联度、科学强度等；③基于技术保护范围的专利质量评价指标，如权利要求数量、专利宽度等；④基于区域保护范围的专利质量评价指标，如专利族大小、保护区域数量等；⑤基于有效维持的专利质量评价指标，如专利寿命等；⑥其他专利质量评价指标，如发明专利率、专利质量综合指数等。

专利质量评价指标的种类和数量繁多，而且持续有新的评价指标被提出。在实际的专利统计分析工作中，需要根据所分析技术对象的特点、各种专利质量评价指标的应用范围及资源的保障情况等，选择合适种类和数量的专利质量评价指标，不宜盲目贪多求全。在具体评价时，可以根据不同的技术领域特点进行指标选择和评分标准的确定。如表 3–2 所示，其为在某机械技术领域的一个专利初筛综合评分指标体系，采用 7 个基本指标加上法律事件加分项指标的方式，可以快速给出专利价值的一个参考评分。

表 3–2 某机械技术领域专利初筛综合评分指标体系

指标		评分规则
基本指标	权利要求数量	1 ~ 3 项，5 分；4 ~ 6 项，7 分；7 ~ 10 项，9 分；10 项以上，10 分
	权利要求长度	600字以上，1分；400 ~ 600字，3分；250 ~ 400字，6分；150 ~ 250字，8分；0 ~ 150字，10分
	说明书页数	0 ~ 6 页，6 分；6 ~ 10 页，7 分；10 ~ 20 页，8 分；20 页以上，10 分
	被引用次数	0次，7分；1 ~ 5次，8分；5 ~ 10次，9分；10次以上，10分
	同族数	1 ~ 2个，6分；3 ~ 4个，8分；5个及以上，10分
	专利维持年限	0 ~ 5 年，7 分；6 ~ 9 年，8 分；10 ~ 12 年，9 分；12 年以上，10 分
	技术宽度（IPC 数量）	1 个，8 分；2 ~ 4 个，9 分；5 个及以上，10 分
法律事件加分项指标	受让、复审、无效、出质（额外加分项）	各加 1 分
	转让（额外加分项）	加 1.5 分

为综合评价评分结果，对于各项指标的权重，采用背靠背打分法来确定。如表 3–3 所示，如果两者相比，更为重要的得分为 2，次重要的为 0，而重要性相同或相近的得分为 1。

表 3–3 评价指标权重分配重要性排序表

指标	权利要求数量	权利要求长度	说明书页数	被引用次数	同族数	专利维持年限	IPC数
权利要求数量	1	0	2	2	0	2	2
权利要求长度	2	1	2	2	2	2	2

续表

指标	权利要求数量	权利要求长度	说明书页数	被引用次数	同族数	专利维持年限	IPC数
说明书页数	0	0	1	1	0	2	2
被引用次数	0	0	1	1	1	2	2
同族数	2	0	2	1	1	2	2
专利维持年限	0	0	0	0	0	1	1
技术宽度（IPC 数量）	0	0	0	0	0	1	1

注：左栏与上栏进行比较，如果更重要给 2 分，一样重要给 1 分，次重要给 0 分。

通过背靠背打分后，每一个指标都能获得一个分值，经统计和归一化调整后得到权重，如表 3-4 所示。

表 3-4　指标权重比例分配表

指标	权重 /%
权利要求数量	19
权利要求长度	26
说明书页数	13
被引用次数	14
同族数	20
专利维持年限	4
技术宽度（IPC 数量）	4

然后可以根据各指标的具体得分情况与对应指标的权重进行加权，从而得出专利强度的最终得分：

$$\text{专利质量强度} = (\sum \text{权重} \times \text{指标（前七项）} + \text{法律事件分值})/10 \quad (3\text{-}1)$$

式中，专利质量强度小于等于1。专利质量强度表明了专利质量的高低。

$$专利价值 = 专利质量强度 \times 专利的市场价值 \qquad (3\text{-}2)$$

式中，专利的市场价值可以采用财务模型来进行计算，一般可以考虑从专利对应产品的市场规模和发展趋势来进行推测。

基于专利质量的价值评价方法利用了专利质量对专利价值影响的特点。这种方式相对简单，但其全面性和准确性存在不足，特别是通过著录项目信息（如权利要求的数量、说明书页数等）得到的专利质量强度仅在统计学上有意义。专利质量可能在撰写过程中引入了非必要技术特征，导致专利被竞争对手轻易规避，从而使得专利价值大幅度减少。

若针对各项专利开展更为详细的稳定性、保护范围、可规避性、侵权可判定性、撰写缺陷分析，那么需要由懂专利和技术知识的专业人员进行分析，并且需要付出较多的时间成本来完成。

三、专利价值属性综合评价法

对专利价值进行更全面评价的方法是从专利的属性维度来构建专利评价指标体系进行评价。专利价值属性综合评价法通过引入专利价值的影响因素来建立分层级的价值指标体系。下列因素可能会影响专利的价值：市场因素（如市场潜力、市场体积、市场增长）、竞争（如竞争强度、产品生命周期、其他市场参与者的产品）、研发标准（如技术风险、资源、投资、时间）、生产标准（如产能、制造成本）、重叠标准（与其他产品的协同作用、后续项目的概率、对基础设施和组织的影响、学习效果）、法律标准（有效性、保护范围、依赖性、剩余专利寿命）等。

目前大多数专利价值评价指标体系都是基于技术属性、法律属性和经济属性三个属性建立起来的。其中，技术因素主要反映技术的独特性、新颖性程度、与之相关的研发状况、创新水平或技术的生命周期。市场因素可以通过市场潜力、市场体积、市场增长、行业结构或产品生命周期来描述。然而，只有法律保护才能确保专利权的独占性使用，因此它对专利的价值有非常重要的影响。法律保护受到有效性、保护范围、与其他专利的依赖关系或剩余专利寿命等因素的影响。如果专利无效，或者不可执行，财产权就没有价值。

2012 年，中国技术交易所等编制了《专利价值分析指标体系操作手册》[38]，可用于评价单件专利的价值。该套指标体系从专利自身属性的角度将其划分为法律、技术和经济三个一级指标。该套指标体系遵循了全面性、系统性、可操作性、时效性、独立性、层次性、定性定量相结合、模块化、可扩展性 9 个原则。

专利价值度（PVD）的三维度划分及计算方法如下：

$$PVD = \alpha \cdot LVD + \beta \cdot TVD + \gamma \cdot MVD \quad (3\text{-}3)$$

式中：

$$\alpha + \beta + \gamma = 100\%$$

LVD 为法律价值度；

TVD 为技术价值度；

MVD 为经济价值度。

法律价值度分析从法律的维度评价某项专利的价值，主要用于提供专利的全面法律状态信息及专业解读，包括专利稳定性、实施可规避性、实施依赖性、专利侵权可判定性、有效期、多国申请、专利许可状态等。

LVD = 稳定性 ×（不可规避性 ×30%+ 依赖性 ×
15%+ 专利侵权可判定性 ×20%+ 有效期 ×15%+
多国申请 ×15%+ 专利许可状态 ×5%） （3–4）

技术价值度分析从技术的维度评价某项专利的价值，主要对专利的技术领先程度等方面进行评估分析，包括先进性、行业发展趋势、适用范围、配套技术依存度、可替代性、成熟度等。

TVD = 先进性 ×15%+ 行业发展趋势 ×10%+
适用范围 ×20%+ 配套技术依存度 ×15%+ 可替代性 ×
20%+ 成熟度 ×20%）×10 （3–5）

经济价值度分析从市场经济效益的维度评价某项专利的价值，主要对专利的技术领先程度等方面进行评估与分析，包括市场应用、市场规模前景、市场占有率、竞争情况、政策适应性等。

经济价值度 EVD =（市场应用情况 ×25% +
市场规模前景 ×20% + 市场占有率 ×20% +
竞争情况 ×20% + 政策适应性 ×15%）×10 （3–6）

2014 年中国技术交易所又对专利价值度指标进行了修订，修订后的评价指标体系如下。[39]

如图 3–1 所示，法律价值度下设四个二级指标，即专利权稳定性（其包括五个三级指标：新颖性、创造性、撰写质量、保护范围、复审无效历史）；专利侵权可判定性（其包括两个三级指标：技术特征属性、权利要求主题类型）；专利有效性（其下设置两个三级指标：专利类型、专利寿命）；专利自由度（其包括五个三级指标：同族专利、权利归属、许可转让、不可规避性、依赖性）。

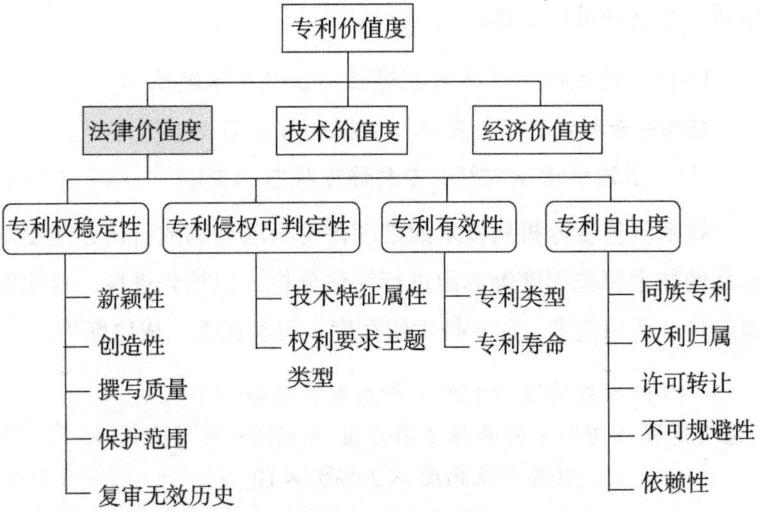

图 3–1　专利价值度（法律价值度）指标体系

如图 3–2 所示，技术价值度指标下设五个二级指标，即技术先进性（其下设置有四个三级指标：技术问题重要性、技术原创性、技术效果、专利被引用）；技术领域发展趋势（其下设置有两个三级指标：技术生命周期、专利增量分布）；适用范围（其下设置有三个三级指标：技术问题适用范围、说明书实施例、专利分类号）；不可替代性（其下设置有两个三级指标：替代技术、专利引用）；可实施性（其下设置有四个三级指标：成熟度、配套条件、技术独立实施度、产业化时间）。

如图 3–3 所示，经济价值度指标下设四个二级指标，即市场应用情况（其下设置有五个三级指标：市场需求、市场规模、市场占有率、市场利润、竞争优势）；政策适应性（其下设置三个三级指标：政策导向、政策发布方、行业审批）；获益能力（其下设置三个三级指标：专利经济寿命、专利收益、社会收益）；标准相关度（其下设置三个三级指标：标准纳入、标准类型、与标准专利的关系)。

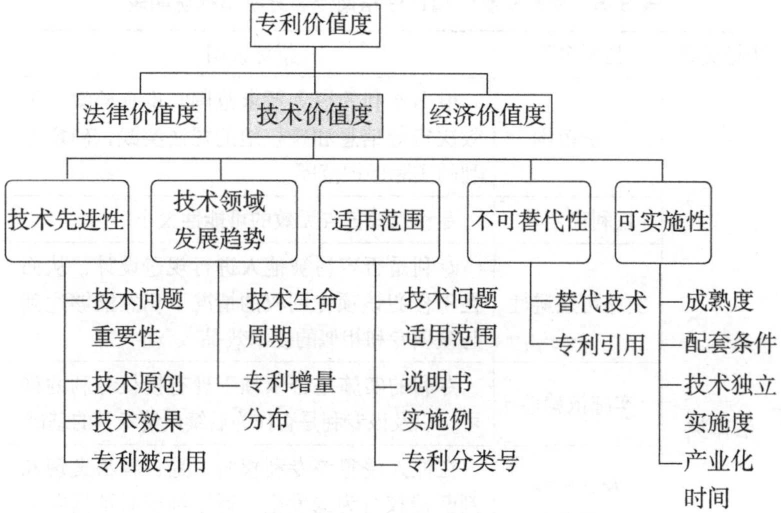

图 3-2 专利价值度(技术价值度)指标体系

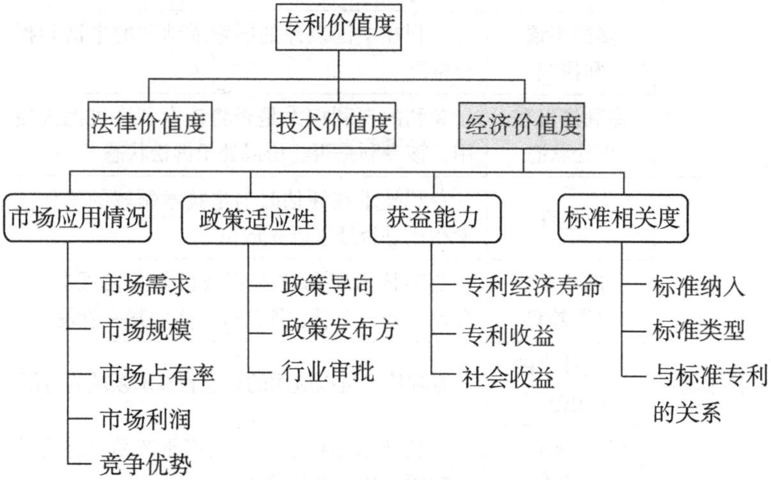

图 3-3 专利价值度(经济价值度)指标体系

深圳市发布的《专利交易价值评估指南》[40],同样给出了三维度属性的指标，如表 3–5 所示。

表 3–5 专利交易价值评估指南专利分析指标说明表

指标类型	指标名称	指标说明
法律类	保护范围	根据专利的权利要求范围、审查档案、无效决定等信息和授权地的司法实践，确定专利的实际保护范围
	权利稳定性	专利权被宣告无效的可能性大小
	实施可规避性	专利是否容易被他人进行规避设计，从而在不侵犯该项专利权的情况下仍然能够达到与该项专利相似的技术效果
	实施依赖性	专利的实施是否依赖于现有授权专利的许可，以及该专利是否作为后续申请专利的基础
	专利侵权可判定性	在他人侵犯该专利权时，是否容易发现和判断侵权行为的发生，诉讼维权时证据获取的难易程度
	剩余保护时间	专利权从评估日起算的剩余法律保护时间
	多国申请和授权	专利在中国以外的国家或地区的申请和授权情况
	专利许可和诉讼状态	专利的专利权人是否将该专利许可他人使用，该专利是否经历或处于诉讼状态
技术类	先进性	专利技术在评估时与本技术领域的其他技术相比是否处于领先地位
	所属行业的发展趋势	专利技术所属技术领域目前的发展方向，即是否处于上升、停滞或下降的某一阶段
	专利技术的应用范围	专利技术可以应用的行业和技术领域的范围
	配套技术依存的程度	专利技术是可以独立应用于产品，还是其实施须依赖于其他技术
	技术竞合程度	专利与需求方的专利布局的重合性或互补性的大小

续表

指标类型	指标名称	指标说明
技术类	可替代性	在评估时专利是否存在解决相同或类似问题的替代技术方案
	专利技术的成熟度	专利技术在评估时所处的技术发展阶段，即处于技术原理提出阶段、技术问题解决方案形成阶段、技术实验测试阶段、技术样品阶段、技术产品化阶段、技术产业化阶段等阶段之中的哪一个阶段
经济类	市场应用情况	专利技术在评估时是否已经在市场上投入使用；如果没有投入市场，则分析专利将来在市场上的应用前景
	许可收益	专利通过许可方式获得的收益情况，包括历史收益、预期收益等
	市场规模前景	专利技术经过充分的市场推广后，在未来其对应专利产品或工艺可能实现的销售收益
	市场占有率	专利技术经过充分的市场推广后可能在市场上占有的份额
	竞争情况	市场上是否存在与该专利权所有人形成竞争关系的竞争对手，以及竞争对手的强弱程度
	政策适应性	国家与地方政策对应于该专利技术的相关规定，包括专利技术是否属于政策所鼓励和扶持的技术，是否存在各种优惠政策等

值得注意的是，在三维度专利价值度评价体系中，多个支撑指标涉及人工打分机制，存在主观倾向影响分析结果的可能，而且这种评价指标体系涉及的指标数量众多，操作流程较复杂。

除采用法律、技术和经济三属性构建专利价值指标体系外，还有将竞争、战略、市场作为独立维度纳入专利价值评价指标体系的做法。这种做法用经济属性来指代专利运用过程中产生的收益，而用市场属性来表示其市场空间和未来收益。常见的五属性专利价值评价指标体系包括技术属性、法律属性、经济属性、市场属性和战略属性。

专利的战略价值很难衡量，因为我们很难明确地得到其在财务上的体现。有些专利价值是嵌入到产品的利润中的，有些根本不能在产品中得到体现。由于通常没有一项专利能被确定为战略的关键，因此有关战略专利或专利的战略属性的问题非常复杂。

专利价值也可能来自未来开发技术的战略性权利保护，一项专利可以被看作未来发展的一种选择。柯达在数码相机领域的研发或专利布局，并没有必然在商业环节上反映出数码产品的生产和商业成功。柯达 1978 年获得了第一台数码相机的专利，但最终被人遗忘，也许是因为它危及了柯达公司的胶卷业务。当索尼这样的公司在 20 世纪 80 年代早期推出第一批民用数码相机时，柯达仍然坚定地拒绝涉足数码冒险。在柯达破产重整案中，其专利技术的处置一直广受关注。柯达在破产重整程序中以 5.25 亿美元价格出售了 1 100 多项数码图像相关专利。

一项专利可能涵盖一种目前无法销售的技术，该专利可能目前不会提供任何战术价值或产生任何许可收入。然而，该专利可能仍然有价值，因为专利权人预计该专利技术的市场将会发展，并且他可能从这个市场中获利。

人们普遍认为，绝大多数的专利技术并没有体现在产品或服务中。因此，这种“未使用”的技术要么没有价值，要么“超前于时代”。由于重大资源已经用于开发“未使用的”技术，专利所有者必须相信许多技术是“超前于时代的”，它们的价值将在未来实现。为了估计这些专利的价值，有很多可供使用的先进评估工具，即使有了这些先进的工具，这些专利也极难进行估值，因为确定未来机会相关的现金流是最难以量化的。

刘剑锋等认为，影响专利战略价值的指标包括自营业务符合性、外部实施情况、专利运营、行业影响力和政策适应性。[41]

战略价值影响专利价值的释放，如当待评专利与企业当前主营业务或者未来战略研发方向高度一致时，其在运用过程中所能释放的价值较高。

外部实施情况区别于竞争环境和自我实施，重点侧重于待评专利带给竞争对手的风险，由侵权方的赔偿所带来的获得收益的机会。

专利运营是专利价值释放的有效途径，也是专利战略价值的成功体现。

行业影响力区别于技术影响力，侧重于专利对巩固企业行业地位以及提升企业声誉所作的贡献，如荣获中国专利奖的专利的行业影响力较大。

企业的创新活动一方面受市场需求影响，另一方面则受政策影响，因此政策适应性也是影响企业专利战略价值的指标之一。

除以上指标体系外，基于类似的思想，国内外多个专利价值分析平台或工具也建立了各自的指标体系。例如，IPscore 评估系统就从法律状态、技术因素、市场环境、财务指标、公司战略五个维度来设置一系列问题，通过回答这些问题，从而给出专利价值的评价结果。

还有一些专利数据库或平台提供专利价值评价工具，甚至利用计算机来完成对专利的自动打分，其中较为典型的包括合享价值度评估体系、大为专利指数评估体系、智慧芽专利评估体系、

innography 的专利强度评价体系、Patent Rating 专利评级系统、科睿唯安 IP strength index、韩国 SMART3 专利评估系统等。

然而，专利价值指标体系面临价值指标重复计算、价值指标权重计算主观性强等挑战。更为重要的是，不同用途的专利，其价值影响因素差异非常明显，难以构建一个普遍适用的通用专利价值评价指标体系。

第三节 专利价值定量评估

专利的估价旨在通过采用业界普遍认可的估价方法，精确地确定知识产权保护权的量化价值。早期的专利价值评估方法基本沿用无形资产评估的成本法、市场法和收益法。这些方法主要基于价格均衡、预期收益、替代原则等经济学原理。现有的估价方法和程序基本上可以归入以上三种基本方法。

中国资产评估协会〔2017〕44 号文印发修订的《知识产权资产评估指南》[42] 指出，知识产权资产评估目的通常包括转让、许可使用、出资、质押、诉讼、财务报告等。执行知识产权资产评估业务，应当关注宏观经济政策、行业政策、经营条件、生产能力、市场状况、产品生命周期等各项因素对知识产权资产效能发挥的作用，以及对知识产权资产价值产生的影响。执行知识产权资产评估业务，应当关注知识产权资产的基本情况：①知识产权资产权利的法律文件、权属有效性文件或者其他证明资料；②知识产权资产特征和使用状况、历史沿革及评估与交易情况；③知识产权资产实施的地域范围、领域范围、获利能力与获利方式，知识产权资产是否能给权利人带来显著、持续的可辨识经济利益；④知识产权资产的法定寿命和剩余经济寿命，知识产权资产的保护措施；⑤知识产权资产实施过程中所受到的法律、行政法规或者其他限制；⑥类似知识产权资产的市场价格信息；⑦其他相关信息。

知识产权价值评估时应关注评估对象的权利状况及法律、经济、技术等具体特征。知识产权资产应当根据评估对象的具体情况和评估目的分析、判断知识产权资产的作用，根据评估目的、评估对象、价值类型、资料收集等情况，分析市场法、收益法和成本法的适用性，从而选择评估方法，进行单项知识产权资产或者知识产权资产组合的评估，合理确定知识产权资产的价值。

一、成本法

成本法是指按照重建或者重置被评估资产的思路，将评估对象的重建或者重置成本作为确定资产价值的基础，扣除相关贬值，以此确定资产价值的评估方法的总称。[43] 成本法包括多种具体方法，如复原重置成本法、更新重置成本法等。[43]

几乎所有估值方法都需要了解创建知识产权的未来成本。基于成本的知识产权价值评估方法通常用于税务鉴定目的或用于公司净资产的简单“账面价值”计算。该评估方法的基础是假设知识产权资产平均具有大致等于其成本基础的价值。因为只有当知识产权资产所要保证的权利的预期经济效益超过获得资产所需的预期成本时，个人和公司才会对知识产权资产进行投资。在考虑适当的风险因素和预期回报率等理论基础上，如果合理的经济决策人不相信它将产生至少等于其预期成本基础的预期经济效益，则将不会投资于专利或其他知识产权资产。

待评估专利满足以下条件时，可使用成本法[44]：①充分考虑专利价值与成本的相关程度；②专利技术有使用价值和剩余使用寿命；③收益大于或足以补偿支出，且可以合理估算专利的开发成本。

成本法包括以下内容。①进行发明和获得专利的历史成本（如研发人员和费用、与专利起诉相关的法律和其他专业费用、申请/注册费用等）。例如，一项美国专利，按照成本法计算，包括了研发投入、注册或维持专利的费用、涉及的律师费用、内部管理支撑费用。②复制或替换专利或该专利发明所提供的功能所需要的成本。

成本法主要基于专利技术的研发成本来确定专利价值，目前业内常用重置成本来衡量专利价值。重置成本法评估的思路是：首先确定被评估资产的重置成本，即在现实条件下，重新购置、建造或形成与被评估对象完全相同或基本类似的全新状态下的资产所需花费的全部费用；然后合理考虑被评估专利资产已存在的各种贬值因素，并将其从重置成本中予以扣除，得到被评估资产的评估值。

基础计算公式如下：

$$\text{专利价值} = \text{重置成本} - \text{无形损耗} - \text{有形损耗} \tag{3-7}$$

或

$$\text{专利价值} = \text{重置成本} \times \text{成新率} \tag{3-8}$$

式中，重置成本一般根据人员投入、资金投入、资源投入等方面的成本来进行计算；无形损耗主要是指在专利技术进行评估的时候，由于其他更为先进或者相对较先进的技术的出现，而在一定程度上造成的现有专利技术价值的降低；有形损耗类似于固定资产使用中的累计折旧成本的计算。

成新率反映评估对象的现行价值与其全新状态重置成本的比率。计算成新率时要采用科学的方法合理确定被评估资产已存在的各种贬值因素，得出成新率。

成本法的计算相对比较简单，而且数据源可以从企业获取，数据相对可靠。但是成本法是基于成本来进行计算的，当然不会考虑到专利形成后的市场效用。基于成本的方法容易受到决策人对将由专利资产获得的预期经济效益的了解和真实预测中的固有不确定性的影响。专利申请和获得授权后在市场上的表现可能是多年以后，专利带来的好处是未知的。许多在纸上或在实验室中看起来有希望的新发明，由于各种原因而在经济上或商业上是不可行的。因此，覆盖这种发明的专利可能几乎没有最终的内在经济价值。相反，在申请专利时看起来只是边缘性的其他发明可能变得非常有价值，如果获得广泛的保护范围，还可能返回远远超过该专利的成本基础的经济效益。可见，成本基础方法不能解决这两种极端情形的价值估计。

此外，成本法也无法对专利的未来预期价值进行测量，因而往往也会低估专利的价值。同时在无形的损耗测算上面也较为困难，这在一定程度上限制了成本法的应用。

值得说明的是，既然成本法是建立在理性经济人的假设基础上的，由于各种原因，某些个人或公司可能不经济地投资于专利或其他知识产权资产。此时，成本法与专利的价值将会产生背离。基于成本的方法也没有考虑产品和技术随时间演变以及商业和经济条件变化的可能性。相反，基于成本的方法隐含地假定静态商业和经济环境，提供基于初始投资时所花费的实际成本的固定值，而不考虑该投资的价值如何随时间变化。

实际上，我们知道，无论成本如何，专利的价值可能从零到数千万元。随着知识产权市场越来越成熟，我们预计基于成本方法的使用将越来越少。然而，相当多的并购和投资机构仍在使用这种方法。鉴于上述缺陷，基于成本的方法在真实商业环境中作为精确评估专利或其他知识产权资产固有价值的方法，其实用性受到显著限制。

二、市场法

市场法是通过将评估对象与可比参照物进行比较，以可比参照物的市场价格为基础确定评估对象价值的评估方法的总称。市场法包括多种具体方法，如企业价值评估中的交易案例比较法和上市公司比较法等。

市场法利用与被评估的专利发明相当的专利技术在市场上易手时的价格来衡量其价值。市场法通过在自由和开放市场中发生的类似资产的交易来提供被评估资产的真实世界价值的指示。在理论上，市场法可以提供非常精确的固有价值的度量或估计，但是知识产权的交易或许可交易信息并不容易获得，大多数的交易数据并未公开，即使可以获得这样的交易信息，在进行对比和价值参照时，往往也没有想象中那样容易。目前几乎没有直接的真实世界数据被作为知识产权和其他类似的不可见资产的市场比较基础，除非可以收集和分析大量这样的数据，否则这种方法所得到的近似值的统计精度将是不确定的。

早期的一些研究，试图通过研究持有这些资产的各种公开交易公司的股票价格来间接地提取专利和其他知识产权资产基于市场的估值。但是这些研究方法在用于评估具体的专利时，其实用性是大打折扣的。因为股票的价格主要反映了公司的总体资产和未来收益的潜力，对于个别专利资产的价值及其与未来收益的潜力之间的关系是难以确定的。此外，公开交易的专利可能仅占企业相关专利的总量的一小部分。

市场法的计算方法有多种，至少包括以下计算方式。

（一）加权法

运用市场法通常选用三个以上的近似或者相关的交易案例，进行加权平均计算：

$$V=\prod_{i=1}^{n}K_iV_0 \tag{3-9}$$

式中：

V 为被评估资产的评估值；

V_0 为参照物实际交易价格；

K_i 为第 i 个参照物的统计权重；

i 为参照物标号；

n 为参照物总数。

（二）市场修正方法

$$\text{评估对象价值}=\text{参照物成交价格}\times\text{修正系数}_1\times\text{修正系数}_2\times\cdots\times\text{修正系数}_n \tag{3-10}$$

或

$$\text{评估对象价值}=\text{参照物成交价格}+\text{基本特征差额}_1+\text{基本特征差额}_2+\cdots+\text{基本特征差额}_n \tag{3-11}$$

市场法直观简洁、便于操作。但市场法也具有一定的局限性，主要体现为[45]：①不存在两项完全相同的专利，而且专利具有复杂性，不同专利之间在法律权益、技术特色、经济前景上均存在差异，寻找高度相似的专利也比较困难；②市场波动较大，某些产业，尤其是诸如电子、通信等技术更新换代速度较快的产业，专利技术的价值易受市场环境影响，在不同时期、不同地域表现出较大差异；③交易数量不足，我国技术交易市场不成熟，在某些特定领域完成技术交易的专利数量不多，难以寻找足够数量的参照专利；④交易信息难获取，技术交易往往涉及交易双方的商业秘密，技术交易的细节通常不予公开，难以获得准确的交易金额。

三、收益法

（一）专利评估收益法概述

收益法也称收益现值法，是将评估对象的预期收益资本化或者折现，从而确定其价值的各种评估方法的总称。专利价值评估中的收益法衡量的是专利所有权所产生的经济利益。收益法的理论基础是限制理论，其评估思想是向后计算评价对象在剩余生命周期内能为企业带来的预期经济效益。根据专利未来能产生的所有经济收益流的预期来计算专利价值，即通过对未来一定期限内专利资产能带来的经济利益使用合适的折现率进行折现，据此获得专利价值的评估值。收益法还需要考虑专利的剩余经济寿命、预期收益、折现率、利润分成率等因素。

采用收益法评估知识产权资产时，应当结合出资目的实现后评估对象合理的生产规模、市场份额、技术及管理水平等因素，综合判断未来收益预测的合理性。这也是收益法最大的优势，通过这种方法可以对未来的预期收益进行考虑，通过折扣为现值对知识产权的价值进行评估。专利权人所拥有专利的固有值可以通过在该专利的剩余寿命或该专利技术的经济寿命期间获取可归因于该专利的增量利润流的净折扣值来计算。在专利许可中，我们也可以根据该协议对将来可产生的预期的收入来进行精确计算专利的固有值。

理论上，收益法可以通过收益模型对专利的价值提供精确的估计。然而，在实际中，我们很难精确地从收入中分离由专利带来的超额利润所创造的收益，更难以在时间的维度上考虑根据未来收益对专利价值进行动态的调整和估计。

大多数情况下，专利资产从来没有被许可或得到产业化应用抑或进一步开发，这时我们基本上无法得到收入估计的基础数据。在没有实际收入流的情况下，基于用收益法进行专利价值评估可能会使得评估结果不具有可信度，其评估结果更多的是一种推测而非估计。

无形资产评估中收益法有割差法、超额收益法和分成率法等。专利估值，无论采用何种方法来衡量价值的指标，都充满了高度的不确定性。[46]

1. 割差法

割差法是用企业的总体价值扣除待评估资产外的各项资产的一种评估方法。如计算企业的全部除土地使用权外的无形资产价值，即可用如下公式：

$$\text{企业全部无形资产价值} = \text{企业的总体价值} - \text{各项有形资产} - \text{土地使用权} \quad (3\text{-}12)$$

2. 超额收益法

超额收益法是对知识产权未来获得的超额收益进行折现的结果。知识产权资产收益可通过增量收益、节省许可费等方式计算。由于涉及使用贴现的现金流或类似的技术，对可归因于标的资产的预测的未来经济利益（基于财务信息）进行贴现。按照折现现金流（DCF）的观点，专利的价值可以定义为通过申请适当的折现率，将专利剩余寿命内发明商业化预测的所有预期现金流量（或收益）调整为今天的现金等价物。

由于每一项专利都是独一无二的，除非在估价日期之前有该专利的市场销售，否则专利估价分析师将无法获得与该主题专利相同的专利的市场数据。因此，专利估值必须基于预测、估计和所创建的模型。

折现现金流（DCF）方法仅关注未来将流入专利所有者手中的现金。专利权所有者在评估日前的任何收益都与未来是不同的。专利权只能在权利有效期产生价值，因此专利剩余寿命是专利价值评估的重要考虑因素。

虽然分析历史可以对未来形成合理预期，但未来毕竟是未知的。既然是预测，那么都带有不确定性。评估师在对不确定性价值估值中得出一个贴现率，以反映他对假设投资者对预期现金流的预期调整的估计，以考虑货币和风险的时间价值。通过贴现率对预期现金流进行数学调整，得到现值。这种对专利价值的概念性理解可以用数学方法表示，DCF 模型为

$$P=\sum_{t=1}^{n}\frac{\mathrm{CF}_t}{(1+r)^t} \qquad (3-13)$$

式中：

P 为评估值；

n 为资产的寿命；

CF_t 为资产在 t 时刻产生的现金流；

r 为预期现金流的折现率。

3. 分成率法

根据国际技术贸易中技术价格的定价原则（LSLP 原则）和计价方法，按“四分说”，即公司获利能力主要由资金、劳动、组织、技术获利所占的比重，依据各个项目的实际状况，确定委估对象的分成率，最终获得委估对象的评估值。

专利估价面临的一个挑战是在将销售额的增加或由此产生的利润和利润的增加与未来专利技术的使用所导致的部分分离出来。一旦确定了这个增量，评估者就可以使用收入方法来估计来自该专利的经济效益，以确定其价值。

分成率法基本计算公式为：

评估值 = 未来收益期内各期的收益额现值之和 × 分成率，即

$$P = K\sum_{t=1}^{n} F_t \frac{1}{(1+i)^t} \tag{3-14}$$

式中：

P 为评估值；

K 为分成率；

F_t 为未来第 t 个收益期的收益额；

n 为剩余经济寿命期；

t 为未来第 t 年；

i 为折现率。

分成率的确定有很多方法，如可以采用层次分析法确定专利技术在产品获得的超额收益中的分成率。[47] 通过对该企业的经营情况的调查，产品获得的超额收益的因素有三个，即成本节约、售价提高及销售量增大。

（二）未来价值估计

专利价值评价中可能出现的一大问题是评估专利潜在的未来价值。专利组合可能对应已经产业化的产品，也可能完全由涵盖目前未使用但未来可能使用的技术的专利组成。确定未来价值并估计此类投资组合的价值非常困难。但是，我们可以利用某些措施来进行推测。专利未来价值的主要前提是巨大的未来回报与潜在的失败风险。风险因素可以被视为折扣因素并计入潜在的特许权使用费计算中。在考虑专利的未来价值时，通常存在的主要风险包括市场风险和技术风险两种。[48]

1. 市场风险

某项技术可能面临难以形成实质性市场的潜在风险，这一点需要引起高度重视。市场风险无疑是巨大的挑战。以美国为例，该国正在参照中国微信的聊天机器人计划进行技术研发。然而，鉴于中西方文化及商业环境的显著差异，该技术可能在中国市场更加契合其文化和商业背景，而在西方市场则可能面临认可度与接受度较低的挑战。

2. 技术风险

毋庸置疑，一项技术或发明可能市场前景广阔，但仍然存在失败或被竞争性技术超越的风险。

在潜在专利评估中，技术风险的一个显著案例是与电阻存储器或相变存储器相关的组合技术。这些技术当前尚未实现商业化规模应用。然而，鉴于未来内存需求的必然趋势，我们认为这是一个值得承担的风险。

四、方法的评价、演进和结果调整

（一）三种方法的评价

上述介绍的评估方法中，每一种均有其独特的优势与局限。需明确的是，不存在一种单一的评估方法能够绝对正确地确定专利的真实价值。

市场法评估专利价值的核心思想，就是找市场上相似的产品或技术来做对比，相当于给待评估的专利找个参照物。但现实中，每项专利都有自己的独特性和显著个性，寻找真正具有可比性的专利技术是一项极具挑战性的任务。

成本法把专利的研发成本看作其潜在价值的一部分。但值得强调的是，专利的价值与其研发成本之间并无绝对的、严格的对应关系，在某些情况下，二者甚至可能呈现出显著的不成比例性。

在专利价值的评估中，收益法通过精确计算专利权在其整个生命周期内预期能够实现的净收益的现值，来准确衡量其内在价值。然而，必须指出，专利的经济寿命周期及利润分成率的评估工作存在较大的挑战性，这些困难因素直接影响了价值评价结果的准确性。

采用基于会计的这些传统的方法进行专利价值的评估，每种方法均采用了独特的度量或估计维度以及相应的估算逻辑，因此所得结果必然存在差异。针对某一特定资产的价值量化评估，我们通常会择取三种方法之一或多种方法组合使用。在选择适用的方法时，需综合考虑多种基本假设、专利的许可转让历史记录，以及该资产的开发或使用方式。在实际操作中，我们的评估方法将根据实际情境进行灵活的选取和调整，以确保评估结果的准确性和可靠性。

以某一特定的发明专利为例，其核心目标在于提供一种非侵权的替代设计方案，其目的在于实现该专利发明原本所具备的功能与利益。在这一情境下，经济理性主体在考量专利价值时，为获得、研发及实施该替代设计所需投入的成本，通常可被视为其可接受的最高上限。这样的成本考量，不仅反映了市场参与者对专利价值的权衡，也体现了追求技术创新与商业利益之间的平衡策略。在此情形下，即便通过收入法对未来收益进行贴现后所计算的专利价值超出了成本法所确定的价值，我们亦应基于常识判断，认识到合理的价值不应超越成本法所估算的价值范畴。

（二）评价方法的演进

考虑到每一种单纯的定量评估方法均存在局限性，有人认为可以将市场法、成本法、收益法等传统评估方法进行综合，以弥补适用单一的定量方法的缺陷，从而提高评估结果的准确性和科学性。[49] 还有人认为应当考虑到专利价值在不同技术发展时期、不同的应用方式中具有不同的表现形式和价值状态。应当对专利价值评估模型进行细化，开发出适用不同场合的评估模型。开发应用在专利质押[51]、专利许可[52]、专利转让、资产清算等场景中的不同评估模型[53]。此外，还可以根据技术生命周期中萌芽期、成长期、成熟期和衰退期等不同时期的特点对评估模型进行不同的修正。[50]

在专利价值评估思路探索过程中，出现了两种比较典型的方法，即专利价值评估的实物期权法和专利价值的机器学习方法。

1. 专利价值评估的实物期权法

实物期权的概念由学者斯图尔特·迈尔斯（Stewart Myers）在1977年最早提出。他明确指出，企业在进行投资决策时，可获取一项特定权利，即在未来的某一时刻，以既定价格取得或出售特定的实物资产或投资计划。实物资产的投资评估可借鉴一般期权的评估方式。鉴于其标的物为实物资产，该性质的期权便被命名为“实物期权”。实物期权法是运用金融市场的核心理念，对各类实物资产复杂的收益与损失进行精准定价的过程。此举有效确保了管理期权、内部投资机会及交易机会在价值层面上具备可比性。

对于实物期权的定价，目前常用的方法有二项式期权定价模型、BlackScholes公式（B-S定价模型）和用于复合期权评价的Geake公式三种。

根据实物期权理论，专利价值评估对专利技术商业化过程中蕴含的各种实物期权，包括延迟、扩张、转换、放弃等不同类型的期权进行研究，并将其归结为持有专利技术的看涨期权和放弃专利技术的看跌期权。

实物期权方法为专利价值的评估提供了一种全新的思路，国内外研究学者进行了大量研究，提出了很多改进措施。该方法以股票期权理论假设为基础，引入了过多的金融理论模型和理想化假设，如专利价值波动遵循几何布朗运动、不存在风险套利机会等，而对专利的法律属性和技术属性考虑不足，如法律状态的稳定性、专利保护范围大小、技术先进性高低、技术成熟程度、技术可替代程度等，导致评估结果出现一定误差。

2. 专利价值的机器学习方法

由于按照定性或定量方法在数据源的采集等多个方面均面临

一些困难，包括在进行具体的专利价值的判断时要求专业人员的参与等，这为专利价值评估带来了诸多障碍。随着人工智能和大数据技术的发展，通过机器学习的方法来进行专利价值评价的方法逐渐得到了重视。通过大量专利数据的特征分析，建立起专利价值自动评价的方法在多个专利评价工具中得到实现。

早在 US6556992B1 专利中就公开了一种针对专利和其他无形资产进行评级的方法。基于统计的评级方法，用于独立地评估个体专利资产和其他无形知识产权资产的相对广度（relative breadth，B）、防御能力（defensibility，D）和商业关联性（commercial relevance，R）。评价结果可以用于帮助指导未来的专利投资决策、许可程序、专利评估，甚至调解和（或）解决专利官司。

通过识别和比较每项单独专利的各种特性与给定专利群体中相同特性的统计分布，利用专利信息数据库生成相对应的评级或排名，可将具有已知的相对较高内在价值或质量的第一批专利与具有已知的相对较低内在价值或质量的第二批专利进行比较。基于这两个群体的统计比较，某些特征被识别为在一个群体或另一个群体中更普遍或更显著，达到统计显著程度。通常将正得分应用于那些具有所需影响的专利特征，而将负得分应用于那些对所关注的特定质量或事件具有不良影响的专利特征。通过使用多个这样的统计比较来构造和优化计算机模型或计算机算法。通过这种方式得到的多个具有统计学显著程度的正相关性或负相关性的一个或多个专利度量来构造回归模型，对具有正相关专利度量的专利进行正加权或评分，对具有负相关专利度量的专利进行负加权或评分，以此来自动地对专利进行评分或排序。使用该计算机模型或计算机算法可以预测或提供在给定单个专利或专利组的识别特征的情况下存在的期望值或质量抑或将来发生的事件的统计上精确的概率。如果需要，该方法还可用于生成专利评级报告。

后来出现的多个基于机器学习的方法与此大同小异。基于机器学习的专利价值评估预测步骤总体包括数据的准备、分析和知识总结三个部分。首先都需要从数据库中提取专利及与专利价值相关的信息来构建相关特征，然后通过模型分析以推断出逻辑结论。[54] 在基于机器学习的专利价值评价中可以将评价工作视为一个强度分类问题。在机器学习中有很多用于解决分类问题的方法，如使用决策树、支持向量机和神经网络等。

然而，欧洲知识产权评价专家组在关于专利价值评估的意见中却认为，每一项知识产权的创新都是不同的，因此每个评估案例都需要进行调查，而不应采用自动化的知识产权评估方法。[55]

由于没有两件知识产权资产是相同的，因此对知识产权资产的估值非常复杂。鉴于知识产权的独特性，其与其他知识产权的对比显得尤为复杂，从而在一定程度上削弱了基于比较的定价策略的实际效用。因此，在进行估值时，我们主要依据对知识产权资产未来使用情况的预测、预期达成的重要里程碑，以及可能采取的管理决策进行假设分析。这一过程里，我们不仅要仔细研究知识产权的独特性，还会考虑它的商业价值，以及行业的整体情况、竞争对手的限制和不断变化的经济状况等，以便作出更好的决策。

近年来，国内外相继制定并推出了一系列估值标准，这些标准在核心内容方面多展现出一定的相似性或同质性。目前，知识产权市场所面临的挑战并非源于评估方法、标准、指标内容或一致性的缺乏，而是源于对评估结果可信度的高度关注与严格要求。

（三）基于行业专利布局的专利价值评价

2018年，上海发布了一套企业标准《专利评估技术标准2.0》。[56]该标准区别于传统专利价值评价方式，将专利与产品相对应，并且从专利布局空间来考虑专利的价值。

该标准首先提出了“最小可计量专利产品”的概念。所谓的最小可计量专利产品是指与专利对应的产品或服务，该产品或服务应该满足以下几个条件：其一，最贴近专利技术方案；其二，可以单独计量；其三，可以销售并形成稳定市场。如果该产品或服务虽然最贴近专利技术方案，但是无法单独计量和销售，则需要将该产品或服务向上位划分，直到该产品或服务可以单独计量和销售为止。最小可计量专利产品是专利收益的来源和计算基础，不是特指某专利实施者生产的产品或提供的服务，而是泛指一类产品或服务。

为了进行专利价值评估，需要围绕“最小可计量专利产品”检索，得到全部相关专利。围绕“最小可计量专利产品”做专利检索时，要把最小可计量专利产品可能被权利要求覆盖到的专利全部检索出来。如果目标专利为授权且有效专利，则检索范围为授权且有效专利。如果目标专利包括处于审查状态的专利，则检索范围既要包括授权且有效专利，也要包括处于审查状态中的专利。然后，在检索结果的基础上进行技术领域划分，其结果称为最小可计量专利产品的“技术组成”。技术组成也可以称为“技术构成”。划分技术领域的标准，可以是专利技术方案主要解决的技术问题或实现的技术目的，也可以是最小可计量专利产品的内部结构，还可以按照生产制造最小可计量专利产品的技术原理和工艺步骤来划分。

1. 技术组成

由于围绕最小可计量专利产品进行的检索是在某个技术领域中，其专利在该技术领域上可以分为多个层次，比如某产品的“检测方法”技术领域，又可以分为“原料检测”和“成品检测”两个技术领域，“原料检测”又可以分为“A 原料检测”和“B 原料检测”两个技术领域，这样关于“检测方法”的技术领域，就形成了至少 3 个技术层次。

2. 技术分成率

最小可计量专利产品对应全部专利划分出的“技术组成”中，每一个技术领域按照在最小可计量专利产品中的相对地位、重要性、技术意义、开发难度、复杂程度等评价指标，都对应一个权重，该权重就称为该技术领域的“技术分成率”，可以用来描述不同技术领域之间的相对价值关系。技术分成率可以按照技术组成的层次存在多次分成率，比如 1 次分成率、2 次分成率、3 次分成率等，但不管几次分成率，相同技术层次的“技术分成率”之和一定等于 1。

3. 技术效能比

在同一技术领域内的全部专利，解决的都是相同或类似技术问题，实现的是相同或类似技术目的，不同专利技术方案按照技术效能的高低所获得的权重，称为“技术效能比”，反映了同一技术领域内不同专利的相对价值地位。

4. 技术方案类型

按照专利的特点可以将专利分为技术原理型专利、技术实施型专利、效果优化型专利三种。

5. 专利价值空间

在《专利评估技术标准 2.0》中，专利价值空间大小取值设定为“1”，代表全部专利的相对价值之和。构成“专利价值空间”的每一项专利，在价值空间内都有自身的相对价值，一般用“专利分级率”表示，相对价值越高，对最小可计量专利产品的影响力越大，控制力越强。

将技术领域的层次关系在“专利三维价值坐标系”上进行表达的方法如下：①把第一层次的技术领域在X轴上进行表达，X轴为“技术方案类型权重”；②把第二层次及剩余层次的技术领域在Y轴上进行表达，Y轴为“技术分成率”；③把具体专利在Z轴上进行表达，Z轴为“技术效能比”；④在一定数据和资料基础上，确定各种表达对应的权重；⑤对于具体专利在Z轴的表达，若无数据和资料协助分析并确定其权重，则可以按照专利数量平均分配。

将技术领域的层次关系在“专利三维价值坐标系”上表达完成后，将表达结果用三维立体图表示。在此基础上，该标准明确了“技术方案类型权重”“专利分级率”和“专利五级分类”的定义，确定了目标专利三维价值坐标（X，Y，Z）的取值方法，提出了目标专利“专利分级率”的计算方法。

6.技术方案类型权重

技术方案类型权重是最小可计量专利产品全部专利第一层次技术领域在X轴上的表达，各技术领域的X值是各技术领域的权重，第一层次各技术领域的权重之和等于1。例如，技术原理型专利（如新物质的化合物结构）的权重为0.5，技术实施型专利（如新物质的制备方法和工艺）的权重为0.3，效果优化型专利（如新物质的贮藏和运输方法）的权重为0.2。

7.三维坐标的确定

目标专利在最小可计量专利产品第一层次的技术领域中，属于哪一个技术领域，对应技术领域的权重，也称为“技术方案类型权重”，就是目标专利的 X 值。

围绕最小可计量专利产品的第二层次技术领域，是在 Y 轴上进行表达的，目标专利又属于哪一个技术领域，对应技术领域的权重，也称为“技术分成率”，就是目标专利的 Y 值。若围绕最小可计量专利产品存在多个层次的技术领域，把除去第一层次技术领域之外的其他层次技术领域的权重连续相乘，就得到目标专利的最终 Y 值。

把目标专利所属技术领域在 X 轴、Y 轴上全部表达完成后，就需要把目标专利在相同技术领域内进行技术效能的表达，这种表达是在 Z 轴上进行的，目标专利在 Z 轴上获得的权重称为“技术效能比”，就是目标专利的 Z 值，如图 3–4 所示。若没有数据支持目标专利和相同技术领域的其他专利进行技术效能的对比分析，在目标专利在 Z 轴上的取值就是该技术领域内专利总数的倒数。

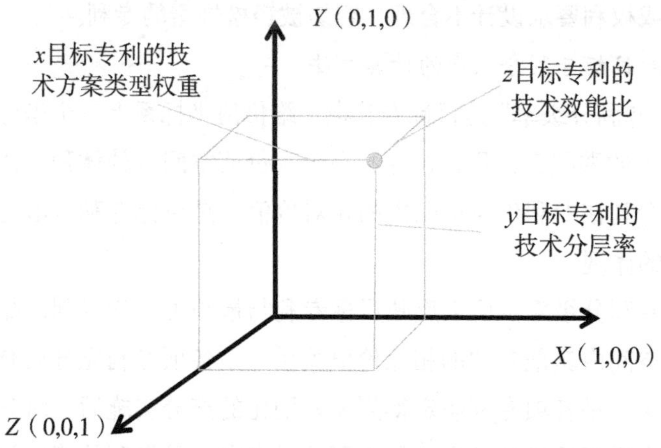

图 3–4　目标专利三维价值坐标（X，Y，Z）示意图

按照专利分级率取值范围的不同，可将目标专利分为“核心专利”“重要专利”“一般专利”“次级专利”“零效专利”五类。其中，专利分级率是目标专利在三维价值坐标系上三个坐标（X，Y，Z）的乘积，也是目标专利在专利价值空间内的体积，代表了目标专利在专利价值空间内的相对价值，是目标专利价值地位和权重的体现。

“核心专利”的分级率大于等于0.1，一般都是基础专利或标准必要专利；“重要专利”的分级率介于0.01和0.1之间，一般都是主流技术方案或技术效能最佳的技术方案；“一般专利”的分级率介于0.001和0.01之间，一般都是局部技术方案或存在大量平行技术方案的专利；“次级专利”的分级率介于0.000 1和0.001之间，一般都是专利权遭受对比文献一定程度的挑战和威胁，专利文献撰写质量存在一定瑕疵的专利；“零效专利”的分级率小于0.000 1，一般都是专利权稳定性极差，大概率会被认定为无效的专利，或者专利文献撰写质量极差，重要保护诉求被遗漏，或权利要求设计不合理，容易被轻松规避的专利。

8. 目标专利分级率的计算方法

“专利分级率”是目标专利在三维价值坐标系上三个坐标（X，Y，Z）的乘积，也是目标专利在专利价值空间内的体积，代表了目标专利在专利价值空间内的相对价值，是目标专利价值地位和权重的体现。

专利分级率本质上反映目标专利与最小可计量专利产品专利价值空间内其他专利的相互价值关系，是各项专利充分展开竞争的结果，是各项专利假定得到无差别化的充分实施后，对其法律控制力进行比较的结果。最小可计量专利产品专利价值空间内的各项专利，专利分级率之和等于1。

目标专利分级率的计算公式如下

$$\alpha_{PR} = X \cdot Y \cdot Z \tag{3-15}$$

式中：

α_{PR}为专利分级率；

X为技术方案类型权重；

Y为技术分成率；

Z为技术效能比。

9. 专利分级率的减值和修正方法

由于知识产权的特殊性，知识产权的法律属性的核实和法律保护的强度会影响专利对应的技术价值的发挥。因此，在专利价值评估过程中，往往可以用专利强度来调整评估的结果。

其中法律强度的判断可以采用法律属性的评估方法，对专利的保护宽度、专利布局的情况、侵权可判定的难易、专利的法律状态、专利的稳定性等多个指标进行综合衡量。

专利的强度越强，其越能够支撑按照专利估算模型得出的结果；专利的强度越弱，越会影响专利估算模型得出的估值结果。

（1）对“权属稳定性”“专利文献撰写质量”和“侵权易判性”3个变量进行分析，得出3个变量的赋值。

（2）用“权属稳定性”“专利文献撰写质量”和“侵权易判性”3个变量与“专利分级率”构建连续相乘的算法关系，相乘的结果就是经过减值和修正后的专利分级率。

具体公式如下：

$$\alpha'_{PR} = \alpha_{AS} \cdot \alpha_{DQ} \cdot \alpha_{IJ} \cdot \alpha_{PR} \tag{3-16}$$

式中：

α'_{PR}为减值修正后的专利分级率；

α_{AS}为权属稳定性评估因子；

α_{DQ}为文献撰写质量评估因子；

α_{IJ}为侵权易判性分析变量；

α_{PR}为专利分级率。

其中，α_{AS}、α_{DQ}、α_{IJ}的具体计算方式详见企业标准 Q31/0110000116F010—2018。[56]

第四节　专利组合的价值衡量

一、专利组合的概念

欧洲专利局定义专利组合为个人或公司拥有的专利列表。该定义认为专利组合可以按照专利权人来进行划分，可以将个人或公司拥有的专利视为专利组合。同一个人或公司所拥有的专利可能属于同一个领域，也可能属于不同的技术领域，但是作为一个整体来看待可以便利公司或个人管理其专利资产。因此，专利组合是一种为公司的最大利益而开发、保护和使用的资源。[57] 管理专利组合并将其与其他公司的专利组合进行比较，对于帮助公司更好地确定自己专利的经济价值并保持竞争力至关重要。专利组合管理可以用于识别机会和风险因素。当然，从专利管理实务角度来看，我们还可以进一步按照产品或技术的维度来划分专利组合。此时，个人或公司可能拥有多个独立的专利组合。

关于专利组合的另一种观点认为，专利组合是一种专利集合体，既可以作为一种无形资产，也可以作为一种策略性行为。[58] 该定义认为专利组合可以由一个企业或不同企业的专利组成，这个定义与欧洲专利局定义相比，更多考虑了产品或技术领域的划分，并且将专利池的情形纳入考虑内容。专利池中的专利，无论是属于A公司还是B公司，自然可以归入同一个专利组合。此时，专利组合不再限于具体归属于某个人或公司，而是可以由不同的企业构成。根据该定义，专利组合的价值不仅表现在企业研发及产品市场等全过程中的利益获取方面，而且还可以作为一种策略性行为手段，对构建行业进入壁垒和处理成本高昂的专利诉讼等具有重要的策略性价值。

二、专利组合价值理论

在衡量单件专利价值时，由于对价值的理解不同，形成了定性方法及定量方法的成本法、市场法和收益法三种专利价值评价方法。这些方法中的任何一种都有其优点和缺点，没有一种是完美的。在深入剖析和认识专利组合价值的过程中，对于专利组合价值的理解和评估同样面临诸多相似的挑战和问题。

专利最好被当作一种达到目的手段而不是一种目的本身。在现代商业环境下，专利的价值不在于单件专利的个体意义，而在于它们聚合成一个专利组合。这种组合的整体价值大于各部分的总和。[30]专利组合可以解决两方面的问题。一是规模的实现。通过专利组合可以形成组合规模，从而便于后续研发，吸引相关创新发明；专利组合还可以避免诉讼，提高讨价还价能力，提高专利防御性，以及增加对资本的吸引力度。二是多样性的形成。专利组合通过多个专利形成对创新方案的全面保护，扩大研发的自由度和保护范围，提高应对竞争对手、技术、法律变化等不确定性的能力。

专利组合价值的实际意义仍然反映在商业方面。以下三类要素决定专利组合商业价值：一是专利有效性和专利实施潜力；二是专利技术实力和商业效用；三是专利覆盖国家的商业市场。[59]

专利组合的价值还体现在它们对于公司的战略业务目标的支持上。简言之，专利组合的价值主要体现在其对于市场及企业业务的实际影响上。若我们认同专利组合的价值在于支撑并推动公司战略业务目标的实现，则构建专利组合价值评估标准将变得更为明晰。此时，专利组合的价值可通过友好或对抗性的许可方式直接产生经济效益、有效保护企业当前及未来的业务安全，以及助力企业拓展新的商业机遇与合作伙伴关系。不同的公司或专利主体，根据实际情况可以为创收、业务保护、机会和合作伙伴关系赋予不同的权重，得到确切的组合，以适应不同战略目标实现。

然而，前述所提的三种能力在评估上存在较大的抽象性，难以实现精确衡量。若欲增强专利组合的综合表现，则必须建立一套指标体系来跟踪和衡量投资组合对于公司的价值。在评估专利组合的价值时，通常可以参考以下关键指标以确保评估的严谨性、稳重性和合理性。①技术转让许可证的发放数量及其相应的经济价值，这直接反映了专利技术的市场认可度和潜在价值。②涉及专利侵权的案件数量及其价值，以及受保护市场的总体经济价值；同时，受保护产品所带来的收入及其价值也是衡量专利组合价值的重要标准。此外，为应对侵权行为而支出的防御费用也应纳入考量。③专利组合通过构建新的业务机会和建立合作伙伴关系所带来的经济收益，这体现了专利组合在市场上的实际影响力和转化能力。④专利领域中需要改进的部分，以及具有未来发展潜力的专利领域，这些方面的考量有助于对专利组合的长期价值进行预测和评估。

一个稳健发展的企业不应单纯依赖机遇来保障其未来。最佳的专利组合并非仅仅表现为专利数量的持续增长，而应是通过精心策划的有针对性的发明项目实现的增长。一个有效的专利目录应明确指出专利组合中的不足之处，并确定研究和专利开发的重点领域，以拓展专利组合的广度和深度，进而更有效地支撑企业的业务目标。

三、专利组合的价值评价方法

（一）会计类专利组合价值测度方法

会计类测度方法包括在单件专利价值评价中提到过的成本法、市场法、收益法，以及由收益法改进的实物期权法等。

1. 成本法

成本法认为企业承担专利成本的意愿反映了企业预期专利价值的下限。虽然成本并不是专利的确切市场价值，而是反映了公司的支付意愿，但也能在一定程度上反映其价值所在。[60] 尽管专利成本是衡量专利价值的一种相当保守的方法，但它为整个专利分布提供了有用的信息。

具体来说，我们首先确定一个公司持有专利的年份，然后汇总积极持有的专利总数，统计专利库存的规模，同时观察每一年投资的专利组合中每个专利持有的同族数量信息。只有特别有价值的专利才具有很大的国际范围，并经过很长时间的维护。

可以通过定义两个专利度量指数来衡量专利组合的价值：

$$\text{patent stock}_{it} = \text{act. patents}_{it} \times \text{jurisdictions}_{it} \tag{3-17}$$

$$\text{patent costs}_{it} = \sum_{1}^{P} \text{fees}_{pt} \tag{3-18}$$

式中：

patent $stock_{it}$ 为 t 时刻 i 公司的专利库存指数；

act. $patents_{it}$ 为 t 时刻 i 公司的活跃专利数量；

$jurisdictions_{it}$ 为给定专利组合中所有专利的特定年度的辖区平均数；

patent $costs_{it}$ 为 t 时刻 i 公司的专利总成本；

P 为专利组合；

$fees_{pt}$ 为 t 时刻专利 p 的成本。

基于成本的方法试图将专利组合的价值与其成本相关联。然而，简单地将专利的价值降低到成本就意味着专利组合的价值是静态的。而实际上，所有的证据都表明，专利组合是一种需要理解、丰富和开发的资产。技术、市场和商业机会都在迅速变化，许多专利组合中包括沉睡专利，这些专利在今天的市场上没有什么价值，但未来可能会变得非常有价值。

2. 市场法

用市场法来评估专利组合的价值相比单件专利价值评价更为困难和缺乏说服力，很难在市场上找到可以参照或对标的专利组合市场价值。

3. 收益法

收益法在评估专利组合价值时，通常依赖于特定的公式或算法，用以计算各项专利的个体价值，进而将这些个体价值进行系统性组合。采用此方法时，专利价值的评价过程可能会遇到与单件专利价值评价相似的挑战和问题。

此外，关于专利组合价值的评估还涉及一系列复杂而深入的问题，我们必须对这些问题给予合理且严谨的阐释。具体而言，需要明确专利组合中某项专利相较于其他专利的优势所在，以及在与竞争对手的专利对比中，其独特价值体现在何处。这些分析是确保专利组合价值评估准确性和权威性的重要环节。

4. 实物期权法

实物期权法的理论基础是成长期权。期权是一种在未来某个特定时间能以一定价格买入或卖出一定数量的某种商品的权利。利用分析或模拟的方法能定量地计算专利的期权价值。例如，翟东升等在实物期权理论的基础上提出一种新的专利组合估值方法，并在估值中结合了 LSTM 时间序列预测以及最小二乘蒙特卡罗模拟等方法。[61]

根据实物期权理论对专利组合进行估值：

专利组合价值 = 净现值 + 期权价值

净现值采用收益法确定，具体公式为

$$PV = \sum_{i=1}^{T} \frac{R_i}{(1+r)^i} \times a \tag{3-19}$$

式中：

PV 为专利组合的净现值；

R_i 为专利组合第 i 年的预期收益；

α 为收益分成率；

r 为折现率；

T 为收益期限。

在使用收益法计算基础净现值之后，结合实物期权模型，使用最小二乘蒙特卡罗模拟方法计算期权价值以得到专利组合价值。

（二）基于评估指标体系的综合价值测度方法

综合价值测度方法的核心是构建专利组合价值评估指标体系，包括主成分分析法、层次分析法、线性回归法、模糊网络分析法、解释结构模型、结构方程模型、熵权法等方法。[62]

曹晨和胡元佳选取了在美国上市的部分药品的相关专利作为研究样本，并在此基础上建立了基于Lanjouw–Schankerman专利价值评估模型与Parchomovsky–Wagner专利组合理论的专利组合价值评估模型，得到了专利组合价值指数。[63]

李炳基（Bk Lee）等把专利组合作为研究对象，基于模糊分析层次结构为指标分配权重，提出了一个新的评估指标。[64]

陈朝晖和周志娟依据价值理论和专利战略理论，基于模糊网络分析法构建了一个专利组合价值评估模型。其认为企业应当定期开展专利价值评估，持续优化专利结构并完善专利组合，形成能够提升技术竞争优势的高质量专利等无形资产组合，奠定技术创新战略绩效的坚实基础。此外，高质量专利组合能够推进企业专利标准化工作，提升专利经济价值与战略价值。[65]

专利商业化的本质可理解为专利价值实现，专利价值的评价指标包括专利的技术价值、市场价值和法律价值。类似地，可以运用价值理论和专利战略理论，建立以技术价值、市场价值和法律价值为中心的专利组合价值评估指标体系。如表3–6所示，在三维度指标的基础上，结合单项专利和组合专利特征对比分析，归纳提炼出12个二级指标。

表3–6　专利组合价值评估指标

一级指标	二级指标	定义
技术价值T	规模贡献度T1	专利组合中不同的专利类型及规模对整个组合技术价值的贡献程度
	同族专利范围T2	专利组合中基于同一优先权文件，内容相同或基本相同的专利文献之和
技术价值T	国际化程度T3	专利组合中除本国外另被其他国家申请并授予专利的情况

续表

一级指标	二级指标	定义
技术价值 T	标准化程度 T4	专利组合中标准必要专利进入标准的等级水平
市场价值 M	剩余经济寿命 M1	专利通常受技术生命周期、市场需求状况等因素影响，缩短技术（或产品）的经济年限
	技术市场需求量 M2	组合专利技术的市场需求状况
	技术不可替代程度 M3	当前市场中是否存在能解决相同或类似问题的替代技术
	产品市场竞争程度 M4	组合专利产品面临的市场竞争强度
法律价值 L	专利权的稳定性 L1	被授权的组合专利在行使权利的过程中被宣告无效的可能性
	专利权的可规避性 L2	组合专利是否容易被他人规避，以达到不侵犯该专利权利的相类似性技术效果，即权利要求的保护范围是否合适
	专利侵权风险的可判定性 L3	应考虑基于一项专利的权利要求是否容易被判断为侵权行为；若发生专利侵权情况下，专利权人寻求强制执行其权利的可能性；专利权人在法庭上获胜的可能性
	专利有效年限 L4	从该专利被授权之日算起，维持保护状态的期限

采用模糊网络分析法（FUZZ-ANP）确定各指标的权重可有效克服评估者在指标量化过程中可能产生的主观性和模糊性，同时精准体现层级间及同层级中各要素间的相互依赖与反

馈机制，从而确保分析结果的准确性与有效性。通过专利组合价值分析，我们能够迅速明确高质量专利组合对企业价值的贡献程度，进一步助力企业识别并选定专利战略路径，优化专利布局（特别是海外专利布局），以有效规避专利交易中的潜在风险。

卞秀坤等通过归纳专利组合的国内外文献，梳理了企业专利组合的多个特征，在解释结构模型的基础上进一步建立了核心特征的递阶模型。[66] 任培民等从结构分析视角出发对专利组合进行分组，使用组指数套索与结构方程模型来确定专利组合定价模型，拓展了专利组合价值的评价维度和测度方法。[67]

（三）基于专利组合整体的评价法

评估单个专利价值的任务已经是一个特别困难的任务，要评估整个专利文库的战略价值则似乎是短时间内不可能的或非常费力的。众多企业通常仅针对技术领域内的专利进行统计。然而，若企业能够对其专利组合进行全面的评估，这将对企业的发展产生积极的影响。

1. 专利组合数据特征匹配法

为了解企业的专利布局数量是否足够、是不是高质量和有价值的，与竞争对手的专利包进行比较是有意义的。[68] 基于不同的评级或评估方法，可将公司的专利或专利组合与竞争对手进行比较。

美国一专利（US5999907）描述了专门适用于对专利组合进行评级的传统市场方法的计算机化。[69] 其具体步骤是：建立第一数据库，描述要获取的专利组合的所选特征的信息；建立第二数据库，描述具有已知市场价值的代表性专利组合的所选特征的经验数据；通过将第一数据库中的信息与第二数据库中的信息进行比较，以确定要获取的专利组合与哪一个已知专利投资组合最接近匹配，来获得估计的价值；最接近匹配的已知资产组合的值被用作将被获取的资产组合的值的粗略近似值。

2. 专利记分牌法

1994 年，CHI Research 公司（现已更名为 ipIQ）的弗朗西斯·纳林（Francis Narin）首次提出的系统的专利计量方法——专利记分牌法，成为评价公司价值和预测企业发展态势的主要方法之一。[70] 专利记分牌的指数包括企业活跃指数、当前影响指数、技术强度、技术生命周期、科学关联度、平均专利被引用数、技术影响力、技术累积性，指标计算方式见表 3–7。

表 3–7　CHI Research 专利记分牌法指数

指数	指标计算
企业活跃指数	企业专利产量 / 产业专利产量
当前影响指数	每年授权专利被引次数 / 当年授权专利数量
技术强度	专利授权量与当前影响指数 CII（根据过去 5 年引用专利情况得到的指数）的乘积
技术生命周期	拥有的授权专利所引用的所有专利的专利年龄的时间中位数
科学关联度	专利引用的科学类论文数量 / 专利数量
平均专利被引用数	公司某年度所有专利被后续专利引用的总次数 / 公司某年度所有专利数量
技术影响力	该机构位居被引用次数前 10% 的最具影响力专利之件数 / 当年专利数
技术累积性	自引专利的数量 / 拥有的专利数

3. 专利资产指数

专利资产指数综合了“专利组合规模”“市场覆盖范围”“技术相关性”这三大核心要素，构建了一个全新的量化评估体系。此体系的建立，旨在提供一个更为精确、高效的工具，以评估公司专利投资组合的实际价值。

其中，“专利组合规模”定义为特定时间点已授权且有效专利的数量。可以进一步增加了正在审查的专利数量，因为它们提供了一定程度的保护。简言之，“专利组合规模”可以描述为公司拥有的活跃专利族的数量。“市场覆盖范围”是用来衡量一个专利在全球市场中的保护程度的重要指标。具体来说，它可以帮助我们了解一项专利是否能够在不同国家和地区得到保护，以及其保护的范围和力度如何。这对于评估专利的价值及公司的专利布局策略都具有非常重要的意义。“技术相关性”则是一种全新的基于引文的指标。它主要用于评估专利的技术影响力，可以帮助了解一项专利在其所在技术领域中的重要程度和影响力。这一指标的引入，有效地解决了现有基于引文的专利指标存在的系统扭曲问题，使得评估结果更为准确和公正。总的来说，“专利资产指数”能够更为全面和深入地评估公司的专利投资组合价值，为决策提供有力的支持。[71]

四、前瞻性战略专利组合的价值评估

（一）前瞻性战略专利组合的概念

战略专利被认为是一家公司试图保持其现在及未来的竞争优势时，具有战略重要性的专利。很明显，战略专利组合是企业无形资产的一个关键类别。因此，量化和评估这些资产是很重要的。

然而，由于战略专利组合的前瞻性，很大一部分战略专利在金融方面是没有现金价值体现的。大多数情况下，它们保护的创新还不能用于生产，因此专利目前没有任何内在的现金流价值。相反，战略专利组合中的前沿部分正是技术型公司的竞争筹码，用于在未来的市场中取得技术优势，以争取生存的权利。公司常常利用其前瞻性的战略专利组合来挖掘未来的竞争环境，这意味着与公司相关的未来技术的可能方向必须由公司拥有的专利组合（或交叉许可的知识产权）所覆盖。[72]

（二）前瞻性战略专利组合估值的不确定性

对于一个公司来说，能够以某种方式评估前瞻性知识产权的未来价值是非常重要的。但是当人们想要选取评估前瞻性专利价值的合适方法时，又会面临不确定性的困难。因为，对于前瞻性的战略专利组合，至少存在部分专利可能只在遥远的将来被利用。在这种情况下，决策者通常会面临一种以结构不确定性为特征的情况，这种情况来源于对未来可能性结构的不完全认知。如不知道所有可能的未来状态和（或）后果。这可能来源于内生不确定性，或取决于现有的或即将到来的行为的博弈。

由于结构性的不确定性，传统的估值方法会失效。除了成本法，市场法和现金流折现估值模型（DCF）法都难以适用。对于战略专利组合，其不确定性通常是结构性的，同样不能用期权估值模型来解决。

在采用综合指标评价方法时，我们通常依托计量经济学方法，对文件进行细致分类，旨在深入揭示不同行业及国家专利的数量和质量分布。这一评估过程涵盖了诸如授予的专利数量、专利更新频率、专利性能指标及专利引用情况等多维度指标，从而得出对专利价值的全面评价。然而，值得注意的是，上述方法主要基于历史数据进行分析，这在一定程度上限制了其预测和洞察能力。具体而言，这些方法不能充分揭示企业或组织持有专利的深层动因，即专利是否旨在保护当前业务，或作为未来加强公司战略长期竞争优势的工具。因此，在特定情境下，上述方法的适用性受到一定限制。

（三）前瞻性战略专利组合的价值衡量

1. 战略专利组合

根据专利的不确定性，我们可以将构成战略专利组合的专利划分为三类。第一类是当前的专利（简称 P1），这类专利已经开始进行了专利的运用，这类专利具有风险或参数不确定性，可以采用贴现现金流（DCF）、经典的实物期权或支付方法来进行价值估计。第二类是不久的将来可能实施的专利（简称 P2），这类专利还没有得到运用，可能具有参数不确定性，但某些情况下还是可以采用 DCF 方法来进行估值。第三类是远离市场的未来专利（简称 P3），其具有结构不确定性，难以采用传统方法进行估值。

随着时间的推移，某种技术的不确定性逐渐地得到了市场的确认，新的不确定性的技术可能再次出现。为了说明不确定性与时间的关系，我们假设：在某个时间节点，基本上可以确定出未来的一般的技术轨迹。在该一般的技术轨迹下，可能已经可以识别出三个主要技术发展方向。在这三个方向上公司生成了战略专利组合（这里的“生成”可以是通过自己的研发、购买或与其他参与者达成的交叉许可，或在市场上没有立足点的其他参与者如大学、研究中心、其他公司所创建的)。此时，在该一般轨迹内的三个专利组合共同构成了一个庞大的战略专利组合。随着时间的推移，那些属于战略专利组合的第二类不确定性的专利 P2 和技术逐渐明朗，变为第一类专利 P1。一些专利已经过时了，可以被放弃。类似地，第三类不确定性专利 P3 可能转化成第二类不确定性专利 P2。也就是说，随着时间的推移，战略专利组合中的专利的不确定性会动态地发生变化。公司还会用新的战略专利重新形成未来的竞争专利 P3，以确保在未来市场的继续存在。

由此可见，随着时间的演进，前瞻性技术的不确定性处于迭代变化之中，若通过一种"滚动"估值方案，可以达到对前瞻性战略专利组合价值衡量和跟踪的目的。

在进行前瞻性战略专利组合价值衡量的讨论之前，应当明确的是，前瞻性战略专利组合的估值目标是评估持有该投资组合的价值，以确定持有该投资组合的公司未来在市场上的地位，即为持有该专利组合的公司的战略价值获得一个度量，而不是为其进行市场估值。公司利用其战略专利组合成为未来市场的参与者，从长期战略的角度来看，考虑单一专利或某个专利家族的价值是无关紧要的，而整体战略专利组合的价值是值得关注的，因为这是赢得未来市场的关键。

2. 评估战略专利组合的方法

一种可以用来评估战略专利组合的简易方法如下。

(1)计算持有相关战略专利组合(以现值计算)的未来市场总规模(FM)。

未来的市场规模估计并不是一项简单的任务，而且结构性的不确定性使它变得更加困难。可以使用一般的预测方法，特别是预测新产品的市场规模的相关方法。如果是新的创新取代了一些旧技术，那么可以根据旧的技术的市场规模来进行预估。

（2）估计公司未来市场的市场份额（EMS）。

估计市场份额的方法有很多，其中一个方法是使用公司目前的市场份额作为最佳估计的锚点。

（3）评价专利组合成为“授权”专利组合的可能性（LBEP）。

评价专利组合成为“授权”专利组合的可能性（LBEP）是一个关键性的评估过程，它涉及对专利组合中的各项专利的授权前景的判断。特别是对于专利组合中的核心专利，能否取得专利权对于整个专利组合的影响较大。需要通过授权前的现有技术的检索、创新性的判断、专利保护范围的合理规划以获得有效的专利授权。我们还需要关注的是专利组合的法律稳定性。这包括评估专利的有效性、是否存在潜在的无效宣告风险，以及专利是否被侵权或可能面临侵权纠纷等。

（4）专利组合覆盖未来技术领域的总体机会（RT）。

在评估战略专利组合的价值时，对于未来技术趋势和技术轨迹信息的获取与预测是必要的。如今，搜集这些信息对企业越来越普遍和重要。通过技术、市场预测并将其与战略专利组合相匹配，可确保拥有相关技术的战略专利组合的高科技企业可以获得持续的竞争优势。因此，在快速变化而动荡的环境中，主动反应的能力正变得越来越必要。

专利组合的价值可以使用公式计算：

$$V_{\text{portfolio}} = \text{TSFM} \times \text{EMS} \times \text{LBEP} \times \text{RT} \qquad (3\text{-}20)$$

可以看出，该评价方法中使用的3～4个指标值的估计都是前瞻性的，难以精确估计。事实上，这些值很可能是管理团队的判断或专家的估计。

为了解决前瞻性变量值的不准确性问题，可以考虑一种未来场景推演或建模的方法，即根据可能的未来"状态"来考虑不同的未来情景，并估计与这些状态相关的现金流或价值。在构建战略专利组合的场景时，我们依据现有信息对未来趋势进行预测。这些信息来源广泛，包括定向资料的搜集，以及对现有专利、知识产权分析成果和科技情报管理系统的深入研究。通过整合这些多元信息，为专利组合描绘出未来的发展趋势和潜在应用场景。

在投资环境的考量中，针对现金流或其他可变价值的评估，通常依据一系列有效信息展开合理的推测与预估。然而，对于未来变量值的绝对精确预估，其难度较大。专利组合未来的潜在价值及其伴随的风险，可以通过一种被称为 pay-off 的图形工具来加以具象化表达，以便于决策者更为直观地把握最可能的价值区间，并深入理解未来趋势与价值波动的内在联系。如图 3-5 所示，折线的最上端表示可能收益的最大值，最下端表示可能收益的风险（可能是负数），而折线的交叉点表示概率最高点的收益值。两条折线的夹角越大表示不确定性越大。图中从 t_0 时刻到 t_3 可以看到其不确定性是逐渐减小的，到了 t_3 已经成为确定性事件。可见，当情景用于战略专利的评估时，由新的、更准确的信息引起的变化会导致情景值的变化，这些变化直接地反映在战略专利组合价值的新回报分布中，其分布的形状和宽度与情景的变化完全一致。因此，对于未来价值的评估具有"滚动"估值的特点。

为了更容易地理解战略专利组合的评估方法，以下通过一个简单评估程序的数值示例来进行说明。

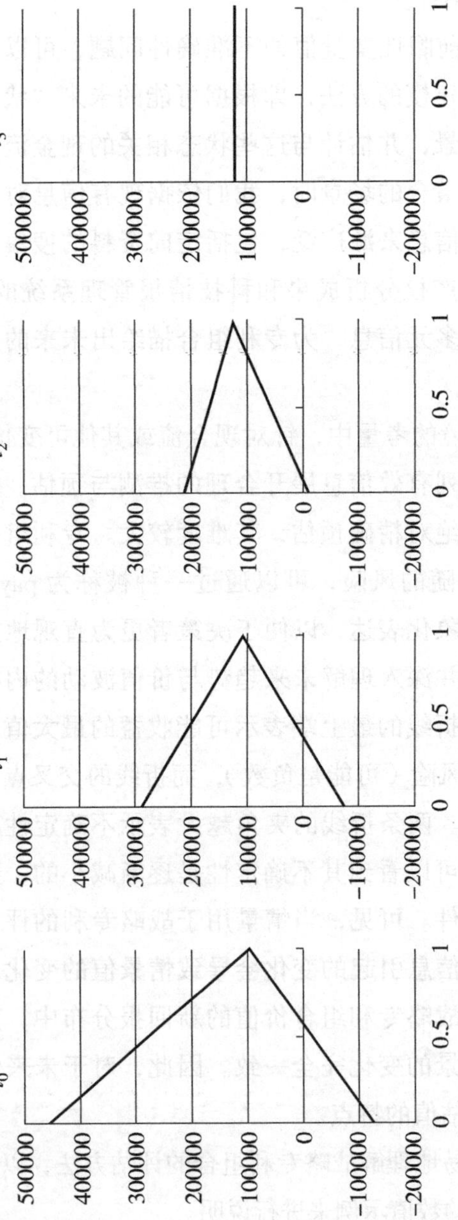

图 3–5 专利组合未来价值与风险 pay–off 图

3. 案例

针对同一未来市场，我们规划了两个战略专利组合。其中，战略专利组合 1 为公司已全面掌控的“成熟”专利组合，具备立即应用的条件；而战略专利组合 2 则涵盖了公司当前拥有的部分专利及需通过研发、收购或交叉许可等途径进一步完善的专利集合。这两个投资组合的预期成本将据此进行合理划分，以反映不同的构成与需求。

首先，对持有的相关战略专利组合的未来市场的总规模（TSFM）进行估计，并对公司在未来市场的市场份额（EMS）、专利组合成为有效投资组合的可能性（LBEP）和公司的专利组合覆盖未来技术领域的总体机会（RT）。在评估过程中，对所述四个指标务必进行详尽的预估，具体包含最小估计、最大估计及最佳估计的三个层面的最佳估计。然后，对专利组合的维持成本以及与专利组合紧密关联的诉讼成本进行精准预测。鉴于最佳估计的收入与成本可能相互匹配，基于这一考量，我们将形成三种战略专利组合的净现值（NPV）情景，如表 3–8 所示。

表 3–8 战略专利组合 1& 组合 2 估值

战略专利组合	指标	最小估计	最佳估计	最大估计
战略专利组合 1	未来市场总体规模（百万美元）	900	1 700	2 900
	公司预计市场占有率（%）	6	15	24
	专利组合成为授权专利组合的可能性（%）	30	40	55
	总体机会（%）	75	90	100
	专利组合价值 V= TSFM × EMS × LBEP × RT（百万美元）	1 215	306	3 828
	专利组合现值 PV 总体成本（百万美元）	8	14	35
	净现值场景 NPV（百万）	–2 285	292	3 748

续表

战略专利组合	指标	最小估计	最佳估计	最大估计
战略专利组合 2	未来市场总体规模（百万美元）	900	1 700	2 900
	公司预计市场占有率（%）	6	15	24
	专利组合成为授权专利组合的可能性（%）	12	19	25
	总体机会（%）	75	90	100
	专利组合价值 V= TSFM × EMS × LBEP × RT（百万美元）	486	4 361	1 392
	专利组合现值 PV 总体成本（百万美元）	29	47	55
	净现值场景 NPV（百万）	–5 014	–340	145

根据早期文献记载的方法[73]，从专利组合 NPV 情景值中创建战略专利组合的收益分布，计算可能性平均值（MEAN）和实际期权值（ROV）。如图 3–6 所示。图示详尽展现了回报分配的情况，深刻揭示了战略专利组合价值在不同场景下的分配机制。其中，实际期权值与可能性平均值均得以清晰呈现，并与收益分布紧密相连。此外，零 NPV（即图中的实线）亦被明确标注，为决策提供了重要参考依据。

在评估专利组合 1 的潜在价值时，最佳估计值显著为正，具体数值达到 2.92 亿美元。值得注意的是，其分布形态呈现出明显的不对称性，左尾部分较长，且仅覆盖了负值区域的一小部分。这种分布特性使得该专利组合的可能平均值（MEAN）与实际期权价值（ROV）极为接近，分别为 2.64 亿美元和 2.63 亿美元。基于以上分析，从决策者的视角出发，专利组合 1 的表现较好。

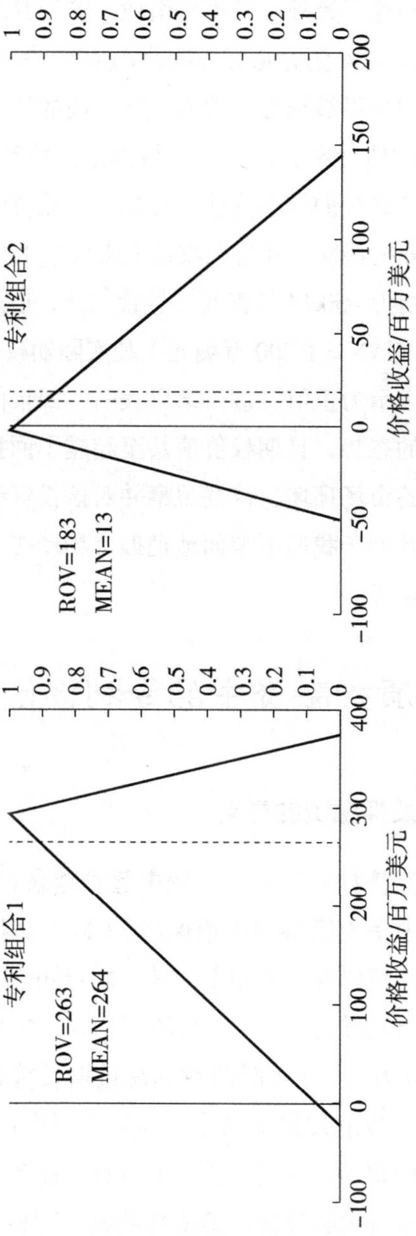

图 3-6 战略专利组合的价值收益分布

专利组合 2 展现了另外一种不同情境，鉴于其最佳估计（净现值）显示为负值（–3.4 亿美元），若依据传统的净现值决策准则，该投资组合的采纳将不被推荐。然而，在当前的评估框架中，价值不仅局限于最佳估计本身，更在于超出最佳估计的潜在情形。收益分配的构造允许我们洞察这些潜在情形：投资组合 2 具有显著的不对称收益分配特性，其潜在收益上限可达 1.45 亿美元，而潜在的损失下限则为 –50.14 亿美元。尽管如此，通过计算得出的可能性平均值（MEAN = 1 300 万美元）和实际期权价值（ROV = 1.83 亿美元）均显示为正值。这一结果表明，回报的分布形态实际上呈现出积极的态势，且期权价值甚至超越了回报分配的均值水平。鉴于当前的市场环境，持续观察并对该投资组合寄予期望是合理的。这样有助于我们更全面地把握市场动态，为未来的投资决策提供有力支持。

第五节　质押融资中的专利评估与筛选

一、专利权质押融资的意义

专利在推动经济社会发展的进程中起着越来越重要的作用。早在 1995 年，《中华人民共和国担保法》（以下简称《担保法》）中就确立了知识产权质押融资制度，其中规定知识产权中的财产权可以作为一种担保形式，用于银行质押贷款。2020 年我国专利数量增长到 363.9 万件，3 年时间专利总量增长接近 1 倍。近年来，我国更加关注专利发展的质量，国家知识产权局于 2018 年出台了坚持“数量布局、质量取胜”的方针。在政策推动下，专利行业正在向高质量发展转变。2020 年我国专利转移转化指数为

54.7，效果提升明显。专利事业的快速和高质量发展，也产生了更加丰富的运用场景。专利权用于出口、质押融资、投资、损害赔偿等场景中的案例大幅增加。2020 年全国专利质押融资金额为 1 558 亿元，是 2015 年的 2.8 倍。

根据《民法典》的相关规定，质押被确立为一种担保物权，其本质在于债务人或第三人为了担保金钱支付或履约责任的履行，将其特定权利作为质物交由债权人占有。一旦债务人未能如期履行债务或发生当事人约定的质权实现情形，债权人即享有优先受偿权。专利质押特指以专利权为质押标的物的情形。在专利权质押融资这一领域，它属于权利质权的一种表现形式。关于权利质权的性质，学界存在两种主要观点：一是权利出质说，主张专利权质押类似于物权出质，即将专利权作为出质标的；二是权利让与说，认为专利质押实际上是一种基于担保目的权利让与行为，即债务人为了担保债务履行而暂时将专利权让与债权人。专利权质押权作为权利质权的一种，同样具备权利质权的共性特征，即担保性、物权性和价值性。

二、专利权质押融资的认识与发展

为解决中小企业一直以来所面临的融资难问题，1995 年《担保法》中就确立了知识产权质押融资制度。在政府的全面引领和精准施策下，该制度成功开辟了知识产权质押融资的规范化新途径，为相关领域的健康发展奠定了坚实基础。

然而，由于知识产权的无形资产属性，与传统质押贷款业务相比，专利权质押贷款具有较大的风险，科技型中小企业专利权质押融资的发展仍然面临不少障碍和困难。具体来讲，专利权质押融资面临的困难和挑战主要包括：专利权的权利稳定性产生的风险、专利权价值波动大、缺乏普遍适用的评估方法、专利权处置不易等。[74]

专利权的稳定性带来的风险是源于专利制度本身。对于发明专利，根据无效宣告的实际数据可知，中国发明专利中至少有50%的专利难以经受住专利被申请宣告无效的考验。这一结果还不包括被部分宣告无效的专利。对于实用新型专利和外观设计专利，由于申请采取形式审查制，只对申请文件进行形式审查，不对申请内容进行实质审查，只要申请文件形式上不存在明显缺陷，就可以公告授予专利权。因此，实用新型和外观设计专利的权利稳定性更差。

专利权的价值呈现出显著的波动性，其动因可归结为两个主要方面。一方面，随着专利权有效期限的逐渐缩短，其所覆盖的潜在收益期间亦随之缩减，这在一定程度上影响了专利权的价值。另一方面，鉴于科技水平的持续发展和技术革新的不断推进，市场上有可能涌现出与当前质押专利权相类似或更为先进的技术。可见，质押的专利权其价值亦可能面临贬损甚至丧失的风险。

专利的价值评估在当前仍然缺乏一套普遍适用的标准化方法。传统的专利价值评估方法，包括成本法、收益法、市场法等，均基于一系列预设的假设条件，然而这些假设条件在实际操作中往往难以全部满足。专利权的价值评估面临着显著的复杂性和主观性的挑战，这直接影响了评估结果的可信度。不同评估机构对同一专利权的价值评估结果往往存在显著差异，且这些评估结果可能与专利的真实价值存在较大偏差。

专利权处置的复杂性主要体现为，金融机构对质押的专利权缺乏直接利用的能力，只能通过转让的方式实现其价值。因此，专利权质押贷款的顺利运作依赖于一个能够及时、有效地变现质押专利权的交易市场。若缺乏一个公开、完善的专利权交易市场，将导致质押专利权的处置渠道受限，风险无法迅速转移或分散，进而形成贷款处置风险，直接威胁信贷资产的质量，显著增加商业银行的信贷风险。

知识产权质押风险包括企业经营风险（信誉、资金流动、经营策略）和知识产权风险（产权归属、权利稳定性）。商业银行需关注质押估值、变现和法律风险，风险来源有：借款人经营财务风险、知识产权估值处置风险、政府主导的法律道德风险。评估风险需考虑实际控制人资信、企业资信、供销能力、管理水平、担保保险等。

欧洲专家组调查了欧洲对提供资本的金融机构，特别是对中小企业的金融机构进行知识产权评估的最佳做法及其成功和失败的地方，并考察了知识产权评估是否实际上作为融资过程的一部分进行。与拥有良好贸易历史的较大公司相比，在向中小企业和初创企业提供贷款的方法上存在显著差异。在追求创新想法商业化的过程中，为确保资金的稳定供应，亟须一种新的解决方案，该方案应以知识产权资产的价值作为抵押品，从而有效支持创新项目的资金筹措。[75]

投资者通常投资于公司，但不投资于知识产权资产。股权融资界在融资公司时考虑了知识产权的重要性，然而知识产权资产本身的实际价值很小被认为是重要的。一般来说，银行、投资机构会对知识产权进行简单评估，但通常没有正式估值。

三、专利质押融资的模式

由于专利权质押融资的特殊性，各地开始探索专利权质押融资的模式，以解决专利质押融资中的评估难和风险高的问题。其中较为典型的是北京模式、上海浦东模式、武汉模式[74]，以及后来的天津模式和成都模式。

（一）北京模式

北京模式以交通银行北京分行的“展业通”业务为代表，该业务可以概括为“银行＋中介机构＋担保公司”模式。一方面，律师事务所、评估机构等中介机构的介入，可以弥补银行在有关知识产权专业知识和人才方面的匮乏，提高银行控制贷款风险的能力。另一方面，通过引入中介机构和担保公司共担风险，银行的贷款风险得以分散，有利于提升银行的贷款意愿。

在北京模式中，政府的角色主要是提供财政支持，为借款企业提供贷款贴息优惠，降低企业的融资成本。总体而言，这是一种以市场为主导的模式。不过此模式中，中介机构需要承担贷款风险，这固然可以使其在执行业务时认真履行职责，但出于自身利益考虑，中介机构会倾向于提高借款门槛、压低知识产权评估价值，同时收取较高的费用作为补偿。这些费用负担最终都会由借款人承担，这提高了企业的融资成本。

该模式存在至少两方面的问题。一是贷款门槛高、风险大，贷款额度一般是1 000万元，最高不超过3 000万元，一旦发生坏账，银行和其他中介服务机构将承担巨大的损失；二是贷款对象有一定的局限性，贷款客户群主要集中在处于成长期、有一定规模和还款能力的中型企业，基本上将小型和微型企业排除在外。

（二）上海浦东模式

上海浦东模式是“银行＋政府基金担保＋专利权反担保”

的间接质押模式，也是一种以政府推动为主导的知识产权质押贷款模式。此模式中，浦东生产力促进中心提供企业贷款担保，企业以其拥有的知识产权作为反担保质押给浦东生产力促进中心，然后由银行向企业提供贷款，各相关主管部门扮演了“担保主体＋评估主体＋贴息支持”等多重角色，政府成为参与的主导方。

政府财力的强力支持，极大地降低了银行的贷款风险，推动了银行开展知识产权质押业务。此模式的运行需要以政府的资金投入为后盾，贷款规模取决于政府资金投入的多少，如果政府财力不足，其效果就会大打折扣。此模式对大多数地方政府而言不易复制，难以推广。从经济效率看，此模式不能充分发挥市场机制的作用。从实际运行情况看，尽管政府承担了大部分的贷款风险，银行的积极性仍然不高。另外，政府资金承担了过大的风险，但是收益甚微。

（三）武汉模式

武汉模式，其独树一帜之处在于借鉴了北京和上海浦东的成熟经验，进而创新推出了“银行＋科技担保公司＋专利权反担保”的复合式模式。这一模式中的璀璨亮点，无疑是武汉科技担保公司的专业加盟。这家机构的专业性不仅有效分担了银行的风险压力，更为武汉市专利权质押融资的顺利推进注入了强劲动力。武汉模式的实施，无疑在推动知识产权转化为实际资本、促进区域经济发展方面起到了积极的促进作用。

（四）天津模式

天津模式作为一种独特的金融创新，其核心要素可归结为

“银行与借款企业知识产权的深度融合”。在这种模式下，借款企业可以直接向银行提出贷款申请，并以其所拥有的知识产权作为质押物，以此作为获取贷款的信用支撑。值得一提的是，中介机构在此过程中仅扮演着提供专业服务的角色，并不直接介入借贷关系之中，确保了交易的透明与公正。

政府的角色同样重要，它主要承担着对借款企业的筛选与推荐职责，以确保银行能够将资金投向那些具有发展潜力和良好信誉的优质企业。由于天津模式并不强制要求担保公司的参与，这使得企业的融资成本得以降低，进一步释放了企业的创新活力。然而，这也在一定程度上增加了银行在贷款过程中的风险，因此银行在审核和发放贷款时，自然会表现出更为谨慎和保守的态度。

在具体的贷款操作中，银行通常会对质押的知识产权进行细致评估，并据此核定贷款发放额。通常而言，这一额度约为质押知识产权评估价值的30%，这远低于其他质押贷款中质押品价值与贷款发放额平均70%左右的比例。这也从侧面反映了银行在风险管理上的严谨态度。

天津市所推行的“售后回租 + 专利质押”模式，是2015年滨海新区在国内首次将专利引入融资租赁领域后，又在该知识产权融资租赁模式的领域内取得的进一步创新突破。天津全和诚科技有限责任公司将其核心关联专利作为租赁标的物，向正奇融资租赁（天津）有限公司转让了专利所有权，获得了500万元融资，并将该公司高价值专利的专利权质押给正奇融资租赁（天津）有限公司作为融资担保手段。该项目以生物医药领域“一种具有防水结构的实验室用磁力搅拌器”专利权为租赁物，该租赁物经第三方专业评估机构评估，价值达532万元；同时，承租人提供核心业务“一种双通道荧光探针的制备方法”发明专利进行质押担保，质押专利经评估公司评估，价值达988万元。通过这一模式，科创企业能够更有效地将自身的专利资产转化为资金流，进而推动科技创新和企业的持续发展。

（五）成都模式

2019年，成都首例纯粹的“纯知识产权质押融资”签约仪式圆满成功。成都华迈通信凭借其创新能力和知识产权储备，通过纯知识产权质押方式，无须抵押或担保，获得成都锦泓科贷有限公司500万元授信。这一案例成为成都市内将“知产”转化为“资产”的典范。过去，知识产权贷款的模式往往采用“抵押”与“知识产权”相结合的方式，金融机构在审批贷款时，更多的是侧重于抵押物的价值，而非知识产权本身的创新价值和市场潜力。然而，成都锦泓科贷有限公司的这次创新实践，彻底打破了这一传统模式，为企业开辟了一条全新的知识产权融资路径。企业仅需提供知识产权质押，并结合部分个人信用保证，无须再额外提供抵押物或购买保险等措施，便能有效释放知识产权的融资潜力，使其杠杆作用得以最大化。这一变革不仅彰显了金融机构对知识产权价值的认可，也为广大创新型企业提供了更为灵活、高效的融资渠道。

四、专利权质押融资中的专利价值筛选方法

在质押融资的情境中，单纯依赖专利价值作为质押融资的唯一依据，会面临多重不可预测且难以控制的风险。因此，在专利质押融资的早期阶段，业界重点探索了由政府与担保机构共同参与的风险分担机制。随着该领域的深化发展，逐渐形成

了纯专利质押的融资模式。值得注意的是，专利所蕴含的风险并未因此而消除，但质押贷款机构已成功探寻到降低风险的途径。

在风险投资领域，金融机构的投资决策主要基于行业发展前景的预测，以及对公司经营状况、团队实力等多维度的全面评估。而在专利质押融资中，专利的质押实际上为投资机构提供了额外的保障，有助于降低投资风险。因此，在专利质押融资活动中，专利价值的衡量与判断并非金融机构决策的主要依据。相反，行业的发展趋势、企业的经营状况成为金融机构考虑的重要因素。

企业选择与其预期经营活动相关的专利进行质押，这无疑对企业产生了一定的约束作用。对于金融机构而言，从众多专利中筛选出“合适的”专利进行质押，即可满足其需求。在此背景下，专利权质押融资的重点已从单纯的专利价值估值转向从众多专利中筛选出有效且对专利权人至关重要的专利。

鉴于质押融资过程中涉及场景的多样性，本书提供了几种针对专利质押融资的专利评估方法，以供选择和参考。

（一）企业专利评价法

在企业开展专利评估的进程中，首要且关键的一环在于对可抵押专利进行细致且深入的剖析。整个评估流程始于从宏观层面审慎考量企业专利质押的潜在可行性，一旦确认其具备实施条件，即转入更为详尽的专利价值评估阶段，以确保评估结果的准确性和可靠性。

分析流程如下。

（1）梳理企业拥有的专利概况，判断企业是否存在可质押专利，即专利质押的可能性。

（2）分析企业的专利申请主题与布局情况。

（3）分析专利技术是否在产品中应用，是否可能在未来企业发展中继续产生市场价值（专利的市场关联度分析及战略关联度分析）。

（4）分析行业的专利态势及主要竞争对手（需要通过IPC、CPC分类号或技术主题的变化来看技术趋势的动向和变化、看企业自身的战略方向、行业技术发展方向的关联度），并判断企业的技术是否符合行业的发展，是否可能存在投资前景。

（5）看企业的可质押专利的技术定位（仍以专利本身来对技术先进性进行分析）。

（6）分析专利的质量和重要性（保护宽度、易规避性、侵权易判性），给出可质押专利的推荐方案。

（7）评估可质押专利的风险（针对推荐专利），包括专利权属风险、专利实施风险、替代方案、规避设计风险、价值稀释风险、企业经营风险。

该评价方法的优点是，可以对企业专利进行全面的了解和评估，有利于选出综合价值最高的专利。其缺点是，由于分析限于专利本身的判断，缺乏对替代技术及替代技术路线的检索、了解和比较，也缺少产品与专利技术相对应的情况调查。

（二）技术评估基础上的专利筛选

技术评估基础上的专利筛选方法，其核心在于，通过严谨的技术评估机制，科学判定企业是否适宜进行质押融资。若经评估确认其可行性，则进一步筛选出可质押的专利。此种场景下，专利本身对质押的影响并不大，关键是通过评估专利价值来筛选出优质的专利。

评估方式：技术评估（含专利数量分析）+ 专利价值综合打分筛选。

在权衡质押融资的可行性时，首要关注的是企业的技术实力，涵盖对其盈利能力的深入分析、团队的综合评估，以及技术能力的全面考量。如图 3–7 所示，对于企业的盈利能力评价，主要基于其历史财务报告和年度财务报告等权威资料，进行严谨细致的审查。在团队评价方面，深入调查了公司的背景，并对企业团队构成、主要技术人员的背景及技术成果等进行全面而细致的考察。同时，对企业技术能力进行评价，聚焦其产业结构、技术结构以及技术成熟度的调查与分析，以确保评价结果的全面性和准确性。

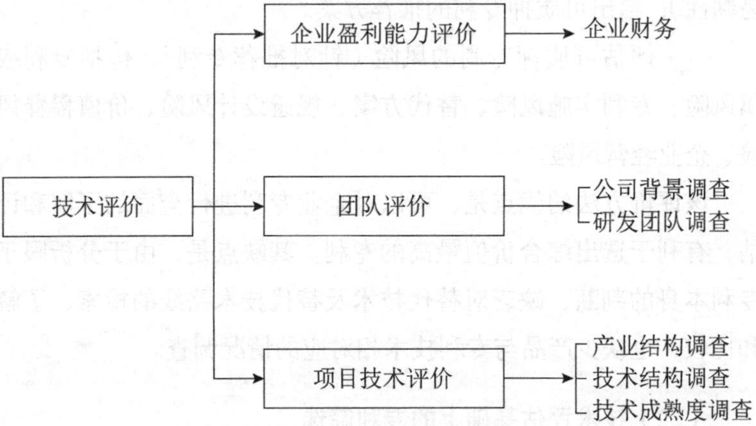

图 3–7　技术评价维度与指标

在技术评价取得正面结果后，可探讨专利质押融资的可行性。此时，核心任务在于从众多专利中精准遴选出最具价值的专利进行质押，因此专利的评分与筛选工作显得尤为重要。如图 3–8

所示，专利价值评分筛选应全面考虑专利的有效性、价值及剩余价值的核实。在专利有效性排查中，应重点关注专利的当前法律状态、是否被质押等关键信息。在专利价值的评分方面，应运用综合指标评价方法，综合考虑专利的权利要求数量、独立权利要求的长度或技术特征数量、说明书页数、被引用次数、同族专利数量、专利维持年限、IPC 技术宽度等因素。对于专利剩余价值的核实，需确保专利的剩余寿命长于贷款期限，以确保质押的安全性。

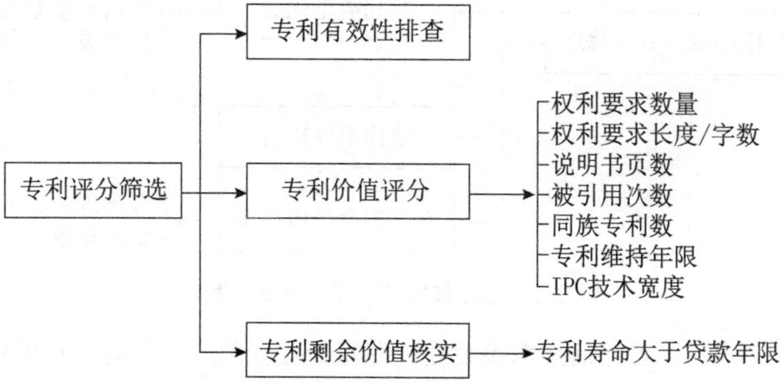

图 3–8　专利评分筛选维度与指标

（三）技术评估基础上的核心技术专利筛选

技术评估基础上的核心技术专利筛选方法旨在通过技术评估判断质押融资的可行性，进而筛选出与核心技术紧密关联的专利。此举旨在有效降低质押融资过程中的潜在风险，确保融资活动的稳健进行。

评估方式：技术评估（含专利数量分析）+ 核心技术对应专利的筛选。

在此情境下，专利筛选并不是以专利价值作为筛选标准，而是侧重于寻找与企业核心技术高度契合的专利。其中，选择、评估与核心技术相对应的专利是核心环节。如图 3–9 所示，筛选核心技术的专利涉及四个关键方面：技术相关性筛选、专利类型优选、法律事件排查以及专利剩余价值核实。

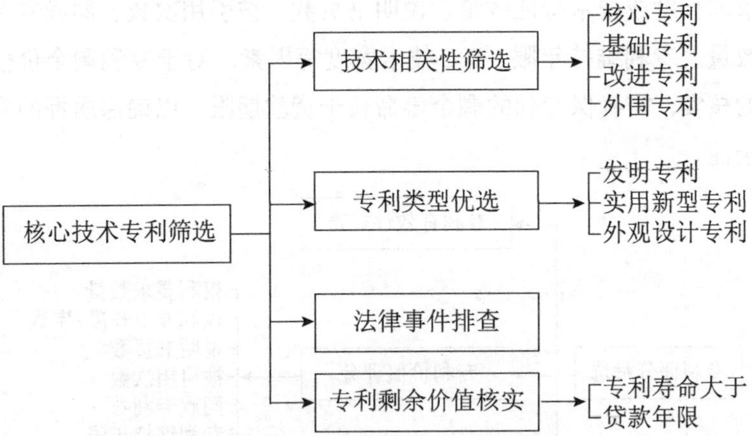

图 3–9　核心技术专利筛选维度与指标

第一，需评估技术相关性，即将企业专利进行分类，并优先选择与企业核心技术最为紧密相关的类别。第二，在专利类型选择上，应优先选取发明类专利，其次是实用新型专利，最后考虑外观设计专利。第三，必须排查专利的法律事件，包括但不限于专利是否存在被宣告无效的风险、是否被质押以及是否曾涉及法律诉讼。第四，需核实所选专利的剩余价值，以确保专利寿命大于可能存在的质押期限。

（四）技术评估基础上的专利布局分析及核心技术专利筛选

在评估是否可以对企业进行专利质押融资时，我们不仅要进行技术层面的全面评估，更要深入了解企业整体的专利布局状况，并且还要确保其对关键技术的保护措施得当。此外，还需筛选出与核心技术紧密相关、价值度较高的专利，以确保质押融资的决策具有充分的依据和保障。

评估方式：技术评估（含专利数量、质量和布局分析）+ 核心技术对应专利的评估 + 非核心技术的应用价值分析。

在采用该方法进行专利分析评估时，对于第三方评价机构或专利分析师而言，全面获取技术相关资料可能面临一定挑战，因此其通常需依赖公开的专利文件来开展专利布局的分析工作。而基于这些公开资料对专利布局的优劣和完善程度进行评估，仍可能会存在一定的难度。尽管如此，专利布局的考查维度对于企业风险控制而言仍具有不可忽视的重要价值。

（五）专利技术评估基础上的专利筛选

专利技术评估基础上的专利筛选方法假设：能否进行专利质押融资，关键在企业拥有什么样的专利。因此专利质押融资是建立在对专利的数量、质量、专利组合对技术的保护情况，以及对专利的法律性、技术性、经济性全面分析的基础上的。

如图 3–10 所示，专利价值评价分别从专利技术分析、专利法律分析和专利市场性分析三个方面来开展。其中专利技术分析主要通过专利来考虑该专利对应技术的价值水平、专利保护的技术宽度。专利法律分析主要用于考察专利的稳定性、侵权可判性以及可规避性。专利市场性分析主要考虑专利对应相关技术的市场价值，以及该行业专利资产的市场供求状况。由于涉及专利保护的技术方案的分析，以及对专利技术市场性的判断，在分析上存在一定的难度，对分析人员的要求比较高。

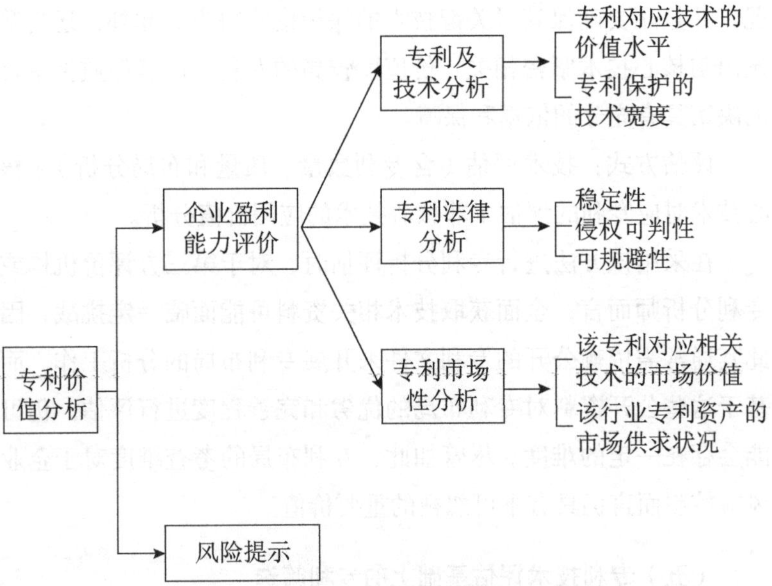

图 3-10　专利价值分析维度与指标

（六）投资机构风险控制目标下的专利评价

投资机构在专利质押融资中最为关注的是风险问题。因此，可以从投资机构的角度来考虑专利质押融资场景下的专利评价问题。按照投资机构对拟投资对象的考查要求，可以从企业信誉、还款能力、质押物价值三个方面进行评价。

企业信誉可以通过企业信用资质、企业历史偿债情况、企业经营失信记录或新闻进行评估。

还款能力可以从企业的资产情况、盈利能力、经营风险三个方面来进行评价。其中，盈利能力的评价可以依据企业所在行业的发展趋势、企业销售额及利润率、主营产品的市场占有率与市场增长率来进行考察。经营风险的评估一般可以考虑企业的投资风险、供应链风险、市场变化的风险、研发失败的风险以及财务方面的风险。

质押物价值可以从技术评价、专利的价值分析两方面进行评价。技术评价主要评价质押物的与主营产品的关系、技术先进性和技术成熟度。专利的价值分析要厘清专利的权属关系，并对专利的质量进行分析。专利质量分析可以采用常见的专利质量分析方式，例如分析权利要求的稳定性、保护范围的大小、所保护的技术方案的可规避性、侵权可判定性，以及撰写缺陷等。

五、专利质押融资中的专利调查与评估分析

本部分以企业专利评价法来说明如何在专利质押融资场景下对企业专利进行调查。在专利质押融资时，需要了解哪些专利能用于质押，以及哪些专利更有价值以用于质押。一般需要对专利的可质押性、法律保护强度、技术价值、市场价值及质押的风险进行调查。专利的可质押性需要对专利的权属和有效性进行筛查；专利的法律保护强度主要考察专利文本的质量，能否有效保护技术；专利的技术价值，则主要反映技术创新的高度、是否独占，以及专利技术是否符合企业战略和行业的发展趋势；专利的市场价值一般用于从侧面反映专利的价值，考察专利是否得到运用；专利的质押风险则是考察专利质押后可能存在的风险。以上环节构成了专利质押融资的评估体系，全面反映专利技术的可质押性及风险。

（一）可质押专利情况调查

对目标企业的专利目录进行调查，列出所有专利的名称、申

请号、申请日、申请人、当前专利权人、授权日期、法律状态、专利质押情况、专利类型等信息，并对专利进行编号。

专利的可质押性一般对处于审查过程中的专利申请持保守态度，需筛除处于无权或失效状态下的专利。同时，为避免质押的风险，对专利有质押且未解除质押状态的、专利权共有的情形也应重点筛查或提醒。

例如，经调查，某目标企业共有 18 项专利，其中序号 15、17 的专利处于无权状态，序号 3、8 的专利存在专利质押的情形，序号 10、12 的专利处于审查过程中。经筛除后最终得到可质押的专利 12 项，其中包括 7 项发明专利（序号 1、2、4、5、6、7、9），2 项实用新型（序号 13、16），3 项外观设计（序号 11、14、18）。

（二）可质押专利法律性分析

专利作为一种法律文件，旨在通过技术公开的方式获取法律层面的保护。若专利文件的撰写存在瑕疵，即便技术得以公开，亦无法确保技术获得充分的法律保障。因此，一个撰写不严谨的专利文件将无法发挥其应有的价值。专利的法律价值是保障，在评价一件专利是否具有价值时具有一票否决权。对于法律保护强度过低的专利，一般认为不具有价值，可以不经后续的技术性评估程序，将其直接排除出质押物选取范围。因此，首先应当对专利的法律性进行分析，以确定法律对专利的保护强度。

根据法律性来进行专利价值的评判和筛选，可以结合专利文件的著录项目信息（专利的一些基本信息）、专利法律事件（专利运用、保护事件）、专利保护宽度及是否易于规避的分析结果综合判断。

1. 根据著录项目信息初筛重要专利

专利的著录项目信息可以从侧面反映专利的重要性。可以从著录项目中选取专利类型、权利要求数量、独立权利要求数量、引用数量、被引用数量、被引用申请人、专利年龄、专利剩余年限（注意：发明专利有20年保护期，实用新型、外观设计专利有10年保护期）来综合判断专利的重要性。一般认为专利类型中发明专利最重要，实用新型专利次之，外观设计专利重要性最低；权利要求的数量越多，保护力度越大；引用数量一般与专利强度成正比；被引用专利数量和机构的知名度与专利强度成正比；专利的年龄反映了专利已经维持的时间，一般维持时间越长的专利越重要，但同时需注意剩余价值可能受剩余寿命的影响。可质押专利的初筛信息如表3–9所示。

表3–9 可质押专利著录项目初筛信息表

序号	独权数量/次	权利要求数量/次	同族数量/次（归一化）	专利权剩余年限/年	引用数量/次	被引用数量/次
1	1	2	1	12	2	0
2	2	10	1	14	5	0
4	2	2	1	16	10	0
5	1	4	1	16	5	0
6	1	1	1	16	2	0
7	2	7	1	17	4	0
9	2	2	1	16	4	0
11	–	–	1	6	0	0
13	1	6	1	3	0	2

续表

序号	独权数量/次	权利要求数量/次	同族数量/次（归一化）	专利权剩余年限/年	引用数量/次	被引用数量/次
14	–	–	1	3	0	0
16	1	4	1	2	0	0
18	–	–	1	2	0	0

注：“–”表示外观设计没有权利要求。

根据以上信息，除实用新型13和16外，专利年龄均不长，不能反映其重要程度。综合著录项目信息，引用数量、权利要求数量、独立权利要求数量等情况从侧面反映出重要性可能较高的专利序号有：13、2、7、9、4、16；两件实用新型专利13、16的专利权剩余年限为2～3年。

2. 根据法律事件调整重要性

经查询，可质押专利列表中的专利均未发生过复审、无效、诉讼、许可、收购的情形，因此无法根据法律事件排查结果对重要性进行判断。

3. 保护宽度及可规避性分析

专利权的法律强度主要体现在权利要求上，权利要求的撰写水平对权利保护范围的大小、可规避性、侵权可判定性、稳定性等皆有影响。

一般来讲，技术方案的抽象上位概括可以保护更多的技术方案，提高专利的保护宽度；独立权利要求的类型包括产品权利要求、方法权利要求，一般产品权利要求更易于侵权判定和维权；独立权利要求如果包含非必要技术特征或采用下位的技术特征会缩小保护宽度，对专利具有重要影响；权利要求的层次性也体现在对技术的保护力度和稳定性上。

因此，可以从技术方案是否抽象上位概括、独立权利要求的主题类型、独立权利要求是否包含非必要技术特征、独立权利要求的技术特征数量或长度、独立权利要求是否包含下位技术特征、从属权利要求的层次性等分析专利文件的保护范围及可规避性。

例如，根据分析可知，保护范围为中或高的专利序号包括 2、6、7、9、16（实用新型未经实质审查，权利稳定性不确定）。结合著录项目的排序结果，法律性相对较高的专利序号有：2、7、9、6、16；13 号专利由于稳定性问题，导致其法律性偏低；4 号专利因为包含较多的非必要技术特征，影响其保护范围的大小。

（三）专利技术性评估

1. 专利技术创造度与独占性调查

技术价值是专利价值的基础，有价值的专利一定解决了关键的技术问题，而技术的价值一方面体现在技术的创造度上，另一方面体现在技术是否原创或独占上。

创造度是指该技术解决的技术问题需综合考虑技术问题的大小、技术问题的实现难度、预期效果、可能的市场应用价值等因素，可重点围绕技术方案创造性高度、核心技术问题解决程度进行判定。

独占性是指该技术是否属于首次开发成功，是不是独家拥有的技术。在质押评估中，更关注专利技术采用的技术本身的独占性。因此，对独占性的判断可参考专利申请的审查过程，根据专利审查过程中审查员所引用的对比文件的技术公开情况、审查通知书的次数和内容、审查意见答复时的修改情况等来反映技术的独占情况。

例如，根据分析结果可知，创造度评价高的专利序号为1、4、6、7、9、13，评价为中的为2、16；独占性评价为高的专利序号为1、2，评价为中的为4、6、9、6。技术性较好的专利在创造度和独占性上均应达到要求，其中两者均为中或高的专利序号有1、2、4、6、9、16。

2. 专利技术与企业战略、行业趋势的关联性

专利技术是否具有价值，一般还需要判断其是否与企业的战略相关，是否与行业的发展趋势相关。一项专利如果与企业的经营内容和发展战略不相关，或者不符合行业的发展趋势，其技术价值是值得怀疑的。因此，在技术评估时需要调查专利技术与企业战略、与行业发展趋势的关联性。

例如，经过分析表明，可质押专利的专利布局与企业的经营内容相关，专利布局的技术领域更是与企业未来的战略方向关联；专利与企业申请时的经营战略相关，与企业未来的发展战略相关。

另外，通过行业研究数据及对公司所在行业的专利进行检索分析后，可以统计当前技术发展的方向和趋势与企业经营产品或技术布局方向的吻合度。

专利与行业发展趋势的关联性分为趋势关联、基础关联、基本关联和不关联四类。其中，趋势关联表示申请的技术与行业当时的发展趋势一致；基础关联表示申请的技术虽然不是行业发展的热点，但是行业的基础技术；基本关联表示申请的技术属于行业的边缘技术或非本行业主要应用的领域；不关联表示申请的技术不能应用于所在行业。

如表 3-10 所示，经过分析可知，发明和实用新型专利均与行业发展趋势相关或基础相关，其中趋势相关的专利序号为 1、2、4、6、9、13，基础相关的专利序号为 5、7、16。

表 3-10 专利技术领域与行业发展趋势关联性评价表

专利类型	序号	与行业发展的关联性
发明	1	趋势相关
	2	趋势相关
	4	趋势相关
	5	基础相关
	6	趋势相关
	7	基础相关
	9	趋势相关
实用新型	13	趋势相关
	16	基础相关

3. 专利分级

专利分级是专利管理和专利布局中的概念，用于定义一项专利在某项技术中的地位或作用。在可质押专利量较小时，一般难以围绕某项技术进行分类，此种情形下的专利分级根据技术是否与行业发展相关、是否在企业经营战略中具有重要作用来进行重要性分类，分为基础专利、核心专利、改进专利、外围专利四类。其中基础专利为行业中大家认同的专利，具有较大创新和改进，一般有许可运用；核心专利代表技术方案属于企业经营方向的重点创新；改进专利表示技术方案是对一些现有方案作出的改进，属于一般创新；外围专利为外观设计、外围技术或工艺。

按照以上标准，对可质押专利进行分级。例如，根据专利分类分级结果得出：无基础专利；定位序号4、6、9、13、16为核心专利；定位序号1、2、5、7为改进专利；定位外观设计专利为外围专利。

（四）技术市场价值

技术市场价值一般调查专利技术是否在产品中应用或专利技术是否发生许可、转让等专利运用事件。通过这些信息侧面反映专利的价值。

根据目前的专利文件和企业公开的产品信息难以判断专利技术是否在市场中使用；根据对法律事件的调查，也不存在许可、转让等情形。因此，技术市场价值方面不对专利价值进行调整。

（五）可质押专利筛选

专利技术评估综合考虑法律性、技术性和市场性，综合考虑专利技术创造度、独占性、专利技术与企业战略关联性、专利技术与行业趋势关联性等，得出技术先进性和专利分级的结果。

根据法律性的分析，法律性相对较高的专利序号有2、7、9、6、16；根据技术性的分析，技术性相对较高的专利序号有1、2、4、6、9、16；定位为企业核心专利的序号有4、6、9、13、16；技术市场性分析，未能给出专利价值度的调整；综合以上信息，筛选得到可质押专利的专利序号有2、6、9、16。

（六）专利质押风险分析

专利质押风险是专利质押融资的重要方面，因此对质押风险进行调查具有重要意义。针对以上筛选的专利，可以进一步从专利权属风险、专利实施风险、专利价值稀释风险、企业经营风险几个方面调查专利质押可能存在的风险。

1. 专利权属风险

（1）专利权终止风险。

专利序号 2、6、9 均为发明专利，专利权剩余年限均在 12 年以上；专利序号 16 为实用新型专利，距离专利权截止日期仅有 2 年左右；专利权的维持需要每年持续缴纳年费，因为不缴费可能导致专利权的提前终止。

（2）专利权被宣告无效风险。

专利授权后可能会经历后续的法律考验，若被提起无效即存在被宣告无效的风险，一旦专利被宣告无效，专利权就被视为自始就不存在。发明专利经历过实质审查过程，其稳定性相对有保障，但被提起无效申请的专利仍然有较大概率被宣告无效。实用新型专利授权时不经过实质审查，稳定性不确定，相对于发明专利，稳定性较差。由于能否被宣告无效需要根据现有技术检索结果来判定，因此对专利被宣告无效风险的调查会与接下来的专利实施风险一起调查。

2. 专利实施风险

专利实施风险一方面来源于专利应用产品涉及的其他技术；另一方面在于专利实施依赖性风险，即实施专利本身依赖于在先的专利。专利实施依赖性风险可以参考专利审查过程中引入的专利文件，也可以通过专利主题检索或智能检索的结果来获取可能的实施依赖性专利。对于专利实施依赖性风险需要针对拟质押专利逐项进行评估，将各项拟质押专利可能面临的在先专利的数量和权利主体呈现出来，以便于投资机构进行决策。

3. 专利价值稀释风险

专利价值稀释的风险主要来自技术革新导致的先有技术被淘汰，或其他类似技术的出现减少了其独占空间。然而，一般来讲，专利质押的期限并不会太长，价值稀释导致的风险一般可以不用特别关注。

4. 企业经营风险

企业经营风险一方面来自企业经营过程中采用的策略、重要投资、产品质量、市场情况等；另一方面来自知识产权方面，而企业经营过程中的知识产权的风险一般来自企业所生产或销售的产品。

第四章
专利的高质量与高价值

我国专利制度的建立相比于国外时间较晚。在过去，我国首先要解决的是专利的有无问题。到 2008 年，我国的专利申请量跃居世界第一。此后十多年，这一专利申请量的优势一直保持。在 2018 年前后，专利界掀起了一场关于高质量专利和高价值专利的探讨。后来，国家相继颁布了一系列政策文件，明确指出知识产权创造主体应将关注点由数量转向质量，着重推进专利的高质量发展，并强化知识产权的保护与运用转化工作，推动我国由专利大国向专利强国的跨越式发展。在此背景下，关于高质量专利和高价值专利培育的深入探索工作全面开启。

第一节　高质量专利

一、高质量专利的定义

在关于什么是高质量专利的探讨中，逐渐形成了几种不同的观点，这些观点从不同的角度对专利质量给出了定义，这些定义对于我们理解专利质量的特点具有重要意义。

（一）从专利的价值来定义专利质量

有观点认为，具有价值的专利往往要求其具有高的质量，按照专利价值的三维属性或多维属性来定义专利质量是可行的。

三维属性的定义认为，类似于高价值专利，高质量专利应当在技术层面是技术创新程度高和（或）实用性强的专利。高质量专利在法律层面还应当经得起审查、无效宣告请求、维权诉讼的考验。此外，在经济层面，高质量专利还应当具有一定的经济价值，可以带来一定的经济效益。脱离经济性的专利都是“纸上”的技术，市场对高质量专利具有引导作用。高质量专利定义维度及评价指标如表 4–1 所示。

表 4–1　高质量专利定义维度及评价指标

定义维度	维度特征	评价指标	指标说明
技术维度	基础维度	专利技术的质量	创造性
			新颖性
			实用性
		专利申请文件的撰写质量	技术方案层面
			权利要求层面
			说明书层面
		专利审查的质量	专利申请量
			审查员数量
			专业经验知识
			系统检索水平
法律维度	保障维度	内在证据	专利说明书
			权利要求书
			专利审查档案
		外在证据	专家证词

续表

定义维度	维度特征	评价指标	指标说明
法律维度	保障维度	外在证据	发明人证词
			用户证词
			相关领域技术人员的理解
经济维度	市场维度	经济价值	经济效益
			管理水平
		市场前景	商品市场
			技术市场
			人才市场
			信息市场

还有一些其他维度的指标也被纳入专利价值的评价中。例如，邓恒等认为只有具备新颖性、创造性和实用性且具有较高技术质量和法律质量的专利才是高质量专利。[76] 此外，还要充分考虑市场环境、国际形势、战略目标等背景因素。

周磊等以中国专利奖获奖发明专利为样本集，以技术质量、法律质量和经济质量等指标建立高质量专利评价指标体系，进而利用决策树模型抽取出 9 条区分金奖发明和优秀发明的知识规则。[77] 结果发现，权利项足够大时（>26），即可判断该专利为金奖发明。由此说明专利法律质量，特别是专利权利项是评价专利质量的第一标准。当专利权利项较大时（10< 权利项 ≤ 22），专利族、年均被引频次、审查时程分别大于阈值时，该专利为金奖发明。由此说明，专利法律保护范围较大时，若目标市场范围广（>18），则对后续技术影响较大的发明即为高质量专利；若目标市场范围较广（≤ 18），还需考察申请人类型、被引频次、发明人规模等指标。权利项偏小时（≤10），需要分别考察技术宽度、申请人类型、专利运用、审查时程、年均被引等多个指标的取值情况，才能认定该专利是否为金奖发明。

然而，有意见认为，某些专利虽然实现了高价值，但是从撰写的角度来看仍然并不完美，甚至存在缺陷。另外，有些专利并不一定有多么高的经济价值，但无疑是高质量的。比如超前技术的专利，由于没能在市场上得到运用，在经济层面还难以体现出价值。

（二）从专利的保护来定义专利质量

从保护的角度来定义专利质量的观点认为，能够保护产品、保护创新的专利就是高质量专利。一件高质量的专利，离不开一个好的产品，但产品的保护时机和角度选择，离不开一个高质量的专利代理师，这要求专利代理师在懂产品的同时还得懂法律。

培育并打造高质量的专利，首要之举在于确保产品的有效保护。通过实施产品保护策略，企业或个人能够确保经济利益的稳定获取，并以此为基础推动产品的持续优化与改进。同时，这一过程也有助于构建有效的防范与保护机制，抵御潜在的市场风险。因此，在拥有卓越产品或独特工艺方法的情况下，务必利用专利制度进行充分保护，以确保创新成果得到应有的尊重与保障。

实际上，产品保护的达成可能不是一件专利实现的，有可能是多个专利构成的专利组合或专利丛林实现的。当然，也有可能是专利和技术秘密相结合实现的。此时，若单论某件专利的质量，也极有可能达不到高质量的标准。当然，反过来说，没能实现产品保护，专利就一定不是高质量的吗？

（三）从专利的法律效力来定义专利质量

从专利的法律效力来定义专利质量的观点认为，高质量的专利应当具有以下特点：①依法享受的保护范围适当；②专利权稳定并且难以被规避；③侵权者一旦侵权难以逃脱法律责任；④难以被发现法律保护漏洞；⑤可阻止相同发明构思的其他实施也成为专利。

然而，这一观点仍然是从结果来讨论专利质量。在侵权或规避没有发生之前，往往很难去衡量一项专利是否满足这些标准，因此该观点同样不能解决如何进行评价的问题。但是，该观点为如何获得高质量专利提供了思路，在实际工作中具有较强的指导作用。

对于专利律师和工程师来说，高质量的专利可以是一项书面良好的专利，其内容被明确描述，或者是保护一项重大发明的专利，而不是一个渐进的步骤或技术。相反，法律学者倾向于将质量解释为专利承受法律挑战而不失效的能力。对于经济学家来说，一项好的专利通常是实现专利系统的关键目标，即奖励和激励创新，同时促进扩散和进一步的技术发展。[78]

无论对专利质量的定义是什么，大多数利益相关者似乎都同意“提高标准”的必要性，即提高全球授予的专利的整体质量水平。人们普遍认为，专利低质量会产生不确定性，降低创新激励，扼杀技术发展，并引发一些市场失灵，最终损害创新、创业、就业和增长及消费者福利。[79]

（四）高价值专利的官方定义

我国明确将以下 5 种情况的有效发明专利纳入高价值发明专

利拥有量统计范围[80]：①战略性新兴产业的发明专利；②在海外有同族专利权的发明专利；③维持年限超过10年的发明专利；④实现较高质押融资金额的发明专利；⑤获得国家科学技术奖或中国专利奖的发明专利。

但需要强调的是，上述5种情况是统计学要求的范围，必须符合统计学的基本条件，并不能简单将之与高价值发明专利画等号。

二、高质量专利的测度

常用的专利质量评价指标有专利族大小、权利要求的数量、说明书的页数、专利无效宣告等法律事件、专利引用指标（包括被引次数和引文数量）等，从各个层面对专利质量进行评价。

此外，专利的质量测度还有一些其他常用指标。例如，技术范围的大小，可以通过专利申请中IPC分类的多样性与数量进行衡量；发明人数量，发明人数量越多，代表专利投入的智力成本越高，相对而言专利质量越高；专利保护范围，专利保护范围越大，说明专利的原创程度越高，则专利的质量越高。

郭青等认为专利质量的影响遵循木桶效应原则，任意因素的缺陷会直接影响专利的最终质量，应确保专利质量计算结果兼具技术性、法律性、经济性。他们从三维属性中选取了多个具体指标来进行专利质量的评价。[81]专利质量的计算公式如下：

$$Q=\frac{Q_t Q_l Q_e}{\sqrt{Q_t^2+Q_l^2+Q_e^2}} \tag{4-1}$$

式中：

$Q_t=A_1\times$ 专利类型 $+A_2\times$ 被引用次数 $+A_3\times$ 权利要求数量 +

$A_4\times$ 专利存活期 $+A_5\times$ 同族专利申请数量（其中 $A_1+A_2+A_3+A_4+A_5=1$）；

$Q_l=B_1\times$ 专利存活期 $+B_2\times$ 同族专利授权数量 $+B_3\times$ 独立权利要求数量 $+B_4\times$ 从属权利要求数量（其中，$B_1+B_2+B_3+B_4=1$）；

$Q_e=C_1\times$ 质押、转让、许可次数 $+C_2\times$ 同族专利授权数量 $+C_3\times$ 专利宽度（其中 $C_1+C_2+C_3=1$）；

Q 表示专利质量，Q_t 表示专利的技术质量，Q_l 表示专利的法律质量，Q_e 表示专利的经济质量。

指标权重确定可以采用层次分析法，基于两两比较法将技术质量、法律质量、经济质量的各项指标按照重要程度量化，处理判断矩阵并计算各指标的权重。

刘鑫等从产业安全视角出发，结合专利对于产业发展的技术影响能力、地域控制能力指标，从专利质量的技术性、制度性和全球性三大方向构建综合指标体系来对高铁产业专利质量进行测度。[82] 其中技术性下设发明人数量、引用专利数量、IPC 分类号数量三个指标；制度性下设说明书字数、权利要求项数、专利维持稳定性三个指标；全球性下设全球专利家族规模、被他国引用次数两个指标。

许鑫等在三维属性指标的基础上进一步考虑战略相关属性指标[83]，如表 4–2 所示，其中战略层面的指标分为防御能力、进攻能力和影响力。

表 4–2　高质量专利视角及评价指标

视角类别	一级指标	二级指标
技术层面	技术先进性	专利类型
		被引用次数
	技术方案内容	权利要求数量

续表

视角类别	一级指标	二级指标
技术层面	技术前景与广度	专利宽度
		专利族大小
经济层面	技术创新程度和市场适应情况	申请人类型
	专利运营情况	质押、转让、许可次数
	市场未来预期情况	三方专利数量
		剩余有效期
法律层面	时间保护范围	存活期
	地域保护范围	保护区域的数量
		PCT 申请数量
	权利保护范围	独立权利要求的数量
	权利稳定性	从属权利要求的数量
		专利有效性
		说明书页数
		实施例数量
战略层面	防御能力	专利总量
		独立权利要求的数量
		专利申请速率
	进攻能力	保护区域的数量
		收购、转让、许可专利占比
	影响力	保护区域的数量

高质量专利的评价体系主要包括专利申请文件的质量标准和专利本身的质量标准。[84] 如表 4–3 所示，专利申请文件的质量取决于专利自身的撰写质量，主要是申请人或专利代理师在专利申请中是否能撰写高质量的专利文件；专利本身的质量则取决于专利的创新性，主要是指专利技术涉及的研发创新是否具备一定的

创造性、新颖性和实用性。

表 4–3 专利质量评价标准及评价要素

评价标准	具体标准	评价要素	评价对象
专利申请文件的质量标准	专利发明表述精确标准	专利文件的技术内涵因素	专利技术核心
			发明创造内容
			具体实施方式
	记载内容公开适度标准	技术成果和实际生产过程的结合程度	说明书的背景技术
			专利发明具体内容
			实施方式
			权利要素
	技术方案布局到位标准	技术成果法律化转换的质量	说明书的背景技术
			具体实施方式
			发明创造内容
	专利文献缺陷的最低要求	专利文件合法合规性判断	整个专利申请文件
专利本身的质量标准	创造性	该发明具有实质性特点和进步	专利研发
	新颖性	该发明不属于现有技术	专利研发
	实用性	该发明能够制造和使用	专利研发

三、高质量专利的获取

高质量专利的获取对于确保专利本身的价值至关重要，为了达到这个目标，我们必须全方位地提升专利申请的质量。这不仅涉及专利本身的技术含量和创新程度，还包括专利申请过程中的各个环节，如前期调研、专利撰写、申请提交等。只有每个环节都做到精准细致，才能确保专利申请的质量，从而保障专利的价值。

首先，高质量的专利对应的技术方案应当具备成为高质量专利的潜质，往往需要具有一定的技术性支撑。

其次，需明确数量布局与质量取胜共同构成核心竞争优势，应全面提升专利的高水平创造、高转化效率、高效益应用，鼓励专利进行产品技术创新和引进再创新。

再次，代理人很重要，这涉及沟通、撰写、意见答复等多个过程的质量。当然，申请主体对高质量专利的需求更重要，应改进和完善发明人、专利代理师和审查员之间的专利沟通流程。高质量专利是发明人的研发投入、专利代理师的撰写及审查员的实质授权等多方联动合力的成果，作用于专利行业申请、代理、审查全周期链。发明人和专利代理师需检索和分析研发资料，以创新性技术方案为基础，及时与审查员进行审查意见和答复建议的双向沟通，积极探索引导、调整、规范的协同服务，确保高质量专利的获得。

最后，高质量的专利往往是从法律维度来评判的，获得产品保护需要高质量的专利；在保护维度，不仅需要高质量，还需要专利布局和专利组合。

未来，应当重点对高质量专利专业化服务体系进行构建。随着专利的质量监管不断加强，高质量专利的创造、维护、应用和转化也将形成全产业链，专利代理、咨询、技术交易等基础服务不断更新演变为全生命周期服务，涉及高质量专利的产业运营、风险预警和长效保护等新兴领域的研究。

广东专利代理协会曾发布了《广东专利代理协会高质量专利申请分级代理工作指引（试行）》，其中对高质量专利代理的目标、要求、交付标准和收费标准建议进行了规定。所谓的高质量专利代理，是指在专利代理机构普通专利代理质量的基础上，进一步提升质量，打造能够帮助创新主体获得更大市场竞争优势，为权利人创造更高利润的专利。具体表现为构建可以用于诉讼对抗、谈判筹码的高价值高质量专利，包括基础高质量专利和进阶高质量专利。其中，基础高质量是指常规的符合中国专利法律体系规定的高质量专利，包括 B 级基础高质量专利和 BB 级基础高质量专利；进阶高质量专利等级分为 A 级高质量专利和 AA 级高质量专利两类。其中关于不同高质量专利等级的代理要求和交付标准都涉及以上对于高质量专利获取的具体要求，详见表 4–4。

表 4–4　广东专利代理协会对高质量专利代理的要求与交付标准

高质量专利等级	代理要求	交付标准
B 级	能按照专利法、专利审查指南、专利代理机构服务规范等完成专利申请和审查意见答复等流程，并且需要指导发明人撰写高质量技术交底书，深入检索现有技术，对缺乏新创性的发明创造，应建议创新主体选用 A 级或 AA 级高质量专利代理服务，以提高授权概率。	（1）检索报告中应明确列出专利申请中的至少一个有新颖性和由执业专利代理师判断具有创造性的发明点。 （2）申请文件中没有出现明显不符合《专利审查指南》规定的实质缺陷。 （3）权利要求中，在符合创新主体需求前提下对技术方案有概念级扩展，即：在确保新颖性和创造性的前提下，尽量采用合理概括的方式来划定独立权利要求的保护范围。概括时要注意评估其对授权前景的影响。

续表

高质量专利等级	代理要求	交付标准
B级		（4）经过加减检验验证，权利要求中没有明显的非必要技术特征。
BB级	（1）包含B级基础高质量专利的全部要求。 （2）除概念级扩展外，还通过访谈、讨论、结构分析等方式，引导发明人对技术方案进行扩展、细分，包括产业链扩展、申请类型扩展和规避方案扩展等（另行收费），以合理加宽专利保护范围。 （3）对扩展后的技术方案和规避方案进行全面深入的检索，得到检索报告，确保具备新颖性、创造性；对不具有新颖性和创造性的技术方案进行剔除，或建议创新主体选用下文所述的A级或AA级高质量专利代理服务；对于虽然有新颖性和创造性但无法合理概括的技术方案，或虽然能够合理概括但纳入保护范围后对授权有影响的规避技术方案，或出于其他考虑不要合理概括的技术方案，建议创新主体进行分案申请（另行收费）。 （4）必要时提供优先审查服务。	除了B级交付要求外，还应当达到以下要求： （1）权利要求中对技术方案除有概念级合理扩展外，可能的话还要有原始发明构思及合理扩展，即：在确保新颖性和创造性的前提下，将符合发明构思的多个规避技术方案纳入专利保护，体现“假想敌意识”；但需评估规避技术方案对授权前景的影响，如果有影响，则不应该纳入保护范围，而应该另行分案。 （2）权利要求中有多于一个并列的保护主题，这些保护主题分别针对产业链的上游和/或下游，体现“层次布局意识”；或者属于不同的主题类型，如方法专利、产品专利等，体现“便于行使权利意识”；或者各自具有不同的执行主体，体现“单一主体意识”；等等。

续表

高质量专利等级	代理要求	交付标准
A级	除BB级基础高质量专利中所述扩展外，还需要： （1）通过会谈、讨论结构分析、发明构思分析、现有技术发展状况分析、头脑风暴等方式引导发明人对技术方案进行横向扩展、纵向挖掘并进行套案布局（另行收费），实现技术价值提升。其中：①横向扩展包括不属于同一发明构思但能解决同一技术问题的规避方案扩展，或对不属于同一发明构思也不解决同一技术问题的在同一交底技术书中出现的其他技术方案进行梳理；横向扩展也可以包括同一产品上可能存在的其他技术问题及其解决方案，作为分案申请的素材；②纵向挖掘包括解决基本技术问题之后进一步解决深一层次技术问题的改进技术方案的发掘：③套案布局包括对技术方案从各层面、各维度、各角度进行撒网式（各个结构、组分、方法不遗漏）、交织式（不同发明点之间相互交叉、关联）、分解式（拆分重点结构、组分、方法）套案布局；除考虑专利布局外，还应考虑技术秘密布局。 （2）对扩展后的技术方案、规避方案和改进技术方案进行全面深	（1）检索报告中应指出专利申请中的至少一个有新颖性和创造性的主发明点，并且要保护的技术方案中存在至少一个有新颖性和创造性的辅助发明点，与主发明点形成叠加。 （2）申请文件中没有出现明显不符合《专利审查指南》规定的实质缺陷。 （3）权利要求中对技术方案除有概念级合理扩展外，还要有发明构思级合理扩展。 （4）权利要求中有多于一个并列的保护主题，这些保护主题分别针对产业链的上游和/或下游，或者属于不同的主题类型，如方法专利、产品专利等，或者各自具有不同的执行主体。

续表

高质量专利等级	代理要求	交付标准
A级	入的检索，得到检索报告，确保至少一个技术方案中存在至少一个具有新颖性和创造性的主发明点，并且围绕这个主发明点还有至少一个具有新颖性和创造性的辅助发明点，二者有递进关系，产生叠加效应：对于规避方案要评估其对授权的影响，如果有影响，则不应该纳入保护范围，而应该另行分案。检索后视新颖性和创造性的情况可重新挖掘和扩展，并重新检索；视新颖性和创造性情况还可多次迭代；最后对有新颖性和创造性的技术方案进行发明构思提炼。 （3）必要时提供优先审查或快速维权服务。	（5）对于规避方案，有至少一个配套的分案申请（另行收费），或出具分案申请建议书。 （6）权利要求中没有写入与发明构思无关的非必要技术特征。
AA级	（1）除A级高质量专利中所述扩展和挖掘外，还由专利无效和诉讼经验丰富的资深专利代理师与创新主体的领导和高级管理人员会见，进行专利商业价值识别和高价值技术方案列举。其中专利商业价值识别和高价值技术方案列举包括：通过与创新主体的领导和高级管理人员访谈（最好是董事长等创新主体第一负责人），引导创新主体列出其所想禁止的、认为竞争对手必用的技术	（1）检索报告中应指出专利申请中的至少一个有新颖性和创造性并且创新主体领导认为竞争对手必用的或优选的抑或可能用的主发明点，并且要保护的技术方案中存在至少一

续表

高质量专利等级	代理要求	交付标准
AA 级	方案，优选的技术方案和可能用的技术方案（这些技术方案可以部分来自 A 级高质量专利挖掘或扩展时发现的技术方案，或者直接来自相关高级管理人员的市场洞察力，其应当是新的并且为社会作出了贡献）。 （2）针对所列出的竞争对手必用的技术方案、优选的技术方案和可能用的技术方案，进行法律价值和技术价值提升。其中法律价值和技术价值提升包括：引导创新主体通过挖掘、扩展、研发等手段，找出不影响专利保护范围的、不易检索到的并且容易认定的必要技术特征，比如核心原理级的技术特征、底层构架性质的技术特征、基础支撑性质的技术特征，以进一步增加专利授权的可能性，达到“可授权、易维权、难无效”的目标。	个有新颖性和创造性的辅助发明点，与主发明点形成叠加。 （2）申请文件中没有出现明显不符合《专利审查指南》规定的实质缺陷。 （3）权利要求中有多于一个并列的保护主题，这些保护主题分别针对产业链的上游和 / 或下游，或者属于不同的主题类型，如方法专利、产品专利等。 （4）创新主体所列出的竞争对手必用的技术方案、优选的技术方案和可能用的技术方案落入在所撰写的权利要求的保护范围之内，并且易于认定。

第二节　高质量专利与高价值专利的内在关系

关于专利价值的衡量，有学者提出利用专利质量强度来调整专利产品对应的市场价值以反映专利的价值。对于专利质量的衡量，又有学者提出利用专利价值的三维或多维指标来衡量专利的质量。可见，专利质量和专利价值之间存在错综复杂的关系，我们应当认识到专利质量与专利价值之间必然存在的某些区别和联系。由于专利价值往往包含了对专利质量的要求，因此若以专利价值的五维度属性（即战略性、经济性、技术性、市场性、和法律性）来看，这些不同维度的属性中可能有一部分属性是与专利质量紧密相关的。根据彭华涛的观点，高质量专利的评价体系主要包括专利申请文件的质量标准和专利本身的质量标准。[84] 专利申请文件的质量取决于专利自身的撰写质量，实际上是法律性的体现；专利本身的质量主要是指专利技术涉及的研发创新是否具备一定的创造性、新颖性和实用性，实际上所指的正是技术属性。

从专利价值的五维度属性来看，如图 4–1 所示，高价值专利是与战略性、经济性、技术性和市场性紧密相关的；高质量的专利主要依赖于专利撰写和保护的质量，即法律性。高质量的专利为专利价值提供保障，通过专利的高质量确保专利对于技术产品的保护宽度与稳定性。显然，专利的高质量必然依托于充分创新的技术，即专利的卓越品质离不开其技术属性的坚实保障。

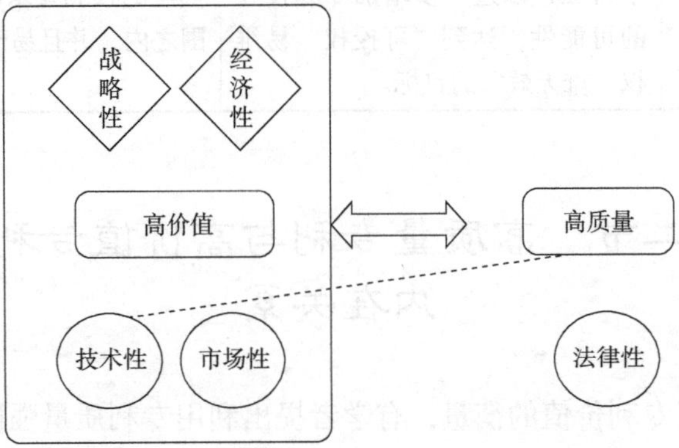

图 4–1　高价值与高质量专利的属性关系

经深入观察与分析，我们不难发现高价值专利与高质量专利之间存在着密切的内在联系。然而，这种联系之下亦存在显著的区别。因此，在评估专利价值或专利质量时，我们应当保持清晰的认识，不宜将两者混为一谈。为确保评估的准确性和有效性，在构建评价指标体系时，应审慎选取合理的维度。

既然高质量专利和高价值专利应当是两个不同的概念，那么两者到底会存在怎样的关系是值得探讨的。例如，我们是否可以说高价值的专利必然是高质量专利，或者说高质量的专利一定是高价值的呢？答案往往是否定的。

实际上，高价值专利与高质量专利之间具有较大的关联性，但两者之间的关系存在不确定性。如前文所述，专利的高质量未必能够确保专利的价值一定是高的。由于专利的价值影响因素较多，我们从技术性和法律性来衡量得出的高质量专利，并不能确保该专利在市场性、经济性甚至战略性方面的效用。不成熟的技术、超前的技术、未被市场所接受的技术、被其他新路径取代的技术，往往无法发挥专利权带来的超额利润或超额预期价值。因此，高质量的专利不能确保其一定是高价值专利。

从另一方面考量，高价值的专利是否必然是高质量的呢？确实，大部分高价值专利在专利质量上均表现出较高的水平；然而，我们也不能忽视部分高价值专利在法律属性上可能并非尽善尽美，它们之所以价值高昂，主要是因其所覆盖的权利范围恰好确保了所保护的技术方案在市场上得到了广泛接受。

第三节　高价值专利培育

在当前倡导高质量发展的时代背景下，高价值专利的培育成为供给侧结构性改革背景下提升创新质量的必然选择。为进一步加强知识产权强国建设，必须切实加大高价值知识产权的培育力度，深入实施专利质量提升工程，并着力培育具有核心竞争力的高价值专利，以确保我国在全球知识产权竞争中占据有利地位。

2019 年 7 月，《高价值专利（组合）培育和评价标准》（Q/JHZZC 0001—2019）公开发布。[85] 高价值专利及专利组合的产生往往要求：符合未来技术的发展方向；应当符合标准或产品规格；处于技术的前沿或市场的早期，并且要求较大的权利要求保护范围；在主要市场进行布局；搭配技术秘密。

江苏省在高价值专利培育方面提出了八项任务，即需要建立完善的组织管理体系、加快专利信息传播利用、深化专利竞争态势分析、加强专利技术前瞻性布局、强化研发过程的专利管理、建立专利申请预审规则、提升专利申请文件撰写质量、加强专利申请后期管理。

在培育高价值专利的进程中，我们确实面临诸多挑战，尤其是在项目初期的不确定性阶段。在此阶段，须如同探寻宝藏般，在众多项目中审慎选择，以确定哪些项目具备培育高价值专利的潜力。现已有共识，欲使创新成果实现商业化价值，须在整个创新过程中充分考虑专利的创造、保护与应用。唯有如此，我们的创新成果方能更有效地转化为现实生产力。

一、高价值专利的培育模式

（一）知识产权服务机构深度参与高价值专利培育工作

自高价值专利培育理念被正式提出以来，关于其组织与运行的具体实施策略，已然成为亟待重视并予以解决的关键议题。专利作为一种技术密集型的知识产权类型，其培育工作须紧密围绕技术方案展开。然而，在实际操作中我们不难发现，许多企业在专利领域的人才储备上显得捉襟见肘。特别是针对高价值专利的培育，其对专业性的要求更为严苛，专利工作者须具备丰富的专利撰写、挖掘、布局、检索分析、无效诉讼等经验，甚至还须具备技术预测和市场预测的能力。

此外，由于不同行业领域的特殊性，专利领域的专家往往存在行业局限性。例如，电学领域的专利专家对医学和化学领域的专利工作可能难以胜任。因此，在高价值专利培育工作中，出现了知识产权服务机构参与高校科研机构或企业高价值专利培育的培育模式，即由知识产权服务机构提供高价值专利培育的方案、流程和专家，深度参与到具体项目中。

例如，江西省南昌市的高价值专利培育项目工作中，定义高价值专利为：纳入国家高价值专利拥有量统计范围，围绕省“2+6+N”产业，以企业为项目实施主体，联合高校或科研院所、知识产权服务机构等创新资源，积极开展产学研服协作创新，形成具有较高市场价值、较强产业化前景，能够引领产业发展的高质量、高水准专利和专利集群。

（二）校企合作解决技术与需求脱钩问题

中小企业自主创新能力不足，缺乏与高等院校及科研机构产学研合作。企业研发的科技成果转化主要是以需求为导向，而高等院校和科研机构研究的科技成果与市场需求并不能完美融合，专利资源与企业、产业的黏合度不高，如果两者能够各取所长进行有效合作，将有利于高价值专利的培育。[86]

企业的高价值专利的培育中一条很重要的途径就是专利的深度转化。同样的难题也困扰着高校，很多高校的高质量专利由于转化率低或者是无法转化，处于沉睡状态，高质量无法实现高价值。通过校企深度合作，双剑合璧，达到“双赢”的和谐效果。企业自身研发能力弱，可以利用自身优势，如熟悉一线用户的真实需求，以及自身的生产技术实践优势，帮助唤醒高校沉睡的专利，既实现高校专利的成果有效转化，又大大提高企业产品的科技化和智能化水平。同时，在企业与高校深度合作的过程中，应充分利用高校科研技术优势，深入帮助企业解决技术难题，“对症下药”，实现校企合作深度融合。此外，校企联合还可以发挥各自优势联合申请国家重大科技项目，联合开发高价值专利，真正实现高价值专利的培育。[87]

二、高价值专利的培育流程

在高价值专利培育项目工作的实践和探索过程中，形成了不同的专利培育流程。从培育流程的主线来看，至少存在以下几种。

（一）以项目研发流程为基础的高价值专利培育

高价值专利培育的流程可以按照研发项目的阶段划分为立项前、研发中和成果应用三个阶段。对于立项前的专利培育需要对专利状况进行分析。在专利导航国家标准中给出了研发项目可行性分析的导航类型，用于对项目的立项可行性进行分析。此外，通过立项前的专利分析可以挖掘项目的创新点，进而引导研发。

研发中阶段的高价值专利培育需要对竞争对手的研发动态进行掌握和跟踪，并且根据项目的研发情况、竞争对手的专利布局和研发动向来进行针对性的专利布局。在专利申请时还需要通过对具体技术的可替代性方案进行分析，对拟申请专利的新颖性和创造性进行预先评估，以确定合理的保护范围。

成果应用阶段的高价值专利培育要选择合理的实施方式，并在如何寻找到成果转化的对象或如何提升市场价值上进行考虑。

（二）基于企业经营战略的高价值专利培育

基于企业经营战略的三维专利价值培育流程是建立在企业经营战略的基础上的。这种专利培育方式认为高价值专利一定是服务于企业战略的，而知识产权战略又从属或服务于企业经营战略，不同的企业战略对专利培育的需求是不同的，企业战略主要包括企业创新策略和企业竞争策略。其中，创新战略包括自主创新、合作研发、合资并购、技术转移；而企业竞争战略可分为成本领先战略、差异化战略和聚焦战略。在不同的创新战略和竞争战略下，高价值专利的培育需求、培育重点、培育方式可能存在差别。具体会体现在技术价值、法律价值和经济价值三个维度的价值培育上。

（三）基于知识产权全链条的高价值专利培育

高价值专利培育流程应当从知识产权的创造、运用、保护、管理和服务全链条来考虑。该流程首先以专利导航来提供信息分析服务，对政策、市场、技术进行分析和预测，为高价值专利培育提供指引。然后在创造过程中，在技术攻关、规避设计、应用开发、二次开发等研发活动中进行技术价值的提升。通过专利挖掘、布局和高质量专利撰写实现对基础专利和外围专利的布局。在专利的运用方面，通过专利诉讼、专利质押融资、专利许可、专利交易等提升专利的运用价值。同时，专利管理应当贯穿整个技术开发和专利工作中，保障高价值专利培育工作的有效开展。

三、基于三维属性的专利价值培育

在高价值专利的培育过程中往往会涉及合适项目的筛选、专利布局、横向与纵向扩展的专利挖掘、信息分析的支撑、专利撰写与代理等，本部分从专利的技术价值培育、法律价值培育和市场价值培育的维度来介绍高价值专利的培育内容。

（一）高价值专利的技术价值培育

专利的价值中，技术价值的地位是基础性的。专利的技术价值培育是高质量专利的必要条件，高质量专利的技术性要求也正是高价值专利的技术价值的重要体现，高价值专利的技术价值往往要求专利技术的先进程度高、成熟度高、专利技术独立性强、不可替代性高。[88]

1. 技术先进程度培育

可以通过专利信息分析和专利微导航绘制技术路线图，确定目前研发的技术方案在技术路线图中的位置。从时间占位和技术性能两个维度上判断当前技术方案的先进性，从而把握技术发展的方向。通过功效矩阵分析识别技术热点和空白点，了解当前技术效果最好的方案，可以为下一步的研发和专利布局提供技术启示。这一部分的内容涉及专利信息的价值，将在后续章节展开。

2. 技术成熟度培育

技术成熟度是指技术所处的发展阶段到产业化的距离。技术成熟度是决定专利能否用于实践的关键因素，实际上很多专利技术在申请时都处于构思阶段，随着申请人对技术的测试和实践，不断完善技术方案，让该技术趋于成熟并走向市场。根据我国标准《科学技术研究项目评价通则》（GB/T 22900—2022），将技术就绪度水平划分为九级（表 4–5）。不同的技术成熟度对专利受让方的开发周期、投资规模和投资风险的影响有很大区别，成熟度越高则获得收益的可预见性越高。

表 4–5　技术成熟度表

技术就绪水平	技术就绪水平通用定义	主要成果形式
第 9 级	具备大批量产业化生产与服务条件（多次可重复），形成质量控制体系，质量检测合格，具备市场准入条件	大批量产品、质量检测结论、大批量生产条件、可重复服务条件、市场准入许可
第 8 级	完成小批量试生产并形成实际产品，产品、系统定型，工艺成熟稳定，生产与服务条件完备，能够实际使用，形成技术标准、管理标准并被使用	小批量产品、工艺归档、小批量生产条件、服务条件、实际使用效果、标准
第 7 级	正样样品在实际环境中试验验证合格，进行应用，得到用户认可，形成专利等知识产权并被使用、授权或转让	试验验证结论、用户试用效果、用户应用合同、专利、各类知识产权、授权合同转让合同
第 6 级	实验室中试（准生产）环境中的正样样品完成，全部功能和性能指标多次测试通过并基本满足要求	正样、功能结论、性能结论、测试报告
第 5 级	实验室小试（模拟生产）环境中的初样样品完成	初样、功能结论、性能结论、测试报告

续表

技术就绪水平	技术就绪水平通用定义	主要成果形式
第4级	主要功能与性能指标测试通过	论文、报告、著作、引用次数、采纳次数
第3级	在实验室环境中关键功能可实现，形成论文、著作、知识产权、研究报告并被引用或采纳实验室环境中的仿真结论成立，通过测试被确定为值得	仿真结论、测试报告
第2级	探索的研究方向且提出可行的目标和方案	方案、论文、报告
第1级	产生新想法并表述成概念性报告	报告

在企业研发征程中，专利布局犹如为创新成果和技术优势构筑的一道坚不可摧的“防御工事”。为确保其有效性与适应性，专利布局需根据研发流程的不同阶段及技术成熟度的提升进行精心策划与调整。专利申请的顺序需要考虑技术成熟度的等级依次进行。例如，在TRL1级[1]，技术状态处于探索的原理性阶段，这时候不适合进行专利申请。在TRL2级，已经有新技术的应用设想，形成了技术概念，虽然研究工作还在书面阶段，但在这个阶段已经可以进行相关的基础专利申请，可以向研究人员提供相关的现有技术状态的报告。研发人员结合现有技术的状态提出概念性的构想，若这些构想具有实用性，可以考虑申请专利。在TRL3级，研发部门开始对相应的技术进行整体可行性验证，在该阶段可以申请产品架构类的专利；在TRL4级、TRL5级，在模

[1] “TRL”代表技术成熟度。

拟环境下对核心系统与关键部件进行验证，这个时期可以考虑核心零部件专利的布局。在TRL6、TRL7级，技术状态趋于成熟，这个阶段也是产品原型产生的阶段，根据产品在实际运行环境下的反馈产生的技术问题，针对性地提出解决方案，这些技术方案可以用来申请相关的外围技术专利。在TRL8级以后，技术方案基本完全确定，这个时期一般专利布局已经完成，可以密切关注行业的发展，为后续专利的培育提供参考。

3. 技术独立性培育

专利技术的独立性是指专利的实施是否依赖于现有专利的许可，以及本专利是否作为后续专利申请的基础，不依赖于第三方的专利实施。技术独立性用于评估自身专利受到第三方专利的限制的可能性及受影响程度。

要想培养高价值的独立技术专利，首先要搞清楚产品的几大模块，以及这些模块所包含的功能和结构。然后，要对这个产品涉及的技术进行全面的分析，找出创新点，并区分出产品中使用的现有技术和真正的创新之处。在布局时，重点要放在创新点上，这样才能保证专利的高质量。

在对创新点进行专利布局的时候要考虑侵犯第三方专利的可能性，因为对企业创新的部分进行专利布局，并不能保证该产品不侵犯到第三方的专利。在技术独立性的高价值专利培育时，需要依赖专利检索，对在前专利申请的相关技术方案进行检索、分析，并根据这些技术方案的内容来判断专利的实施依赖性强弱。对于强依赖性专利，应当考虑替代技术方案的选择，通过许可或购买等手段提前消除技术独立性方面带来的风险。

4. 技术不可替代性培育

技术的不可替代性是指一项专利技术在当前的时间点不存在

解决相同或类似问题的替代技术方案。替代技术和延伸技术出现的可能性越高，专利的价值也就越低。特别是某些技术因为被替代或规避可能导致市场的失利，从而使得专利的价值断崖式下跌。专利的可替代性主要分为两种情况，即技术方案完全可替代和部分技术特征可替代。无论是哪种可替代性，都会造成严重的后果。这样的例子不胜枚举。

例如，某发明人就其发明专利诉摩拜共享单车的案例中，该发明人首先完成了通过扫码进行开锁的发明创造。但是，该发明人的发明创造是将二维码置于手机中，通过安置在车身上的装置进行扫码读取完成开锁；而共享单车的开锁是将二维码置于车身，通过手机来扫码进行开锁。因此，该案的发明人并未申诉成功，其专利的技术方案被他人规避，从而失去了获得收益的机会。

又如，某企业为了提高菜籽榨油效率，投入大量人力、财力、物力，终于研发成功。在研发产品投入市场后，类似的产品在短时间内就充斥市场。当该公司想要进行维权时，发现其授权专利的独立权利要求中的接油盘是可旋转的这一特征在对方的产品中并未被采用，轻易被规避。

显然，针对技术的替代性，研究专利的可规避性并进行有效应对，是一项至关重要的任务。

通常在对一项发明进行技术的不可替代性培育时，需要根据发明解决的技术问题、技术方案、技术效果寻找整体的替代方案，这种替代方案是竞争对手的重要规避方向，需要根据企业的商业战略加强保护。

在专利技术价值培育中，在进行专利布局时可以对新申请的技术方案进行不可替代性分析，找出可能解决类似问题的技术方案，对不可替代性的技术方案需要进行周密的专利布局和重点保护。

首先，研发选择的技术方案作为需要保护的核心方案进行专利布局。此类技术方案通常为核心技术或产品直接应用的技术，亦常为实践中的优选方案，因此在专利申请中具有显著地位。

其次，需对技术方案进行全面细致的分析。基于其解决的技术问题和技术效果，探索那些技术手段迥异但能够解决类似问题且技术效果相近的替代方案。这些整体替代方案可被视为外围专利申请的候选对象。

最后，进行技术方案的特征替代分析。针对待申请专利的技术方案，可考虑对其部分技术特征进行替代或省略。只要这些替代或省略不影响解决技术问题，那么这些经过特征替代的技术方案亦可作为外围专利的申请对象。

5. 专利布局宽度和广度的培育

专利布局宽度主要是考虑专利在该技术领域的上中下游的应用可能的技术方案，从而形成专利布局保护。专利布局广度是指要尽可能地确定技术可能的应用范围，专利申请的方向尽量考虑应用领域更广的技术在这些可能应用的领域形成专利保护。特安纶的失败案例是最为典型的例子。[89]

1973 年，中国上海纺织控股（集团）公司上海市纺织科学研究院在紧锣密鼓地研发一种可替代美国杜邦公司的 Nomex 高性能纤维材料，但由于在工艺和设备等方面尚不够完善，在 20 世纪 90 年代停止了运作，未能实现工业化生产，但已经建成了聚合、纤维小试生产线。在这一时期，并没有任何专利申请。

进入 21 世纪之后，由于前端工业应用对于耐高温材料的需求持续提升，2002 年，中国上海纺织控股（集团）公司整合优势力量，结合产学研联合攻关，完成千吨级的芳砜纶产业化工程关键技术的开发；也终于在此时，中国上海纺织控股（集团）公司与上海纺织科研院、合成纤维研究所共同申请了名为“芳香族聚砜酰胺纤维的制造方法”的专利。芳香族聚砜酰胺纤维，就是现在家喻户晓的芳砜纶。2006 年 3 月，中国上海纺织控股（集团）公司投全资注册成立上海特安纶纤维有限公司（以下简称“特安纶公司”），作为芳砜纶产业化项目的运行实体。紧接着特安纶就开始在上海奉贤星火开发区建设一期年产 1 000 吨的芳砜纶纤维生产线；2007 年 10 月，年产 1 000 吨的芳砜纶生产线顺利建成，进入试生产。2003 年，芳砜纶制造方法专利公开，杜邦公司也开始关注位于中国上海的竞争对手。

2007 年初，在 1 000 吨的芳砜纶生产线的建设过程中，杜邦公司的首席科学家造访特安纶公司，在进行了参观学习后，其提出了全面收购特安纶公司芳砜纶业务的方案。当时提出的筹码不得而知，但可以想见，特安纶公司作为上海市国资委背景的企业，是根本不可能接受杜邦公司抛过来的橄榄枝的，况且芳砜纶脱胎于国家“六五”“七五”科技攻关项目，肩负着民族工业的旗号。事后看来，杜邦公司的这一手其实毫无必要，甚至可能“打草惊蛇”。遗憾的是，这次收购并没有引起特安纶公司足够的重视，公司也没有预料到杜邦公司后面会采用怎样的行动来应对收购失败的结果。在 2007 年之后，也就是恰恰在收购特安纶公司失败之后，杜邦公司相继在特安纶公司材料阻燃纱线、防护服、耐火纸材等领域的应用技术申请了专利。详细情况为，在 2007 年 4 月至 12 月，杜邦公司提交了 14 件与芳砜纶相关的 PCT 申请，并在其后进入了美国、中国、欧洲、日本、韩国、加拿大、墨西哥、德国等国家和地区。

杜邦公司与特安纶公司在芳砜纶上的专利实力发生了逆转。特安纶公司可以自由生产芳砜纶材料，但是一旦其采购商使用该材料进行具体应用，则该应用就疑似侵犯了杜邦公司的专利。

结果是采购商为了避免陷入侵权纠纷，只能放弃性能更优、价格更低的特安纶公司的产品。2011 年，杜邦公司的 Nome（纤维产品商品名）全球销售额达 84 亿美元，而特安纶公司的芳砜纶在中国境外的销售额仅 2 000 万美元。

（二）高价值专利的法律价值培育

专利法律价值的培育目标是形成权利要求稳定、保护强度高、不可规避性强和侵权可判定性高的专利权。上述目标的实现不是一蹴而就的，它贯穿于专利法律文本形成的全过程，包括申请文本撰写、专利审查跟踪及专利效力维护等关键环节。[90]

1. 申请文本撰写阶段

申请文件撰写需要满足多个专利法的规定，需要考虑如何保证说明书充分公开，如何在专利申请时考虑技术秘密保护，如何撰写高质量的权利要求等。在专利申请过程中要着重考虑提升权利要求的不可规避性以及侵权可判定性。创新主体可委托专利代理师根据专利布局策略与方案，在专利申请前评估情况，撰写高质量专利申请文件，其操作要点包括但不限于以下三点。[91]

（1）根据技术交底书披露的内容梳理技术点，根据专利申请前评估中的检索结果，明确技术方案与现有技术之间的划界，确定专利申请需要保护的发明点及其主次关系。

（2）撰写权利要求书，根据发明点的主次关系进行有层次的布局，必要时写多组不同保护范围和保护主题的权利要求，权利要求可适当进行上位概括，以获得更合理的保护范围，并应考虑应对专利无效宣告及维权便利性等。

（3）撰写专利说明书，针对技术方案进行详细描述，确保说明书的清楚、完整。完成专利申请文件的撰写后，由发明人审阅确认说明书，重点包括：实施例部分是否完整清楚地揭示了整个技术方案、技术方案中的发明点是否得到有效保护、扩展部分的技术方案是否合理、权利要求所列技术方案是否容易被规避设计、专利侵权是否容易判断等。

2. 专利审查跟踪

专利审查跟踪对于高价值专利的培育来说也是非常重要的一环，在该过程中需要完成包括审查意见通知书的答复、专利文本的修改及专利复审应对等事务。审查阶段的处理水平会影响专利的授权率、保护范围的大小、未来遭受无效时的稳定性。回复审查意见是专利申请过程中的重要环节，审查意见答复对于获得授权以及获得合理的专利保护范围至关重要。由于专利侵权判定时以最终授权专利的权利要求书为准，根据捐献原则，如果在审查阶段由于意见答复或修改所放弃的权利是不能反悔的。可见，专利审查质量、专利代理师的审查意见答复质量均会影响最终专利权的法律属性的强度。

一般来说，创新主体需要分析审查意见、制定合理的答复策略、准备高质量的答复文件等，以更好地应对专利审查工作，提高专利申请的成功率。

3. 专利效力维护

专利的维护是企业应当考虑的问题，包括制定专利维持策略、专利无效应对等，用于保障专利权的权利有效性。

（三）高价值专利的市场价值培育

1. 针对市场痛点进行针对性专利布局

在市场竞争中，那些敏锐地洞察到行业痛点并率先提出相应解决方案的企业，往往能够占据市场的领先地位。这些企业针对市场痛点进行精准研发，所获得的专利往往具备显著的市场价值。然而，市场价值的体现往往存在一定的滞后性，需要在前期技术研发价值的培育、专利法律价值的培育等多个阶段逐步累积，最终才能在市场上得到充分的体现。[92]

2. 预见潜在市场并进行前瞻性专利布局

前瞻性战略专利对于企业获得市场成功具有重要意义。在专利领域，比较流行的理念是“产品未动，专利先行”，越来越多的企业希望找到未来的蓝海，基于对于潜在市场的预见进行前瞻性专利布局就显得格外重要。新兴市场中则有可能产生更多的高价值专利，当前的“无人驾驶汽车”正属于这种情形。

3. 阻绝竞争对手进行针对性布局

专利是否具有市场价值，很大程度上取决于市场上竞争对手的情况。但是，技术创新初期在市场上有时候是很难被察觉的，一旦到了大家都觉察到的时候，往往变革已经开始，所以可以通过分析专利情报信息来寻找那些潜在的竞争对手或者成长型的竞争对手。找到竞争对手之后，就要想方设法锁定竞争对手，研究竞争对手，分析竞争对手，包括研究对手的发展历程、产品水平、技术水平、专利水平。如果这些专利的技术方案是大多数竞争对手都采用的方案，那显然具有极大的市场价值，掌握这些专利，也就在某种程度上掌握了市场。因此，要培育具有市场价值的专利，对竞争对手的产品与专利情况进行系统的分析是重要的手段。在了解竞争对手的产品与专利之后，可根据自己的实力和层次，有针对性地进行相应的专利布局，有效地防范竞争对手局部垄断，通过差异化使自己形成局部垄断。这些专利相当于给竞争对手设置了进入市场的障碍，因此市场价值高。[93]

4. 通过专利运用提升市场价值

江苏省在高价值专利培育工程的实施过程中，着重从政策引领和组织管理两方面着手，确保科技创新与专利申请、专利运营的紧密结合，以实现科技创新成果的有效转化和高效运营。

在2021年9月公布的《江苏省高价值专利培育示范中心建设和管理办法（暂行）》[94]中，明确提出了一系列全面且深入的举措，旨在推动高价值专利的培育工作迈上新台阶。这些举措不仅涵盖了高价值专利培育工作机制的构建与完善，更包括了专利信息在提升研发效能方面的充分运用，以及专利申请与布局的精心策划。此外，该办法特别强调加强和深化专利运用，鼓励通过自行实施、许可他人实施、转让等多种方式，促进专利成果的转化与运用，进而推动实现专利价值的最大化，将专利转化为实实在在的市场竞争力，为企业带来更大的经济效益。为了应对可能出现的专利风险，该办法还提出了建立专利风险研判和防控机制以便及时发现和应对潜在的专利纠纷，从而有效维护自身的合法权益。

第五章

专利在科技成果评估中的应用

1961 年，国务院颁布了《新产品、新工艺技术鉴定暂行办法》，标志着科技成果鉴定的出现。后来，国家原科学技术委员会先后颁布了《国家科委关于科学技术研究成果的管理办法》《中华人民共和国国家科学技术委员会科学技术成果鉴定办法》《科学技术成果鉴定办法》。直到 2016 年科技部令第 17 号《科技部关于对部分规章和文件予以废止的决定》废止《科学技术成果鉴定办法》，科技成果鉴定不再作为行政审批事项，由委托方委托行业组织或中介机构自行开展。[95]

科技成果评估与科技成果鉴定过去是并存发展的。最早可以追溯到 1997 年国家原科学技术委员会颁布的《科技成果评估试点工作管理暂行规定》。其后，国家出台了多项科技成果评价相关制度，如 1998 年的《科技成果评估工作管理暂行办法》，2003 年的《国家科技计划项目评估评审行为准则与督查办法》，2005 年的《国家科研计划课题评估评审暂行办法》，2009 年的《科学技术研究项目评价通则》，2014 年的《关于开展二期科技成果评价试点工作的实施意见》。2016 年，习近平总书记在全国科技创新大会上对科技成果评价作出重要指示："要改革科技评价制度，建立以科技创新质量、贡献、绩效为导向的分类评价体系，正确评价科技创新成果的科学价值、技术价值、经济价值、社会价值、文化价值。”同年,《关于改进科学技术评价工作的决定》和《科学技术评价办法》发布。

习近平总书记2021年5月21日下午主持召开中央全面深化改革委员会第十九次会议，审议通过了《关于完善科技成果评价机制的指导意见》，围绕科技成果“评什么”“谁来评”“怎么评”“怎么用”，完善评价机制，作出明确工作安排部署。指出要坚持质量、绩效、贡献为核心的评价导向，健全科技成果分类评价体系，针对基础研究、应用研究、技术开发等不同种类成果形成细化的评价标准，全面准确评价科技成果的科学、技术、经济、社会、文化价值。会议强调，要把握科研渐进性和成果阶段性特点，加强中长期评价、后评价和成果回溯，推进国家科技项目成果评价改革。要加快推动科技成果转化应用，加快建设高水平技术交易市场，加大金融投资对科技成果转化和产业化的支持，把科技成果转化绩效纳入高校、科研机构、国有企业创新能力评价，细化完善有利于转化的职务科技成果评估政策，鼓励广大科技工作者把论文写在祖国大地上。[96] 建立健全重大项目知识产权管理流程，建立专利申请前评估制度，加大高质量专利转化应用绩效的评价权重，把企业专利战略布局纳入评价范围，杜绝简单以申请量、授权量为评价指标。[97]

第一节　科学技术评价及评价指标体系

科学技术评价是科学技术管理工作的重要组成部分，是推动国家科学技术事业持续健康发展、促进科学技术资源优化配置、提高科学技术管理水平的重要手段和保障。《科学技术评价办法

（试行）》中定义：科学技术评价是指受托方根据委托方的目的，按照规定的原则、程序和标准，运用科学、可行的方法对科学技术活动以及与科学技术活动相关的事项所进行的论证、评审、评议、评估、验收等活动。

科学技术评价包括科学技术计划评价、科学技术项目评价、研究与发展机构评价、研究与发展人员评价、科学技术成果评价。

《科学技术评价办法（试行）》评价要求中明确提及知识产权的评价类型包括：应用研究项目评价（属于科学技术项目评价）和应用技术成果评价（属于科学技术成果评价）。[98]

一、应用研究项目评价

应用研究是指为了探索开辟基础研究成果可能的新用途，或者为了达到预定的目标探索应采取的新方法或新用途而进行的创造性研究。应用研究项目的主要目标是获取新用途、新方法、新产品，介于基础研究和开发研究之间，比较接近开发研究。

应用研究项目评价应紧密结合国家经济建设和社会发展的需求，以技术推动和市场牵引为导向，以技术理论、关键技术和核心高技术的创新与集成水平、自主知识产权的产出、潜在的经济效益、社会效益等要素为评价重点。

从时间的角度上看，科技投入项目（应用类）的流程划分都有立项阶段、执行阶段、项目结束阶段、项目效果跟踪阶段四个不同的阶段。不同阶段的项目进度、目标、工作内容都不同，所以对项目的评价目的和使用的检验标准也不同。[99]

《科学技术研究项目评价通则》[100] 中给出的科学技术研究项目评价方法属于过程评价，主要用于反映项目进展情况是否达到预期。其通过计算科研项目投入隐性收益、技术显性收益完成率与科研项目投入完成率之比来进行反映。其中，技术显性收益是已经实现的经济收益；技术隐性收益是已经实现的技术增加值，通过项目总体技术成熟度的提高来进行反映。在该评价方法中，专利的产出仅仅用于技术成熟度的判断，项目评价中并未对知识产权给予足够的重视。

重大应用研究项目的后期绩效评价主要从技术的创新与集成水平、关键技术的突破与掌握、自主知识产权的产出、技术标准研制、经济和社会效益等方面作出综合评价。

兰峰构建了科技投入项目绩效考评指标体系的框架，如图5-1所示。[101] 其指标体系包括5个一级指标：科技投入项目的技术性指标、经济性指标、社会性指标、资源性指标和科技成果推广应用中存在的风险。

其中，技术性指标的评价包括项目的创新性、先进性、实用性、成熟性、发展性指标。项目的创新性指的是科技投入项目在设计原理、技术方法、生产工艺等方面与目前同类项目有比较明显的差别，设计思想有独到之处。项目的先进性指项目的技术水平能够达到国际或国内领先水平。项目的实用性指项目转化比较容易而且能够进行大规模生产。项目的成熟性指项目的设计思想完善、技术性能稳定、主要参数可靠、工艺流程先进。项目的发展性指项目符合国民经济发展需要，符合国家产业政策，发展潜力较大。

社会性指标主要包括项目开发对环境、资源及能源的消耗，对推动技术进步、提高产业技术水平、促进产业升级及国际竞争的影响，对促进我国自主知识产权的技术发展的作用，以及对提高相关产品进出口数量的影响。

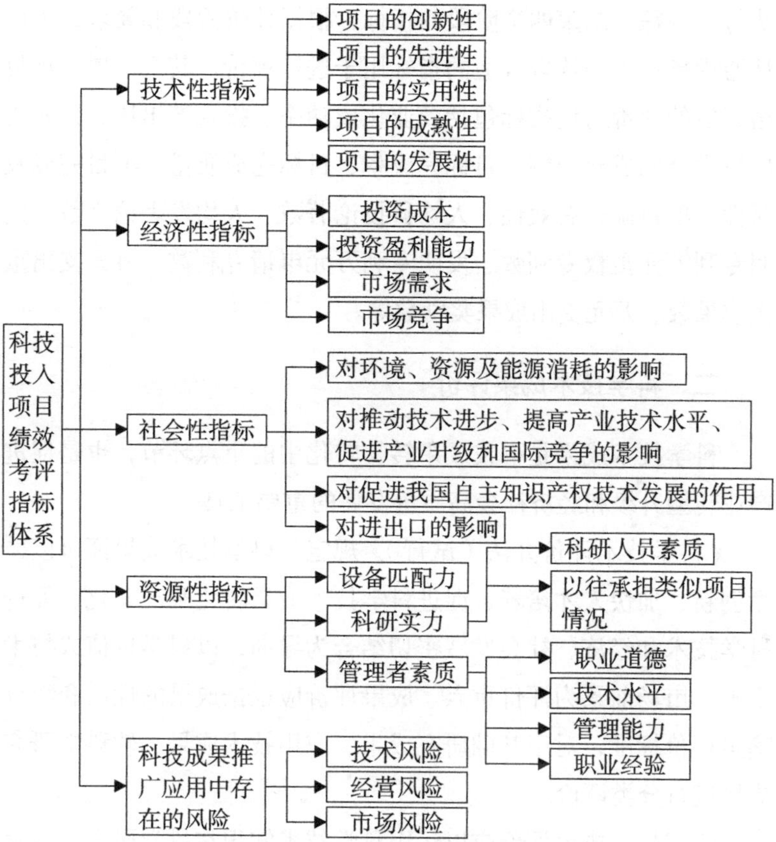

图 5–1 科技投入项目绩效考评指标体系

经济性指标主要包括投资成本、投资盈利能力、市场需求和市场竞争力。资源性指标主要包括人力资源和物力资源。科技成果推广应用中存在的风险主要包括技术风险、市场风险和经营风险，均属于定性指标。

王馨迪对科技投入项目（应用类）绩效评价指标进行了设计，从市场客户、财务指标、内部流程、创新发展四个方面形成了针对不同评价阶段的通用指标库。[102]该通用指标库包含了项目立项、执行、跟踪、结束四个阶段的指标，根据评价阶段和要求，可以从通用指标库中选取合适的指标用于进行评价。其中，属于项目结束后的评价通用指标包括商业化成功率、投入产出比、万元支出技术合同成交金额、目标完成率、目标完成质量、项目完成及时性、项目验收有效性、人均科技论著数、人均发表论文数、发明专利万元授权专利数、发明专利万元申请专利数、万元支出重大成果数、万元支出成果奖励数等。

二、科学技术成果评价

科学技术成果是科技成果转移转化中的重点环节，也是促进产业转型升级和经济社会高质量发展的重要工具。

《科学技术评价办法（试行）》规定，科学技术成果评价以鼓励创新、加快人才培养、促进科学技术成果转化和产业化、促进科学技术和经济、社会发展密切结合为导向，以科学价值或技术水平、市场前景为评价重点。成果评价应根据成果的性质和特点确定评价标准，对于基础研究成果、应用技术成果、软科学研究成果进行分类评价。

应用技术成果评价应以运用科学技术知识在科学研究、技术开发、后续开发和应用推广中取得新技术、新产品，获得自主知识产权，促进生产力水平提高，实现经济和社会效益为评价重点。应用技术成果的技术指标、投入产出比和潜在市场经济价值等应作为评价的重要参考指标。

《科学技术评价办法（试行）》还进一步规定，技术开发类应用技术成果评价指标主要包括：技术创新程度、技术经济指标的先进程度、技术难度和复杂程度、技术重现性和成熟程度、技术创新对推动科技进步和提高市场竞争能力的作用、取得的经济效益和社会效益等。如表 5–1 所示，知识产权作为应用推广的评价内容，被纳入应用前景指标之下。

表 5–1 技术开发类应用技术成果评价指标体系

一级指标	二级指标	三级指标
技术水平	技术创新程度	新颖性
		前沿性
		创造性
	技术经济指标的先进程度	总体技术水平
		对研究领域的推动作用
	技术重现性和技术成熟程度	稳定性
		可靠性
		量产化程度
	技术难度和复杂程度	目标实现难度
		技术可借鉴度
		协作跨度
		复杂程度
	经济效益	新增销售收入
		新增利税
		节约资金
		减少损失
		间接经济效益
		投入产出比
		投资回报率
		增加就业
效益作用	社会效益	增加税收
		合理利用资源
		促进产业结构调整
		促进社会进步
		社会认知程度

续表

一级指标	二级指标	三级指标
效益作用	生态效益	生态维护
		生态改善
	对行业或产业发展的推动作用	解决关键问题
		推动产业结构调整和优化升级 促进行业技术进步
	推广条件	适用性
		市场迫切度
		行业成熟度
		市场需求规模
应用推广价值	应用前景	风险性
		新技术
		新产品
		知识产权
		市场效果

袁瑞钊等[103]基于数据包络分析方法DEA方法建立了一套应用技术类科技成果评价指标体系。该指标体系包从技术创新性、重现性、成熟度、技术经济指标的先进性、创新技术对推动科技进步和提高市场竞争力的作用以及其经济效益和社会效益五个方面，进一步划分出14项指标，其中4个指标用作DEA输入，10个指标用作DEA输出，如表5-2所示。可见，该评价中不仅关注了产出的发明专利申请的授权，还关注于引用的关键技术和专利数。

表 5-2 应用技术类科技成果评价指标体系 I

输入指标	输出指标
科研经费投入数额（万元） 科研人员的投入数量（人数） 科研时间（月） 引用的核心技术、专利数（项）	发明专利申请授权数量（项）
	发表的相关科技文献数量（篇）
	科技成果市场销售额（万元）
	技术转让收入（万元）
	增加就业人员数量（位）
	主要性能、工艺参数与世界最先进同类成果相比所处位置
	是否已形成规模化生产
	主要自主创新技术预期寿命（年）
	自主创新技术可应用推广范围
	在能源、环境、生态方面所处位置

陈洪梅等[104]将应用技术类项目分为技术开发、应用研究和生产推广三个阶段。根据技术开发、应用研究、生产推广三个阶段成果的内容，归纳得出四个共同影响要素，即技术水平、应用推广、效益与影响、风险。其中，技术水平是以技术可行性、创新性、先进性予以表征；推广应用主要表现在成果的适用性、推广情况以及市场情况；效益是指潜在和已实现的经济和社会效益；影响主要体现在对推动研究领域发展、提升行业竞争力或产业升级方面的作用；风险主要指降低成果转化过程中的技术、经济、环境条件等方面的不利因素。

大连金普新区根据其地方产业特点，构建了一套具有地方特色的应用类科技成果评价指标体系，如表 5-3 所示。[105]

表 5–3　应用技术类科技成果评价指标体系Ⅲ

一级指标（准则层）	二级指标（子准则层）
产品与生产技术指标	产品质量标准
	产品技术应用难度
	技术先进性
	技术成熟度
经济效益指标	投资利润率
	投资回收期
	内部收益率
一级指标（准则层）	二级指标（子准则层）
社会效益指标	资源利用率
	新增就业率
	增加税收
产业化条件指标	设备满足率
	资金满足率
	劳动力素质
	管理者素质
市场销售指标	市场份额
	价格竞争力
	售后服务能力
风险指标	财务风险
	配套技术风险
	政策风险

高超等介绍了科技成果五元价值协同评价模式。[106] 该模式旨在将不同维度的评价指标有机结合起来，形成一个综合评价体系，从而更全面地评价科技成果的多元价值，指标体系如表5–4所示。

表 5–4 科技成果五元价值评价体系

五元价值指标	二级指标	释义
科学价值	独创性贡献	评估科技成果在新发现、新原理、新方法等方面的独特性和创新性，包括是否引入了全新的思想、方法或理论，对已有知识和实践的改进和突破
	前沿引领程度	在相关学科领域中的前沿地位和引领作用，包括是否开辟了新的研究方向，是否推动了学术界的关注和讨论，是否为其他研究者提供了新的思路和启示
	重大科学问题突破程度	对重大科学问题的解决程度，包括是否提供了重要的答案、解释或证据，是否填补了相关领域的知识空白
	学科影响作用	对本学科领域的影响力和作用，包括是否在学术界产生了广泛的应用和讨论，是否影响了学科的教学内容和研究方向，是否对学科范式和方法论产生了重要影响
	学科建设贡献	是否推动了学科的理论体系和方法体系的完善，是否培养了一批优秀的研究人员，是否促进了学科国际合作和交流等
技术价值	创新性	提供了新的解决方案、方法或理论，能推动相关领域的进步和发展
	先进性	采用了先进的技术或方法，具备领先于现有技术的特点，对相关行业或领域具有引领作用
	可靠性	在技术上稳定可靠，经过验证和测试，并能够长期有效地运行和应用
	成熟度	评估应结合科技成果工作分解结构（Work Breakdown Structure，WBS）树形分解法进行评价，根据证明材料并对比《科技成果评价规范》（DB3710/T 184—2022）附录 A 中关于技术成熟度等级的要求，确定每个工作分解单元（Work Breakdown element，WBE）的技术成熟度，并按照附录 D 的要求填写技术成熟度评价表

续表

五元价值指标	二级指标	释义
技术价值	重现性	具备可复制和推广的特点
	可持续性	符合可持续发展原则，具备资源利用效率高、环境友好等特点，对于社会经济和环境的可持续发展具有积极影响
经济价值	推广前景	包括市场需求规模、市场增长趋势、竞争环境、商业化模式等因素，以确定成果在市场上的潜在销售和商业化机会
	预期效益	包括经济收益、投资回报率、利润增长等方面的衡量，以确定成果的经济潜力和投资价值
	潜在风险	包括技术风险、市场风险、法律法规风险等方面，以确定成果可能面临的不确定性和风险情况
	成本效益分析	包括成果开发、生产、推广等方面的成本与所带来的经济效益之间的比较，以确定成果的成本可行性和经济效益
	技术壁垒和知识产权	评估科技成果的技术壁垒和知识产权情况，包括是否具备独特的技术优势和自主产权，以确定成果的技术保护能力和竞争优势
社会价值	经济贡献	对经济发展的贡献，包括增加产出、创造就业机会、提高劳动生产率、促进产业升级等方面，以确定成果在经济领域带来的直接和间接影响
	社会效益	对社会的积极影响，包括提高生活质量、解决社会问题、推动可持续发展、提供公共服务等方面，以确定成果对社会福利和社会进步的贡献
	创新推动	对创新能力和创新环境的推动作用
	政策引导	对国家、地区或行业决策和政策实施的指导作用

续表

五元价值指标	二级指标	释义
文化价值	科学家精神	对科学家精神的培养和激发作用，包括对科学道德、科研创新精神、批判思维和学术诚信等方面的影响
	企业家精神	对企业家精神的培育和促进作用，包括鼓励创新创业、支持企业家精神的培养、推动创新型企业发展等方面
	创新文化营造	在组织内部和整个社会中营造创新文化的作用
	社会主义核心价值观弘扬	服务国家和人民利益、践行社会责任、促进社会公平正义等方面
	公民科学素质提高	对公民科学素质的提高作用，包括科学知识和科技意识的普及、科学方法和思维的培养、科学与社会问题的关联等方面

《国务院办公厅关于完善科技成果评价机制的指导意见》[107]指出，应用研究成果以行业用户和社会评价为主，注重高质量知识产权产出，把新技术、新材料、新工艺、新产品、新设备样机性能等作为主要评价指标。引导建立覆盖全过程、符合多类别的评价业务规范，采用云计算、大数据、人工智能等信息技术手段，开发科技成果评价信息化服务平台。运用概念验证、知识产权评估、社会经济贡献等方式，采用分布式评价配合分类评价，加强对科技成果形成过程研究，提升科技成果评价的准确性、可靠性和可用性。

第二节　专利在科学技术评估中的应用与演变

在应用研究项目评价及应用科技成果评估中，知识产权作为一个评价指标被纳入其中。然而，从评价指标体系的架构来看，科技成果评估中更多关注的是知识产权的产出。有的科技成果评价指标体系将专利的产出仅用于技术成熟度的判断；有的将专利的产出用于佐证项目的创造性或先进性；也有的指标体系中把知识产权作为成果推广的应用前景的反映；还有的将知识产权的产出纳入社会价值的评价，用于衡量项目或成果对促进我国自主知识产权的技术发展的作用。

由此可见，虽然大家都认为知识产权在科学技术评估中应当作为一项指标用于评估，然而大家对知识产权的性质、特点和作用仍然缺乏深入研究，不清楚知识产权到底在科学技术评价中应当发挥怎样的作用。

当下，越来越多的技术都离不开知识产权的保护，尤其是专利已经成为技术评估中的重要因素。值得思考的是，专利在技术评估中应当扮演什么样的角色？从知识产权在科技评估中的应用来看，大体上可以划分为三类：基于专利数量的评估、基于专利质量的评估，以及基于专利保护的评估。

一、基于专利数量的评估

过去科研院所和高校对于成果评价、科研考核、职称评审侧重于完成科研项目、发表论文、专利数量等指标，并未将科技成果与经济性或市场评价相挂钩。我国知识产权制度建立的时间比较晚，过去在专利方面也首先需要解决数量问题，对于知识产权的相关政策和要求也主要以数量为主。因此，我国在应用研究项目和应用类科技成果的评价中，专利的数量指标作为产出成果被用于评价或验收。

二、基于专利质量的评估

随着科技评价工作的开展，人们逐渐发现以专利数量的多少来佐证项目成果的好坏其实是远远不够的。同样是授权的发明专利，其价值是存在区别的，其中专利的质量会对专利的价值产生根本性影响。在当下我国开始重视高质量专利培育的形势下，对科技成果的知识产权产出的质量进行评价，无疑可以增加科技成果评价结果的可信度。

专利质量的评价指标可以根据专利文件的著录项目信息进行分析，亦可以通过专业人员对各专利文件进行详细分析。

三、基于专利保护的评估

科技成果评估是对科技创造活动的验收，而在进行应用类科技成果评估的同时，应同时注意对科技成果的保护。加强对科技成果的知识产权保护，有利于保障科技人员的基本权益，激发科技人员的创新热情，同时对科技事业的道德层面建设、科技事业的进一步可持续发展具有重要意义。[108]

知识产权法律保护性评估主要考察是否通过知识产权保护技术。对于专利，法律保护性评估包括专利布局分析和专利法律价值分析。李宁等提出，可以从技术、法律、经济三个维度，对拟转移转化科技成果逐个指标进行评分，最终从技术维度、法律维度、经济维度评价一个科技成果。[109]技术维度，从技术成熟度、技术创新性、技术创新性、技术完整度等方面确定成果的先进性；法律维度，以科技成果所拥有的专利为依托，从专利布局情况、核心专利稳定性、专利侵权判定、专利有效期等方面确定科技成果法律维度的等级；经济维度，从政策适应性、生产成本优势、市场规模等方面判定科技成果的经济价值。

第三节　专利价值评估与技术价值评估的融合

一、技术评估

科学技术高速发展的同时，环境污染、能源危机、资源短缺等问题日趋严重。技术评估，旨在评估某项技术或为解决某一问题而设计的方案在采用或限制该技术时将引起的广泛社会后果。因此，技术价值评估是以社会价值评估为基础而提出的，社会价值评估与技术价值评估和经济价值（或市场价值）评估一起，共同构成了技术评估的三个维度。

所谓的社会价值是指在特定文化或人群中被普遍信仰和奉行的重要观念或行为方式特征。应根据社会价值要求对某项社会或经济活动进行评价，判断其对社会价值的满足程度，对社会、经济、自然环境带来的影响。盛国荣指出技术评估涉及的较广的学科范围，属于社会价值评估范畴，包括了伦理道德、生态环境、社会行动、人类学、政治经济、文化几个方面。[110]

在特定领域，社会价值是技术的关键评价因素，特别是医疗等技术领域（如英国的 NICE 的社会价值判断决策指标）。修国义指出技术的社会性评价指标包括：消费者受益指标、社会影响指标、环境影响指标、对社会习惯的影响指标。[111]曹杨等指出专利技术的社会影响因子包括：推动技术创新、淘汰落后技术的程度，专利技术带来资源利用率的改变程度，专利技术带来生活便利性的改变程度。[112]

对于技术价值评估，宋艳等指出，从“技术”整体概念出发，技术属性可用创新独占性、技术累积性、技术依赖性、技术复杂性、技术成熟度、技术内隐性、技术可转移性、技术专用性、技术不确定性、技术先进性、技术机会、知识基础差异性、专利等具体指标来测度。[113]其中，创新独占性、技术先进性、技术成熟度是技术评估的重要方面。技术评估总体上以定性为主、定量为辅，会评和专家打分法是技术评估的主要形式。

对于经济价值，主要考察技术的市场应用情况、市场规模前景、市场竞争力和政策适应性等。市场应用情况是指项目技术开发的产品在可能的应用领域的现阶段应用状况，市场规模情况是指产品的应用充分开发后的市场容量，竞争情况是指市场上是否有同类技术产品竞争对手及竞争对手规模，政策适应性是指与国家与地方政府的相关产业与技术政策相适应的情况。

二、专利技术评估

专利技术评估，是指以被评价对象的专利所记载的技术作为基础对技术项目或技术成果进行整体评估的方法。当存在多项专利或专利组合时，专利技术评估需要根据多项专利或专利组合记载的技术内容进行分析。

专利技术评估类似于专利价值评估，可以从技术价值、经济价值和法律价值三个维度来进行评价。但专利技术评估还应重视项目技术或技术成果与专利技术之间的关系，以及各项专利之间的技术关联。

三、技术评估与专利技术评估的融合

如图 5-2 所示，项目技术作为一个整体可能包含多个技术分支，其中部分技术分支可能申请了专利保护，部分技术分支可能以技术秘密方式保护，部分技术分支可能未申请专利保护也不能作为技术秘密保护。从公司拥有的专利来看，公司拥有的多项专利中，可能部分专利是属于该项目或技术的，某项或某几项专利既属于该项目也涉及其他技术项目，部分专利不属于该被评项目。因此，专利技术评估首先需要厘清这些专利与被评技术之间的关系。此外，专利技术评估针对公开的专利申请进行评价，但专利技术可能限于过小的技术方案，从而较难从专利技术评估的结果来对技术整体进行评判。

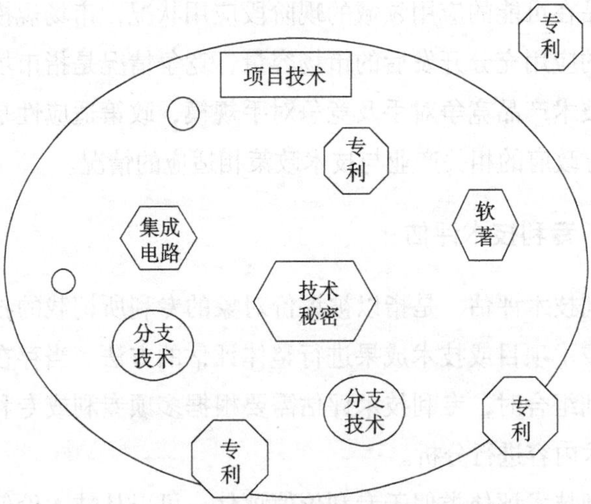

图 5-2　项目技术与知识产权对应关系示意图

注：图中小圆圈代表较小的技术分支，不同形状代表不同的知识产权保护类型。

然而，在多个应用场景中都涉及专利。无论是企业技术研发、科创板知识产权上市，还是知识产权质押融资，抑或是其他需要对技术进行了解和评价的场景中，大多数都涉及专利，那么应该如何看待专利，怎样进行评估呢?

（一）两种评估模式

1. 模式一

在技术评估的基础上，结合知识产权法律保护性分析，以专利布局分析和专利法律性分析完成知识产权保护程度的评估。在此基础上，对专利技术的应用价值进行评估，以补充技术评估微观上的不足，做到技术评估的宏观和微观的结合。

2. 模式二

在专利技术评估的基础上，结合原技术评估中的社会价值评估维度，并提供项目技术调研和专利技术主题检索，完善专利技术评估结果在被评技术中的适用性。

虽然国家知识产权局发布的专利价值评估指标体系给出了一个完备的评价指标，然而部分指标的数值衡量是困难的，特别是技术替代性，需要了解整个技术领域是否存在替代技术或技术路线。如果仅从专利本身的技术来考查是不易的。技术先进性的评价指标下设的几个二级指标，也故意规避了与其他技术的比较。

因此，通过项目技术调研，从整体上把握专利技术，从而确定上位的技术主题，完成替代技术路线的检索和分析，可有效避免专利技术评估的难题。

在特定情况下，还可以按需增加分析模块，以完善专利技术评估对被评技术整体反映的不足，例如技术秘密的评估等。

（二）评估流程

如图 5-3 所示，模式一的技术评估可以根据项目技术整体或对应产品的市场分析来对技术的经济价值进行评估。为了对项目技术的技术价值、社会价值以及保护价值进行分析，需要通过技术分解来获得项目技术所涉及的具体技术内容。

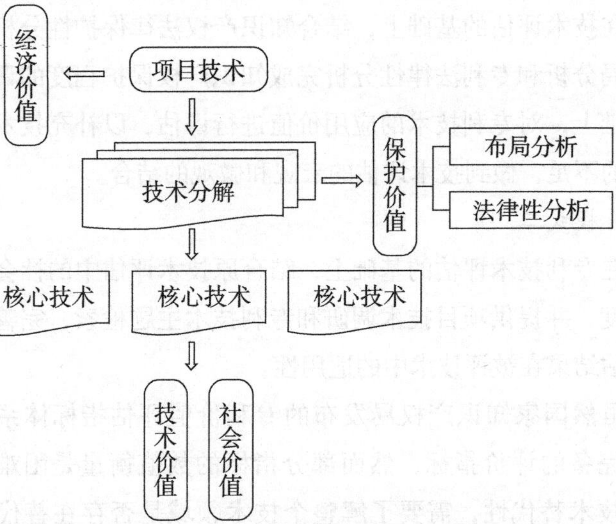

图 5-3　模式一：基于项目技术评估的专利价值评估流程

保护价值分析是针对专利技术对项目的保护情况而设置的评价维度。如果没有知识产权的保护，一项技术的评估结果仅能代表被评估技术的当下的价值。技术如果被泄露、仿制、规避等，都会对技术的价值产生影响。保护价值分析是对技术成果的评价结果的稳定性给予评价。在专利保护基础上的科技成果评价结果更具稳定性，更利于成果的转化和运用。具体来看，保护价值又分为法律价值分析和布局分析两种。其中，法律价值分析是对各项专利的质量的分析；布局分析是对项目技术在专利布局情况的分析，以对技术的保护水平和完善程度给予评价。

技术价值和社会价值的评价宜针对各项核心技术来开展。技术价值的分析不仅要从自身的技术来分析，还包括对与核心技术对应的技术路径的其他技术进行检索、对比和分析。社会价值的评价也可以针对各项核心技术来进行，重点考虑该技术对社会、经济、自然环境带来的影响。社会价值的评价应当注意技术所在行业的政策、标准要求等对技术价值带来的影响。

如图 5-4 所示，模式二的价值评估是建立在专利价值评估基础上的。其操作流程为：首先对技术项目对应的专利进行梳理、归类和组合。在对技术项目的整体技术调研和分析的基础上，再对专利布局情况进行分析。然后，根据技术与专利的对应情况，以及核心专利或专利组合，按照专利价值分析的方法开展技术价值分析、经济价值分析、法律价值分析。此外，由于专利本身并不会对社会价值进行审查，因此还宜增加对社会价值的评价。

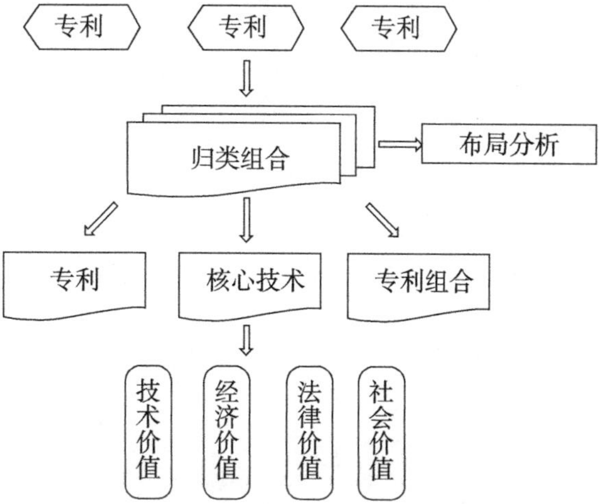

图 5-4　模式二：基于专利评估的技术价值评估流程

模式二以专利作为分析的基础。当然存在部分技术项目并未合理进行专利布局的情况，可以通过以上方法充分揭示专利布局的不足，还可以对未进行专利布局的核心技术，以技术评价的方式来完成评估，实现技术价值评估与专利技术价值评估的融合。

（三）评估模式的统一与选择

专利文件不仅是法律文件还是技术文件，是技术信息较详细的载体。无论是采用模式一以项目技术评估为基础开展的评估，还是采用模式二以专利技术评估为基础开展的评估，理论上都能够得到相同的评估结果。例如，在专利质押融资的场景下，若采用模式一，是从技术评估角度入手重点评判企业以及技术情况，并在此基础上，选择关键技术对应的专利，并进行简单法律属性判断或对核心专利进行专利价值评估。若采用模式二，则是从专利技术评估角度入手，综合项目技术的整体调研情况，判断专利的布局情况，并按专利综合价值度的高低排序。

第六章
专利信息的价值与利用

第一节　专利信息的价值

企业要在激烈的竞争中立于不败之地，至少需要在自身层面思考如何更加高效地开展自主创新；在环境层面思考如何及时准确地辨识和化解外在风险；在发展层面思考如何紧跟技术前沿、发现产业迭代的下一个风口。企业专利信息利用可以低成本、高效率地支撑上述三大战略性问题的解决。[114]

建立在“公开换保护”基础上的专利制度，为人们提供了大量的专利数据。全球每年有超过 80 万项专利获得授权。据欧洲专利局（EPO）估计，专利文件中 70% 的信息不会在其他任何地方被公开。专利文件提供了最新的技术研究信息，这能使企业明确当前的技术发展趋势。对专利信息的了解可以避免重复研发，从而不在金钱和时间方面造成资源浪费。专利信息也可以为研发提供有用的技术信息或合作对象信息，从而有助于缩短产品的研发周期。专利信息还蕴含丰富的市场竞争信息。因此，专利信息也可用于战略规划目的，以支持研发投资的决策。[115] 此外，合理利用失效专利及利用专利信息进行二次研发可以显著增强企业技术创新能力。因此，研究人员应定期查阅若干信息，随时掌握相关技术研发的动态及竞争对手的动向。以下两个案例向我们展示了专利信息在研发工作中的重要性。

一、案例一

中国台湾地区的一家企业（以下称 X 企业）正在开发一种手机用天线，如果开发成功并顺利抢占市场，那么这种天线将会给公司带来非常大的利润。这个机会对该企业来说非常重要。X 企业非常重视市场信息和专利信息的跟踪。在项目开始前进行项目可行性验证时，X 企业并未发现任何威胁。然而，该项目受专利在先申请延迟公开制度的影响。在执行项目研发的过程中，X 企业监测到美国的一家研发机构申请了一件发明专利。该专利公开了手机天线的研究方案，该研究方案与 X 企业的技术方案非常相似。同时，该专利还披露了一些其他可能的技术方案，但是并未在权利要求中进行保护。这件专利的出现引起了 X 企业的重视。因为 X 企业如果继续按照现在的技术路线进行开发，那么其产品十有八九会落入这件专利的保护范围之内。一旦产品出现侵权，该企业在市场上取得先占优势的计划无疑就会落空。X 企业立即组建团队，思考对该专利的规避方案。通过精心的设计和讨论，X 企业最终提出了几种方案。但是，考虑到美国专利分案制度的特殊性，以及先前公开的那件专利披露的其他技术方案，X 企业判断该专利申请人还会提出分案对多个替代设计进行保护。基于此判断，X 企业最终选择了两种不太可能再次落入保护范围内的替代方案。事实证明，X 企业的预判是正确的，对方后续又提出了多件分案，对几种变形的方案都进行了保护。X 企业对其新设计的替代方案进行了专利布局，并最终成功推向市场，达到了预期的目标。

二、案例二

2013年，我国遭遇了一次覆盖25个省（市）和6亿人的大雾霾。空气净化器一夜之间成了市场的宠儿。其实，早在2009年就有一家家电生产企业发现了此领域的市场空白，并启动项目立项，专门成立研究小组研发设计一款投放市场的空气净化器。当时，这家企业采用空气净化领域的成熟技术——沸石过滤空气作为产品的设计方案，利用沸石分子筛的功能，将飘浮在空气中的运动PM2.5过滤掉，实现空气净化的目的。从技术手段及技术功效上看，该设计方案是可行的。但是经过近一年的紧张研发，当研发样机出来后，该企业才发现该技术方案中有一个致命的缺陷：由于沸石过滤网用来过滤PM2.5，因此沸石过滤网的孔径只有被设置成小于PM2.5的粒径才能有效过滤，但是由于沸石过滤网的孔径变小就容易被大于PM2.5的微粒堵住过滤孔，所以在当时的空气条件和正常使用时长下，这种沸石过滤网的寿命极为有限，只能维持设备正常运行4个月左右，保守估计最长不超过6个月就必须更换沸石过滤网。显然，作为一款家用设备，如果产品的核心部件仅有4 ~ 6个月使用寿命，那么将大大增加用户的消费成本，影响产品的性价比和市场竞争力。

要突破研发困境，就必须寻找一种有效方法来延长沸石过滤网的寿命。然而，通过查阅期刊论文等都无法找到解决沸石过滤网小孔径与使用寿命之间矛盾的有效方案。该企业也没有相关的技术储备能够攻克这一难题。在此背景下，专利人员将专利信息分析引入研发活动，希望能够助力研发问题的解决。

在产品研发初期对市场进行调研时发现，飞利浦公司在国外市场上销售的一款型号为AC4064/00的高效能空气净化系统，在市场宣传中号称采用了新技术，能够大幅度提高沸石过滤网的寿命，最多可达5年，但是宣传中并没有披露其采用了何种新技术，因此无法得知飞利浦公司是如何解决这个问题的。专利人员认为，飞利浦公司非常重视专利，对这种提高沸石过滤网寿命的新技术必然会通过申请专利加以保护，如果能检索到飞利浦公司关于空气净化器的专利，就很有可能破解这项关键技术的谜团。于是，研发小组在专利人员的协助下，通过专利检索系统检索到若干篇飞利浦公司申请的关于空气净化系统的专利，经过分析排查后，确定了一项申请人为 KONINKL PHILIPS ELECTRONICS（皇家飞利浦电子股份有限公司）、公开号为 EP1942955A1、名称为 "Air Cleaning Apparatus"（空气净化设备）的欧洲专利，该专利与飞利浦公司的提高沸石过滤网寿命的新技术有紧密关系。同时还发现，皇家飞利浦电子股份有限公司就该技术在中国申请了公开号为 CN101296711A 的同族专利。

研发小组通过对 CN101296711A 专利的分析，找到了有效延长沸石过滤网寿命的技术方案，不但可高效地过滤空气中的 PM2.5，而且能有效杀菌、消毒和净化甲醛等挥发性有机化合物，以及获得更长的沸石过滤网寿命。据技术人员估算，按照这样一套方案，正常使用环境下，沸石过滤网寿命可达到 4 年以上，完全能满足家电产品元器件的寿命要求。

但专利人员发现，飞利浦公司已经就该技术在中国提交专利申请，即 CN101296711A 专利，目前处于专利审查期，如果该专利最后能够获得授权，那么企业运用该专利技术方案生产产品并销售，是涉嫌侵犯飞利浦公司的专利权，存在较大的风险隐患。基于对飞利浦 CN101296711A 的分析和专利人员的建议，研发小组决定在飞利浦 CN101296711A 基础上进行专利规避设计。

CN101296711A 的核心技术是设置了一个 ROS 发生器，以及与其配套使用的静电沉降装置，目的是让空气中的微小颗粒带电后静电沉降过滤和杀菌消毒。在其权利要求所保护的技术方案中，这属于必要技术特征。如果研发小组利用某种公知公用技术，能够全部或部分实现 ROS 发生器和静电沉降装置的功能，就可得到不落入该专利权利要求保护范围的规避方案。

专利人员通过专利检索，发现目前公知公用技术中，来自东芝公司的一篇无效专利文件披露了采用光触媒产生负离子的方式使微小颗粒带电，ACRON INTERNA 公司的一篇失效专利文件披露了纳米催化氧化的方式产生消毒杀菌的活性氧，能够产生与 ROS 发生器和静电沉降装置的类似技术效果。这两篇专利均已经失效，成为公知公用技术。研发小组可以参照这两篇专利技术结合 CN101296711A 专利技术设计新的技术方案。

最终，基于 CN101296711A 专利技术方案及光触媒产生负离子、纳米催化氧化等公知公用技术，研发小组研发出一款相比飞利浦公司的产品更优秀的空气净化器，集过滤 PM2.5、杀菌、消毒、保湿、释放负离子等系列功效于一体，性能更是优于目前市场上的同类产品。这家企业以此创新产品打入市场后，由于高性价比和出色的功能，很快就赢得了市场和消费者的青睐，产品销量激增，为企业赚取了巨大的利润，也坚定了该企业利用专利信息加速企业研发创新的发展路径的信心。[116]

第二节　专利检索与分析

专利数据库为我们提供了大量的专利文件。如何从海量的专利数据中挖掘有价值的信息，是所有专利分析工作者应当思考的问题。形成一份有价值的专利分析报告并不容易，需要精心地设计和策划分析。

一、专利分析的构思设计

要让专利分析有价值，首要的工作就是构想好专利分析的分析思路和架构，特别是在分析需求、分析维度和分析结果的呈现上应当进行规划和取舍。然而，对于一份分析报告，其分析思路和分析方法是没有统一答案的。

近年来，政府或一些机构针对不同的分析类型出台了一些分析导则和分析标准，这些分析导则和标准可以有助于规范化分析的功能模块，从分析内容和分析流程上进行控制。然而，一份分析报告涉及不同的分析思路和逻辑、数据源、检索表达、信息提取与解读、分析工具、可视化、人员的综合分析能力。因此，即使在严格遵循这些导则和标准的情况下，也并不能完全保证专利分析报告一定是有价值的。

专利分析的关键在于如何从以专利数据库为主的数据源中挖掘信息，并分析得出可信、有用、深层次的结论。所谓可信，是指检索结果可信，分析过程遵循逻辑，作出的结论有据可依。有用是指了解客户需求，分析内容围绕关键问题展开，分析结果可以应用起来。深层次的结论要求不浮于表象而探寻现象背后更深层的原因，各种信息相互融合佐证，多学科知识综合运用。

一份专利分析报告好不好，有没有分析重点和主线很关键。如果专利分析不能有针对性地回答一些问题，那么它是很难体现其价值的。良好的分析思路如何得来呢？答案可能是突然的灵感、多年的实践经验，甚至某些分析人员的天赋。

为了形成分析思路，我们可以采用5W1H（Who-Which-What-

When-Why-How）方法工具，通过问题的提出、问题的分析和问题的解答形成专利分析的逻辑。提出的问题越适宜，回答的质量越好，专利分析报告也就越有用，分析报告就越有价值。

例如，我们要做一份专利分析报告，以成都市新津区某企业的磁悬浮交通为主要对象，对成都市的磁悬浮产业进行专利分析。

通过检索，我们发现新津区某企业已达成合作意向，从德国马克引进磁悬浮技术。面对该信息，你是否会认为德国磁悬浮技术一定很牛？为什么要引进国外技术？是国内技术不行，还是有其他原因？

实际上，这些突然冒出的疑问就可能成为专利分析的重点。为了使问题提得更加全面，我们还可以通过 4W1H 提问法来形成分析问题。本案例中，我们可以围绕国内外技术的对比、技术转移情况的对比来展开。通过分析，我们发现实际上成都在磁悬浮技术领域涉足较早，特别是西南交通大学在磁悬浮方面深耕多年。然而，西南交通大学基本没有专利许可转让等运营事件发生。这背后的原因可能是我国的科技成果转化制度制约了转化工作的推进，也可能是技术成熟度方面存在问题等，需要进一步分析求证。

可见，好的分析构思的关键在于确定分析要回答的关键问题，如解决科学问题、开辟新的方向、突破关键技术、系统解决方案等；明确分析的目标或用途，了解不同的分析类型（如风险预警、导航、侵权）的特点，以及不同的分析模块（如资源分布、技术预测、竞争对手分析、专利布局分析）的功能特点和用途；进行分析设计，确定分析的内容、范围和重点，理解分析对象并建立分析对象的逻辑模型，选择分析策略和方法。

二、专利信息检索的 4W1H

为确保专利信息分析结论的可靠性，必须保证据以分析的专利信息是足够全面和准确的。因此，专利信息检索对整个专利信息利用工作来说具有非常重要的意义。可以采用 4W1H 方法来进行检索，如图 6-1 所示。

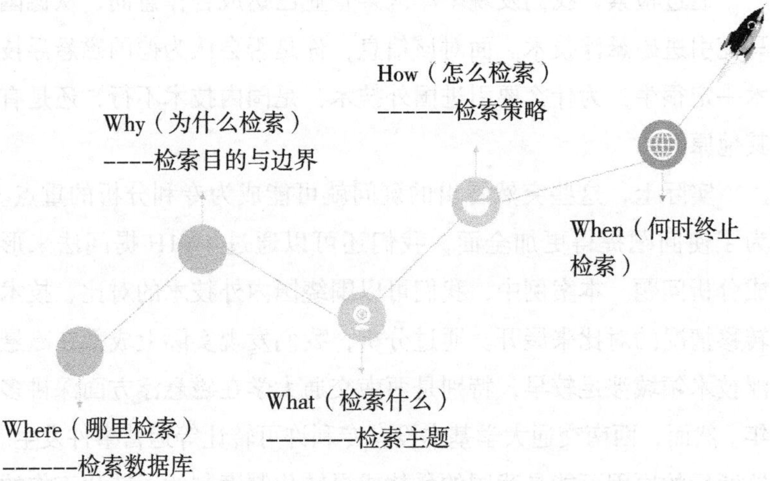

图 6-1　专利检索的 4W1H

（一）专利检索数据库

专利检索首先需要清楚去哪里检索，即 4W 中的 Where。常用的商业数据库包括合享 incopat、智慧芽 patsnap、出版社 DI inspiro、德温特 DII 数据库等。常用的免费数据库包括国家知识产权局检索平台；美国 USPTO 专利检索数据库，如 AppFT（美国专利申请数据库）、PatFT（美国专利授权数据库）；日本 J-PlatPat 专利数据平台；欧洲专利局 Espacenet 检索系统等。其他可以使用的免费检索数据库，如 soopat、专利之星、专利汇等。

（二）检索的目的

专利检索还应当清楚检索的目的与边界，即 4W 中的 Why——检索目的。目的明确后，可以根据检索目的来确定检索的类型、检索边界和对查全和查准的要求。

（1）检索的类型总体上可以分为技术主题专利检索和技术方案专利检索两类。其中，技术主题专利检索又可以分为针对产业、技术或产品的检索；技术方案专利检索可以分为查新检索、审查中的新创性检索、无效宣告检索等。

（2）检索边界，即检索的范围。确定检索边界是检索工作中最为重要的一环。边界的确定一般与检索目的、检索技术领域、客户或项目需求紧密相关。例如，在《人工智能专利导航》的检索边界确认中，在一些已有人工智能报告的分析对象中，存在将部分自动化控制等技术作为人工智能的一种存在形式的情况。为避免这种情况，检索边界被定义为：当今和今后相当时间内对人工智能的理解应着重强调核心算法及相关的应用场景；将人工智能的核心问题定义为包括建构能够跟人类似甚至超越的推理、知识、规划、学习、交流、感知、移动和操作物体的能力等；其中，尤其以与软件、算法相关的技术为代表。

（3）查全查准是对专利检索结果好坏的评价指标，具体分为查全率和查准率两种。查全率是指检索出来的有效专利数量占所有有效专利数量的比例。查准率是指检索结果中，符合检索目标要求的有效专利数量占整个检索结果数量的比例。在检索中，查全率和查准率之间存在博弈和平衡，追求太高的查全率和查准率，往往需要构建复杂的检索策略，花费较多的精力。

因此，在不同的检索目标下，我们可以根据需要来确定合适的查全率和查准率。

（三）检索的对象

专利检索的主题或对象应当是清楚的，即 4W 中的 What。检索的对象从宏观到微观来看，可以是一个产业、一项技术、一个产品、一个方案、一个零件或一个特征。宏观的检索对象，往往不易确定检索的范畴，对查全性要求通常较高。因此，常常需要摸清产业特点和技术构成。微观的检索对象，往往较易确定检索内容，但是对查准性要求通常较高。比如，在专利审查、侵权对比检索中，只需要找到可以影响其新颖性或创造性的对比文件，就没有必要找出所有文件。

（四）检索策略

专利检索还应当设计合适的检索策略，回答如何检索的问题，即 1H 中的 How。专利的检索可以采用多种字段进行检索，如分类号：国民经济分类号、IPC 分类号、CPC 分类号；号码：公开号、申请号；日期：申请日、公开日；文本：标题、摘要、权利要求、说明书、技术领域、背景技术；专利类型：发明专利、实用新型专利、外观设计专利；人员：申请人、发明人；区域：申请人国别、公开国别、申请人地址等。其中，文本中的关键词与专利分类号的检索是最常用的。

大多数情况下，单独使用关键词难以达到检索目的。关键词比较直观，容易确定，但是确定所有同义词较难。同一个词可能具有多种含义，如 mouse 可以指鼠标和老鼠等。部分专利申请人故意采用模糊表达，如立体声常被称为“Hi-Fi”，浴室也被称为

“抽水马桶”等。正是由于申请人在专利申请撰写时有意或无意采用的表达方式多种多样，通过关键词检索往往难以给出所有的表达形式。

单独采用分类号进行检索，同样会面临类似的困难。由于审查员在给专利分配分类号时，会根据个人经验、习惯、技术领域的复杂性而有所区别。对于同一份专利申请文件，不同的审查员给出的分类号的位置、数量、准确性都可能不一样。

因此，在检索过程中，关键词检索往往与分类号检索结合使用，这样可以达到较高的检索准确度和全面性。

（五）终止检索的时机

专利检索是一个反复调整和完善的过程，往往需要在查全与查准之间找到平衡。终止检索的时机可以采用目标导航或结果导向，即达到了必要的查全率、查准率或检索结果满足了检索目的要求。

三、专利信息与非专利信息的融合

专利信息与非专利信息融合在专利分析中体现为三个层次。

（一）专利分析中有非专利情报

技术背景调查可以支撑专利分析工作的快速开展。过去，专利分析人员自己了解背景、政策等知识。现在，实现了专业分工，由专门的情报人员提供全方位的背景信息，而专利分析人员只需要根据情报人员所提供的信息开展专利分析工作。另外，在专利分析报告中，非专利的情报信息可以作为报告的一部分，丰富专利分析报告的内容。

（二）专利分析与非专利情报功能融合

专利文件所蕴含的信息可以用于分析技术、市场、行业、风险等。非专利情报可以从多种数据源中获取所需维度的信息。在某些维度上，从专利信息分析得出的情报可以与非专利信息来源的情报互为补充、相互印证。例如，专利分析与非专利情报分析都可以分析行业趋势、市场格局、竞争对手、团队、技术背景、相似技术或技术路径、技术趋势等，二者的信息融合可以增加分析结果的全面性和可靠性。

（三）泛在的专利分析与情报融合

在专利分析中，专利数据呈现的申请趋势可能出现一些转折点或异常点，如果没有对行业、政策及其他信息的了解，那么我们很难明白其背后的原因。专利分析与情报融合可以为专利分析提供分析基础，提高专利分析的深度和有价值信息的解读。

在泛在的专利分析与情报融合模式下，专利信息与非专利信息应当根据需要随时进行融合。例如，产业信息在专利分析中所起的作用，除为专利检索提供背景信息、丰富专利分析报告中的维度之外，还可以为专利信息解读提供支持。专利分析中可以根据需要对技术背景、产业链、技术链（核心技术）、产业规模、政策名称、市场规模与趋势、产业动态等进行调查，还可以根据专利信息解读要求补充相关信息。

第三节　专利分析应用

专利情报可服务于政府科技决策、技术预测、产品技术成熟度预测和创新资源配置等领域，包括政府层面的政策制定、最新科技动态的跟踪和技术预测等，以及企业层面的研发选题、立项决策、科研开发研制、技术引进、技术转移、专利技术实施和竞争策略等。

一、区域产业发展趋势分析

专利申请概况可以反映某地区的产业发展概况，以及产业转型的特点和趋势。一份关于中国台湾地区的专利分析清晰呈现了 1978—2002 年台湾地区的产业发展概况。[117] 根据专利申请的分布特征，将 1978—2002 年台湾地区的产业发展划分为三个阶段。

第一阶段：1978—1994 年，中国台湾地区的核心专利技术多种多样，包括游乐设备、锁具、机械元件和机构、内燃机、硬件材料和其他传统工业材料，以及电子和通信设备、光学系统、半导体等。将类别编号转换为相关行业后，可知中国台湾地区的重点行业包括电气和电子机械、设备及用品、机械（不包括电气）、金属制品、运输设备、化学品及相关产品、专业和科学仪器、橡胶及塑料制品。

第二阶段：1995—1999 年，只有电气和电子机械、设备和用品，机械（除电气外），专业和科学仪器，以及金属制品这四个重点行业是突出的，表明了中国台湾地区重点行业经历了重大转型。半导体器件制造拥有最多的专利数量，其比例从 6.67% 增长到 25.81%。这些核心专利技术大多与电气和电子、机械、信息设备和用品密切相关。在这些技术中，有半导体器件制造过程、主动固态设备、电气连接器、辐射图像化学。电气系统和设备在这个阶段仍然很重要。而某些传统或消费行业，如娱乐设备、紧固件、特殊容器，不再是焦点。这标志着台湾地区专利技术变革的开始。这些专利变得更加集中，而趋势也转向了高科技创新。

第三阶段：2000—2002 年。统计显示，核心专利技术集中在电气和电子机械及信息技术上。核心技术目前已减少到 8 项，比例为 55.4%。实际上，这 8 项专利技术也是 1995—1999 年排名前 8 位的技术。其中，电气和电子机械的排名仍然最高，占比为 61.27%，远远超过了其他行业。与第二阶段相比，只有电气和电子机械继续增长，而其他方面的专利申请都在下降。

二、行业技术分析

专利信息可以反映行业的技术分布与发展趋势。以页岩气技术分析为例进行说明。据 2013 年 6 月美国能源信息署（EIA）评估，全球 41 个国家 95 个盆地共 137 套页岩地层，页岩气地质资源量约为 1 013 万亿立方米，技术可采资源量为 220.7 万亿立方米，主要分布在北美、东亚、南美、北非、澳大利亚等地区。其中，中国、阿根廷与阿尔及利亚分别以可采储量 31.6 万亿立方米、22.7 万亿立方米、20.0 万亿立方米位列前三名。表 6–1 为全球页岩气可采储量排名前十位的国家。

表 6–1　全球页岩气可采储量排名前十位的国家

序号	国家	可采储量 / 万亿立方米
1	中国	31.6
2	阿根廷	22.7
3	阿尔及利亚	20.0
4	美国	18.8（32.9）
5	加拿大	16.2

续表

序号	国家	可采储量 / 万亿立方米
6	墨西哥	15.4
7	澳大利亚	12.4
8	南非	11.0
9	俄罗斯	8.1
10	巴西	6.9
总计		206.7（220.7）

注：排序标准为 EIA 评估数据，括号中为 ARI 评估数据。

我国页岩气资源储量非常丰富。美国 EIA 的调查数据表明，中国页岩气资源以 31.6 万亿立方米的技术可采储量居世界第一。我国页岩气资源主要分布于四川盆地、塔里木盆地、准噶尔盆地、松辽盆地及扬子地区，如表 6–2 所示。

表 6–2　我国页岩气资源分布

区块	地层	原地储量 / 万亿立方米	可采储量 / 万亿立方米
四川盆地	筇竹寺组	14.16	3.54
	龙马溪组	32.45	8.13
	二叠纪	20.25	6.09
扬子地区	L. 寒武纪	5.13	1.27
	L. 志留纪	11.75	2.94
江汉盆地	牛蹄塘组	1.3	0.31
	龙马溪组	0.79	0.2
	栖霞组 / 茅口组	1.13	0.28
苏北	幕阜山组	0.82	0.2
	五峰组	4.08	1.02

续表

区块	地层	原地储量 / 万亿立方米	可采储量 / 万亿立方米
苏北	U. 二叠纪	0.23	0.06
塔里木盆地	L. 寒武纪	4.98	1.25
	L. 奥陶纪	10.68	2.66
	M.–U. 奥陶纪	7.5	1.73
	柯土尔组	4.56	0.45
准噶尔盆地	芦草沟组	4.87	0.48
	三叠纪	5.3	0.54
松辽盆地	青山口组	4.39	0.45

2011—2012 年第一轮、第二轮中国页岩气开发参与企业名单如表 6–3 所示。康菲石油中国有限公司、英国石油公司、荷兰皇家壳牌石油公司等国际巨头曾加入中国页岩气开采行列。但是，这三家国际巨头分别在 2015 年、2016 年、2019 年停止在中国的页岩气开采合作项目。

表 6–3　国内页岩气开发主要参与企业

类型	典型公司
国内油气企业	中国石油天然气集团有限公司、中国石油化工集团公司、中国海洋石油集团有限公司、陕西延长石油（集团）有限责任公司
国内拥有煤层气专营权的企业	河南省煤层气开发利用有限公司、中联煤层气有限责任公司、中石油煤层气有限责任公司、中联煤层气有限责任公司、中国神华能源股份有限公司
国内电力集团或其他	中国华能集团有限公司、中国华电集团有限公司、中国电力投资集团公司、国家开发投资集团有限公司、湖南华菱集团股份有限责任公司

续表

类型	典型公司
国外油气公司	康菲石油中国有限公司、英国石油公司、荷兰皇家壳牌石油公司、道达尔公司、埃克森美孚公司、雪佛龙股份有限公司

国际巨头纷纷出走，究其技术原因主要是中国与国外（以美国为例）在页岩气开采上存在地质条件、技术水平差异。

（1）由于地质条件复杂，中国页岩气存在开采难度大、开采风险高、产量低、成本高的问题。美国页岩气优质页岩厚度大、分布稳定、产层埋深适中（1.2 ~ 3.6 千米）；而中国页岩气藏较深（为 1.5 ~ 5 千米），页岩气在埋藏演化过程中被大规模破坏，储集层压裂改造时不易形成网状裂缝，改造体积偏小。

（2）埋深是影响页岩气产业发展最重要的因素之一。中国深层页岩气勘探开发技术处于探索初期。美国页岩气开采都以中浅层为主，水平钻井和水力压裂技术成熟、应用广泛；中国通过引进吸收消化再创新初步形成了 3 500 米以内的中浅层页岩气技术，但是深层页岩气勘探开发技术处于探索初期（中国深层页岩气资源潜力更大）。

对四川盆地页岩气产区而言，页岩气层埋深 1.0 ~ 4.2 千米，尤其是四川南方海相 3 千米以下深层高压页岩气资源开采尚未取得实质性的突破，四川盆地页岩气埋深区域性变化差距可能是实现页岩气产业化的极大阻碍。

页岩气产业链的上中下游主要分为勘探与开采、页岩气提取、页岩气深加工三个环节，各个环节紧密相扣，是一个高度集中的一体化系统。页岩气产业链上游是页岩气的勘探与开采，主要包括水平井开采技术和压裂增产技术等环节；页岩气产业链中游是页岩气集输技术环节；页岩气产业链下游是页岩气的深加工技术环节。此外，环境保护技术贯穿于整个页岩气产业链上中下游，用于解决水资源短缺、水土污染和甲烷泄漏等环境污染问题。

（一）专利申请总体趋势

检索日期截至 2019 年 9 月 12 日，经同族合并后得到全球申请共 11 857 件。专利申请量和申请趋势可从侧面反映一个领域的创新活跃度。从图 6-2 可以看到，中国在页岩气行业上的发展趋势基本一致，其他国家（以美国为代表）在页岩气行业上的创新时间早于中国，2014 年达到顶峰。中国在页岩气领域开始研究较晚，2005 年以前的专利申请量极低，但近 5 年中国在该领域的创新活跃度较高，成为全球主要申请区域，2016 年申请量达到历史最高点。

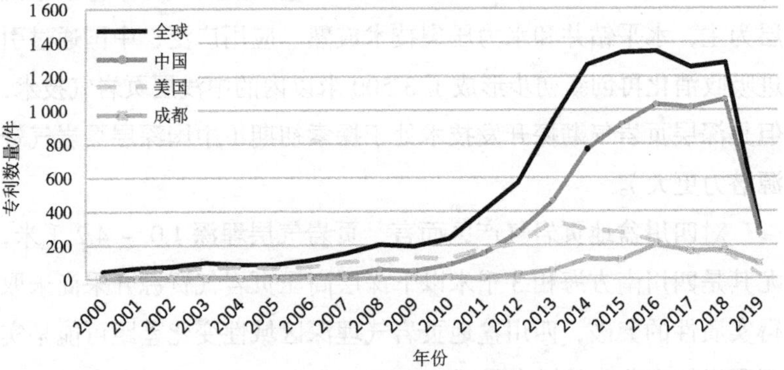

图 6-2 页岩气专利申请趋势

（二）中国专利申请来源国及主要申请主体

中国布局的页岩气相关专利一共 6 608 件，美国、日本、英国、荷兰、法国、德国在我国有一定的专利布局。如表 6–4 所示，美国布局最多，布局的主要主体为埃克森美孚上游研究公司、贝克休斯公司、哈里伯顿能源服务公司、MI 有限公司等；日本在中国布局的主要申请人为株式会社吴羽、东洋制罐集团控股株式会社、工业技术院；英国在中国布局的主体为普拉德研究及开发股份有限公司等；荷兰为国际壳牌研究有限公司等；德国为巴斯夫欧洲公司。

表 6–4　我国专利申请来源国及申请主体

申请人国别	主要申请人	专利数量 / 件	申请人国别	主要申请人	专利数量 / 件
中国 6 167 件	中国石油化工股份有限公司	653	日本 45 件	株式会社吴羽	15
	西南石油大学	375		东洋制罐集团控股株式会社	8
	中国石油天然气股份有限公司	290		工业技术院	6
	中国石油大学（北京）	237	英国 40 件	普拉德研究及开发股份有限公司	28
	中国石油化工股份有限公司石油工程技术研究院	220		皮斯卡桑（国际）有限公司	3
	中国石油大学（华东）	174		地质力工程有限公司	2
	中石化石油工程技术服务有限公司	157		布鲁斯 A 塔盖特	2
	中国石油集团川庆钻探工程有限公司	133		水动力处理科技有限公司	2

续表

申请人国别	主要申请人	专利数量/件	申请人国别	主要申请人	专利数量/件
中国 6 167件	中国石油化工股份有限公司石油勘探开发研究院	115	荷兰 22件	国际壳牌研究有限公司	12
	长江大学	87		斯伦贝谢技术有限公司	4
美国 218件	埃克森美孚上游研究公司	28	法国 17件	IFP 新能源公司	2
	贝克休斯公司	14		拉法基公司	2
	哈里伯顿能源服务公司	9		阿克马法国公司	2
	MI 有限公司	8		SPCM	2
	雪佛龙美国公司	8	德国 11件	巴斯夫欧洲公司	6
	兰德马克绘图国际公司	6			
	陶氏环球技术有限责任公司	6			
	哈里伯顿能源服务公司	4			

如图 6–3 所示，其他国家在我国的专利技术布局领域主要涉及钻井技术（E21B、C09K）、页岩气勘探（G01V）、地质参数测量（G01N）、钻井液（C04B）、计算机模拟（G06F）、页岩气处理与深加工（C01B、C10G、C08F）、环保（C02F）等。

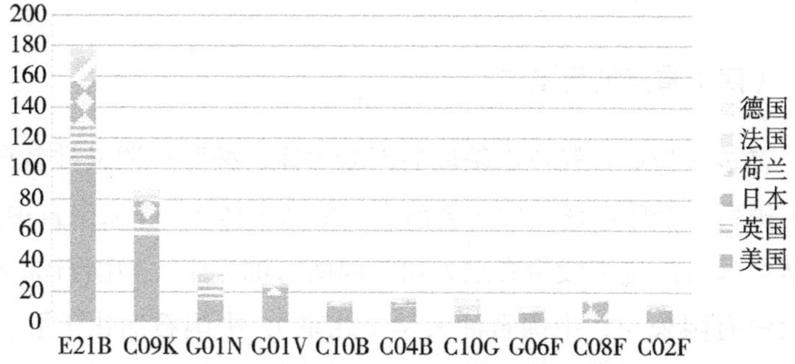

图 6–3　其他国家在我国的专利技术布局

（三）中国各省市的专利申请分布

表 6–5 列出了我国各省市在页岩气领域的专利申请排名及申请的专利数量情况。申请量排名前十的省（市）依次为：北京、四川、重庆、山东、湖北、江苏、陕西、辽宁、吉林、天津。

表 6–5　中国主要省（市）的专利申请情况

申请人省（市）	专利数量 / 件	申请人省（市）	专利数量 / 件
北京	1 986	江苏	308
四川	1 066	陕西	239
重庆	388	辽宁	169
山东	384	吉林	158
湖北	371	天津	126

北京的页岩气专利申请量最大，主要因为中国石油化工股份有限公司、中国石油天然气股份有限公司、中国石油大学、中国石油化工股份有限公司石油工程技术研究院、中石化石油工程技术服务有限公司、中国石油化工股份有限公司石油勘探开发研究院等主体聚集在北京。

（四）重点创新主体

表 6–6 为页岩气技术领域的创新主体，按照申请量排名自上而下排列，全球申请人中排名前十的申请主体中，7 家来自中国，包括中国石油化工股份有限公司、西南石油大学、中国石油天然气股份有限公司、中国石油大学（北京）、中国石油化工股份有限公司石油工程技术研究院、中国石油大学（华东）、中石化石油工程技术服务有限公司；3 家来自国外，包括美国哈里伯顿能源服务公司、美国斯伦贝谢、加拿大斯伦贝谢。四川省主要创新主体为西南石油大学和中国石油集团川庆钻探工程有限公司，专利布局量远远超过其他申请主体。

表 6–6　全球及成都的重点创新主体

全球申请人	申请数量 / 件	成都申请人	申请数量 / 件
中国石油化工股份有限公司	652	西南石油大学	370
西南石油大学	375	中国石油集团川庆钻探工程有限公司	127
哈里伯顿能源服务公司	351	成都创源油气技术开发有限公司	36
中国石油天然气股份有限公司	290	成都理工大学	35
斯伦贝谢技术公司	257	中国石油集团川庆钻探工程有限公司地球物理勘探公司	19
中国石油大学（北京）	237	成都百胜野牛科技有限公司	19
中国石油化工股份有限公司石油工程技术研究院	220	中国石油天然气集团有限公司	18

续表

全球申请人	申请数量 / 件	成都申请人	申请数量 / 件
中国石油大学（华东）	174	成都劳恩普斯科技有限公司	14
中石化石油工程技术服务有限公司	157	汤树林	14
斯伦贝谢加拿大技术公司	138	成都宏天电传工程有限公司	13

1. 勘探

如图 6–4 所示，页岩气勘探方面共有 2 925 件专利，排名前十的申请主体有 6 家来自中国，包括中国石油化工股份有限公司、中国石油天然气股份有限公司、中国石油大学（北京）、西南石油大学、中国石油大学（华东）、中国石油化工股份有限公司石油勘探开发研究院。4 家国外的申请主体为：斯伦贝谢技术公司、哈里伯顿能源服务公司、斯伦贝谢石油服务公司和斯伦贝谢加拿大有限公司。

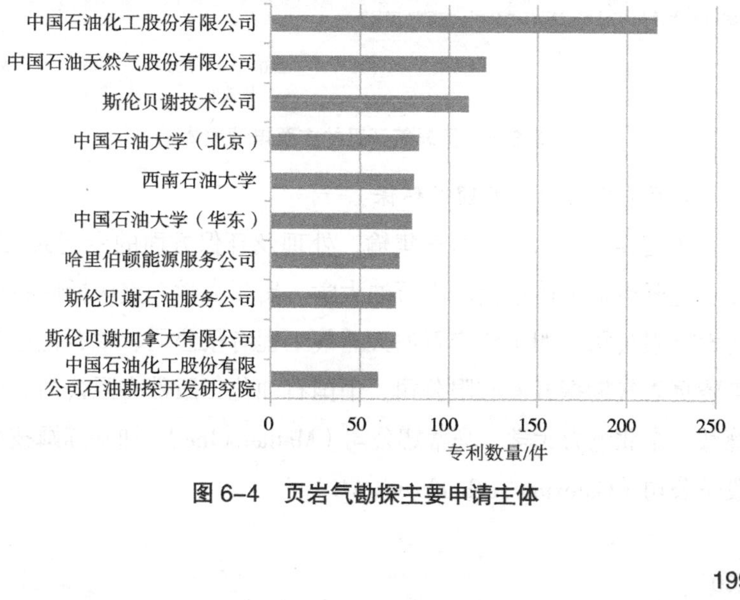

图 6–4　页岩气勘探主要申请主体

2. 开采

如图 6-5 所示，页岩气开采方面共有 8 916 件专利，是专利布局最多的领域。主要申请主体包括：中国石油化工股份有限公司、哈里伯顿能源服务公司、西南石油大学、中国石油化工股份有限公司石油工程技术研究院、斯伦贝谢技术公司、中国石油天然气股份有限公司、中国石油大学（北京）、贝克休斯公司、中国石油集团川庆钻探工程有限公司。

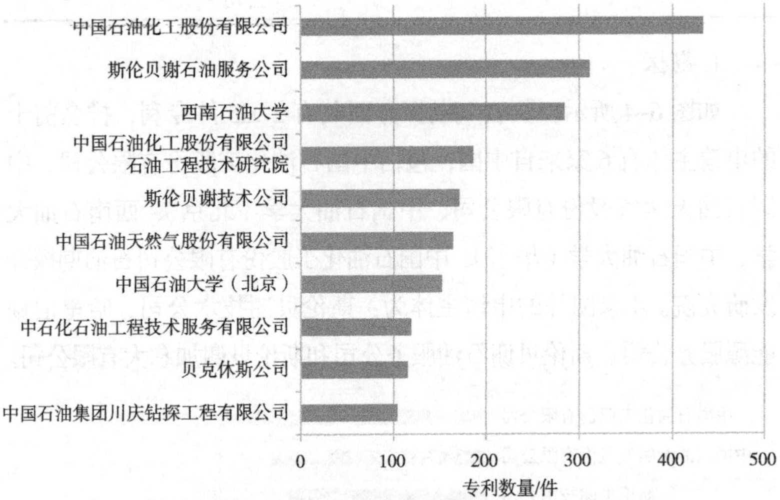

图 6-5　页岩气开采的主要申请主体

3. 页岩气集输、处理及环保

如图 6-6 所示，页岩气集输、处理及环保方面的专利共 450 件。主要申请主体包括西南石油大学、贵州大学、重庆恬愉石油技术有限公司、四川科宏石油天然气工程有限公司、中石化重庆涪陵页岩气勘探开发有限公司、中国石油化工股份有限公司、杨德敏、东北电力大学、马蒂娜公司（Mathena Inc）、加莱苏姆技术股份公司（Galexum Technologies AG）。

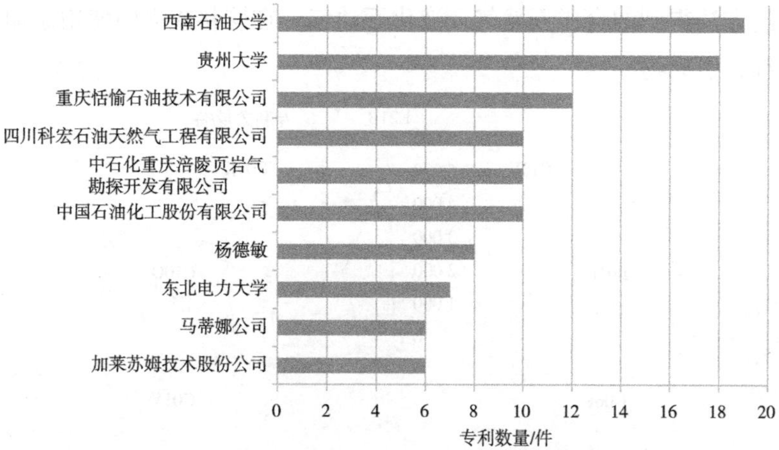

图 6–6　页岩气集输、处理及环保的主要申请主体

（五）技术构成分析

图 6–7 为页岩气的技术构成。根据检索结果，其所涉及的技术领域的分类号前十名为：E21B 土层或岩石的钻进，从井中开采油、气、水、可溶解或可熔化物质或矿物泥浆；C09K 不包含在其他类目中的各种应用材料，不包含在其他类目中的材料的各种应用；C10G 烃油裂化，液态烃混合物的制备，如用破坏性加氢反应、低聚反应、聚合反应，从油页岩、油矿或油气中回收烃油，含烃类为主的混合物的精制，石脑油的重整，地蜡；G01V 地球物理，重力测量，物质或物体的探测，示踪物；G01N 借助于测定材料的化学或物理性质来测试或分析材料；C10B 含碳物料的干馏生产煤气、焦炭、焦油或类似物；C04B 石灰，氧化镁，矿渣，水泥，其组合物，如砂浆、混凝土或类似的建筑材料，人造石，陶瓷；G06F 电数字数据处理；B01D 分离；C10L 不包含在其他类目中的燃料，天然气，不包含在 C10G 或 C10K 小类中

的方法得到的合成天然气，液化石油气，在燃料或火中使用添加剂，引火物。

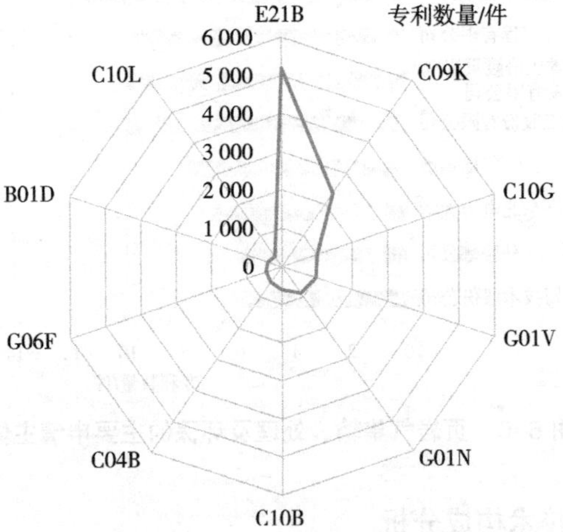

图 6–7　页岩气技术构成

在以上主要分类号上主要国家的专利布局如图 6–8 所示。与美国相比，我国在 C10G 和 G01V 方面的专利布局更少，而在 G01N（借助于测定材料的化学或物理性质来测试或分析材料）上布局数量较多，在其他分类号上的布局与美国相当。

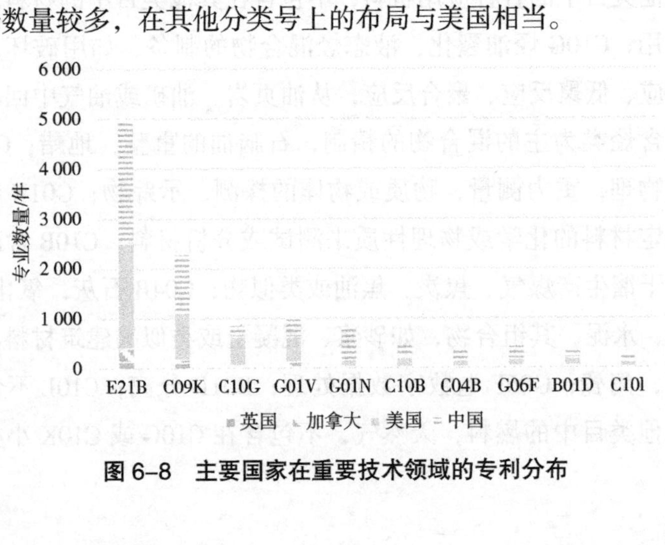

图 6–8　主要国家在重要技术领域的专利分布

图 6–9 为我国各省（市）在主要技术分类号上的布局情况。可以看出，我国页岩气领域的区域集聚趋势较为明显，以北京市和四川省为主。北京市在各个领域布局数量均超过其他省（市），各省（市）主要布局在钻井方面（E21B 钻井、C09K 材料的各种应用）及其他领域布局。结合图 6–9 可知，目前我国各省（市）的关注点主要在钻井、地质参数测试方面，而在地质探测（G01V）、页岩气深加工（C10G）方面布局较少。

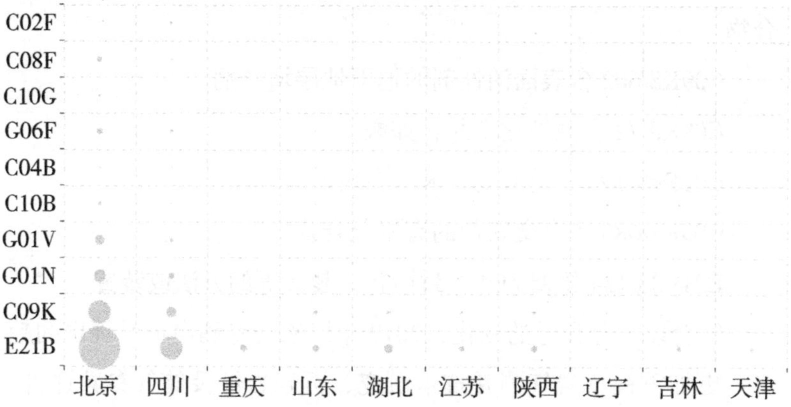

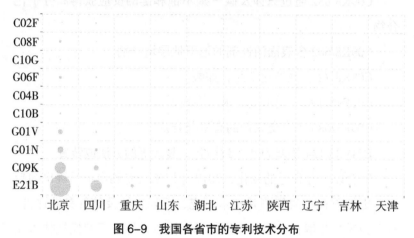

图 6–9 我国各省市的专利技术分布

（六）技术发展趋势分析

通过数据统计分析发现，2016 年某些申请量较大的分类号在 2017 年出现较大幅度的减少。将 2017 年以来申请的数据与 2016 年的申请数据进行对比分析，经统计发现，新出现或申请量大幅度增加的 CPC 分类号依次如下：

E21B49/00 测试井壁的性质；地层测试；获取土壤或井液样品的方法或仪器，特别适用于地球钻探或井。

E21B47/00 测量钻孔或井。

G06F17/5009 利用计算机虚拟模拟确定技术特性和性能。

E21B47/06 测量钻孔或井的温度和压力。

E21B43/263 用炸药形成裂缝或裂缝。

G06Q50/02 从地球上提取有价值的矿物或其他地质材料。

Y02P40/69 用替代原料（如灰烬）替代黏土或页岩。

C09K8/882 通过只涉及碳－碳不饱和键的反应获得高分子化合物。

C09K8/602 含表面活性剂的地下地层增产剂。

C09K8/72 腐蚀性化学品，如酸。

C02F9/00 水、废水或污水的多级处理。

C09K8/685 含有交联剂的有机化合物。

E21B33/134 桥塞固井、封堵孔、裂缝等的方法或装置。

综合以上分类号的变化，2017 年以来的专利申请呈现出的趋势：更加重视页岩气测井技术研究、页岩岩性及储气参数评价、岩石力学参数解释、裂缝识别技术；注重计算机虚拟模拟技术在页岩气开采、开发中的应用；关注增产剂、钻井液的研发；关注环保特别是污水的多级处理方面。

图 6-10 显示埋深页岩气专利申请排名前二十的 CPC 分类号，主要涉及 E21B、C09K、G01V、G06F。其中，E21B 下所涉分类号主要研究裂缝的形成（特别是通过碳氢化合物或炸药形成压裂或裂缝）、支撑、加固、随钻测试（包括温度和压力）；C09K 下所涉分类号的主要研究含纳米颗粒的井处理液、膨胀抑制的井处理液、有机添加剂、用于保持裂缝张开的支撑剂；G01V 下所涉分类号主要研究组合法勘探或探测两个及两个以上井、确定地下

的物理性质、与特定测量无关的地形地貌；G06F 主要涉及通过虚拟仿真确定技术特性和行为。

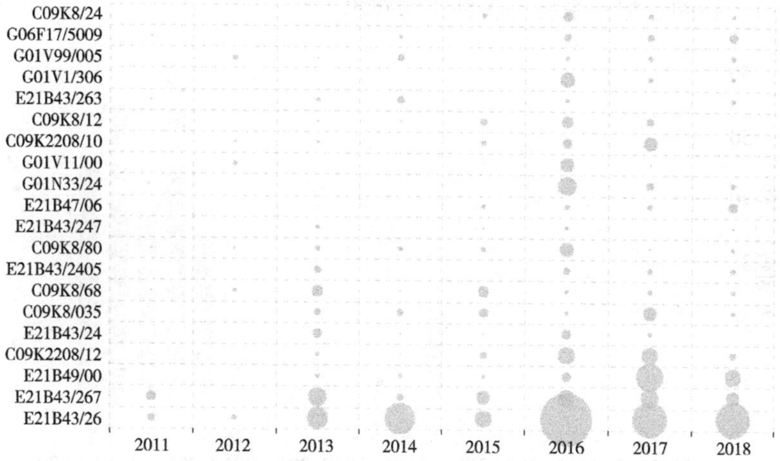

图 6-10 埋深页岩气开采专利技术分布

从申请趋势来看，E21B43/26 通过形成裂缝刺激生产的方法，E21B43/267 支撑加固裂缝形成裂缝刺激生产的方法，E21B49/00 测试井壁的性质、地层试验，C09K2208/12 膨胀抑制的井处理液是研发的热点。

三、研发团队分析

以西南交通大学为例，通过专利分析对西南交通大学的磁悬浮技术进行分析。西南交通大学拥有较长的磁悬浮列车研究历史，如图 6-11 所示，最早的专利申请出现在 1999 年，2006 年以后专利年申请量保持在 10 件左右，2014 年以后专利申请快速增长，2016 年申请量出现峰值，达到 60 余件。

通过对其拥有的专利进行主题聚类分析，如图 6-12 所示，其研究的内容涉及低速、中低速磁悬浮列车，超导磁悬浮列车及真空管道运输，以及相关的材料、电机、悬浮架、悬浮控制、供电、检测、演示系统等多种关键技术。

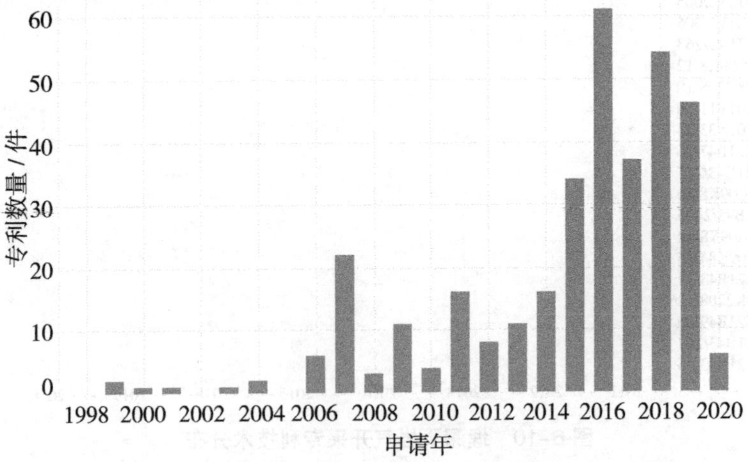

图 6-11　西南交通大学磁悬浮列车技术领域专利申请趋势

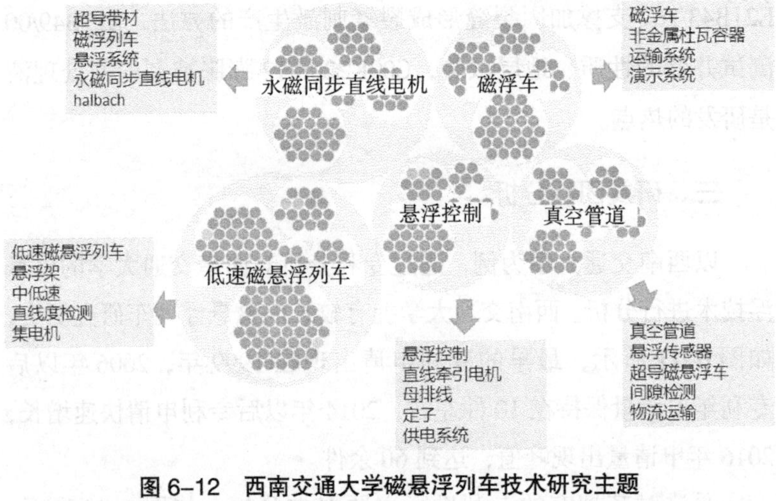

图 6-12　西南交通大学磁悬浮列车技术研究主题

通过进一步对发明人进行分析，如图 6-13 所示，可以看出研究团队大体可以分为五个，分别是以邓自刚、郑珺为首的第一团队，其拥有最大的专利申请量；张卫华、马光同团队源自邓自刚团队，姑且可以看作第二团队；张昆仑、刘国清等构成了第三研究团队；赵勇等构成了第四研究团队；马卫华、罗世辉等形成了第五研究团队。

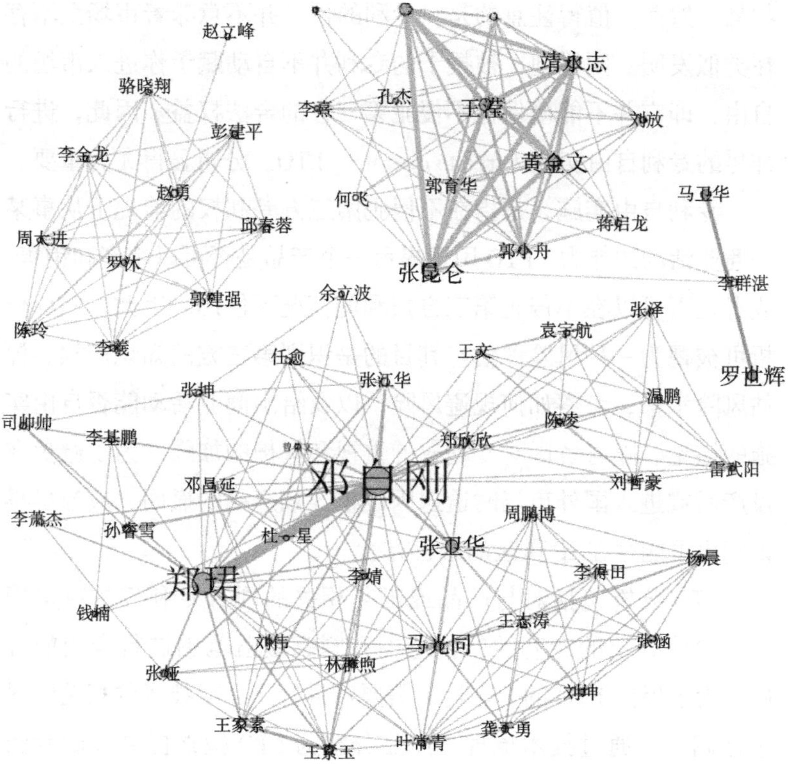

图 6–13　西南交通大学磁悬浮列车技术研究团队

进一步地，还可以对各发明团队的研究主题进行确认，如邓自刚第一团队主要研究永磁导轨和高温超导磁悬浮，可以通过公网信息进行核实和确认。

四、专利自由实施调查

如果你已成功获得专利，那么这是否意味着你可以立即进入市场？专利的专有权确保了在他国境内，他人未经许可不得制造、使用、销售、提供销售或进口与你的专利发明相同或类似的物品。然而，值得注意的是，专利的授予并不意味着市场上不存在类似发明。同样地，被授予的专利并不自动赋予你进入市场的自由，即它并不能确保你不侵犯第三方的合法权益。因此，进行详尽的专利自由实施（free to operate，FTO）分析显得尤为重要。

专利自由实施，是指在不侵犯第三方专利权的前提下从事某一商业活动的能力。FTO 用于揭示一个产品是否可以生产和销售，或者是否可以在不侵犯第三方权利的情况下使用。因此，FTO 分析可被视为一种风险评估。其目的是识别第三方的知识产权、评估风险水平、考察如何规避风险，以及给出商业活动能否自由实施的结论。随着各国对专利权的重视和保护的加强，为了避免在投产后或进入国外市场时遭遇因侵权导致产品的撤回，应当尽早识别出可能存在 IP 风险的第三方。

FTO 分析包括对与产品或工艺相关的现有专利权的特定搜索，对所确定的专利的保护范围和国家覆盖范围进行全面的分析。为了保证 FTO 的全面性，需要对目标产品或技术的相关资料进行调查，通过技术梳理、产品分解为 FTO 检索提供基础和依据。对于检索结果，应当以查全率作为主要质量控制指标。然后，对检索结果进行分析和确认，得到侵权风险目标专利清单。再根据专利清单中各项专利，对专利的法律状态进行核实，将目标专利的权利要求保护范围与待分析产品或技术进行对比分析，给出侵权风险结论。为了提出应对建议，有时还需要对授权专利进行专利稳定性检索、对申请中的专利进行授权前景的判断、跟踪审查状态等。

第四节 专利导航的产生与发展

一、专利导航概述

为贯彻落实党的十八大精神和实施创新驱动发展战略，国家知识产权局决定于2013年起实施专利导航试点工程。[118] 2013年9月发布的《专利导航试点工程手册》(以下简称《手册》)中提出优先开展产业规划类专利导航试点。[119]《手册》的内容涵盖了国家专利导航产业发展实验区建设工作指引、实验区产业专利分析工作操作指南、首批国家专利导航产业发展实验区名单。

首批确定的实验区包括中关村科技园区、苏州工业园区、上海市张江高科技园区等8家，所选产业领域为各产业园区的优势产业，如移动互联网、纳米技术应用、超硬材料等。工作指引分别对实验区的建设、专利协同运用试点单位培育、试点运营企业培育工作给出了明确的任务要求。操作指南除涉及产业专利分析工作之外，还涉及重大经济科技活动的知识产权评议、专利储备运营工作。

2014年4月，国家知识产权局专利管理司印发《关于印发2014年度专利导航试点工程项目计划的通知》[120] 和《关于加强国家专利导航产业发展实验区专利导航规划项目管理的通知》[121]。其中,《关于印发2014年度专利导航试点工程项目计划的通知》详细规定了实验区、专利协同运用试点单位的工作任务；《关于加强国家专利导航产业发展实验区专利导航规划项目管理的通知》则首次提出了产业专利导航的基本模型"方向—定位—路径"，这个基本模型后来被导则和国家标准一直沿用。该基本模型采用了地图导航的类比概念，通过方向来明确将要达到的目标，通过定位了解当前的位置，而路径则根据目的地和当前的位置来规划实现。

2015年7月，《国家知识产权局关于推广实施产业规划类专利导航项目的通知》发布[122]，标志着专利导航在促进产业创新发展中重要地位的确立。该通知的发布还表明了前期试点工程取得了较好的成果，将在全国范围内推广实施。随该通知发布的还有一个重要文件，即2015年以来开展产业专利导航工作的重要参考——《产业规划类专利导航项目实施导则（暂行）》（以下简称《产业导则》）。此外，从后来《企业运用类专利导航项目实施导则》披露的信息来看，2015年国家知识产权局还组织开展了一批企业运营类的专利导航试点项目。

2015年12月，《国务院关于新形势下加快知识产权强国建设的若干意见》[123]明确提出，在战略性新兴产业构建产业规划类与企业运营类专利导航的机制。具体意见为：围绕战略性新兴产业等重点领域，建立专利导航产业发展工作机制，实施产业规划类和企业运营类专利导航项目，绘制服务我国产业发展的相关国家和地区专利导航图，推动我国产业深度融入全球产业链、价值链和创新链。

2016年发生了两件大事。一是2016年2月国家知识产权局发布《关于确定新一批国家专利导航产业发展实验区、国家专利协同运用试点单位、国家专利运营试点企业的通知》[124]，新确定了9个实验区、32个试点单位、45个试点企业，同时对国家专利协同运用试点单位（高等院校、科研机构类型）的培育工作给出了指引。二是2016年12月发布《关于推广实施企业运营类专利导航项目的通知》[125]，明确要求在全国范围内推广实施企业运营类专利导航。随该通知发布的还有一个重要文件，即2016年以来开展产业专利导航工作的重要参考——《企业运营类专利导航项目实施导则（暂行）》（以下简称《企业导则》）。

在推广实施期间，各地根据实际情况，也出台过一些地方性的实施指南。其中，最为典型的是广东省市场监督管理局组织编写的《广东省专利导航工作指南》。[126]

2020年，国务院办公厅将“以产业数据、专利数据为基础的新型产业专利导航决策机制”认定为第三批支持创新改革举措，要求国家知识产权局与国家发展和改革委员会、科学技术部共同指导推广。国家市场监督管理总局与标准委员会联合发布了《专利导航指南》系列国家标准，并定于2021年6月1日开始实施。[127]

专利导航从概念的提出、试点实施到国家标准的颁布，整整经历了八个年头，专利导航的产生与发展历程如图6-14所示。专利导航的范围覆盖区域规划、产业规划、企业经营、研发活动、人才管理等方面。从导则到国家标准的变化可以看出，专利导航已经从注重形式转变到注重过程控制和成果应用上，更加合理、完善和灵活。虽然国家标准对各类专利导航的分析目标、分析流程、成果应用和验收等方面提出要求，但是深入理解专利导航的精髓，完成专利导航从标准到实务的跨越，还需要充分发挥大家的聪明才智，丰富专利导航的理论、模型和分析方法，充分发挥专利导航在助力我国产业创新发展中的作用。

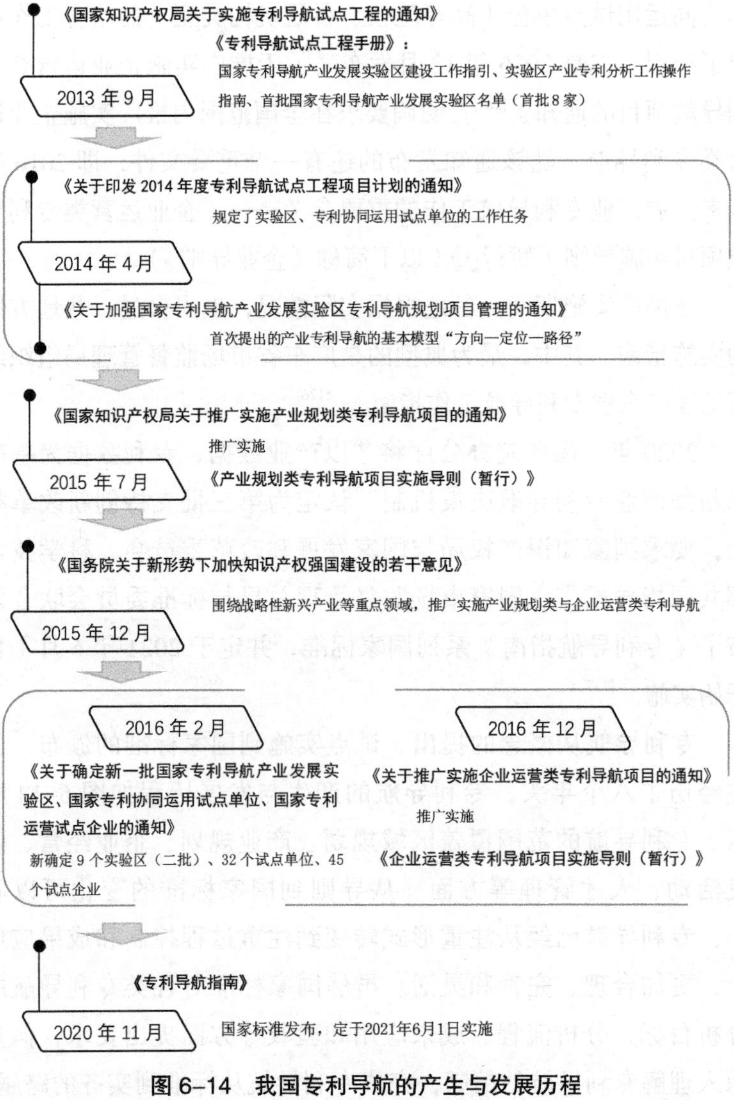
《国家知识产权局关于实施专利导航试点工程的通知》
2013 年 9 月
《专利导航试点工程手册》：
国家专利导航产业发展实验区建设工作指引、实验区产业专利分析工作操作指南、首批国家专利导航产业发展实验区名单（首批 8 家）
《关于印发 2014 年度专利导航试点工程项目计划的通知》
规定了实验区、专利协同运用试点单位的工作任务
2014 年 4 月
《关于加强国家专利导航产业发展实验区专利导航规划项目管理的通知》
首次提出的产业专利导航的基本模型"方向—定位—路径"
《国家知识产权局关于推广实施产业规划类专利导航项目的通知》
推广实施
2015 年 7 月
《产业规划类专利导航项目实施导则（暂行）》
《国务院关于新形势下加快知识产权强国建设的若干意见》
围绕战略性新兴产业等重点领域，推广实施产业规划类与企业运营类专利导航
2015 年 12 月
2016 年 2 月
《关于确定新一批国家专利导航产业发展实验区、国家专利协同运用试点单位、国家专利运营试点企业的通知》
新确定 9 个实验区（二批）、32 个试点单位、45 个试点企业
2016 年 12 月
《关于推广实施企业运营类专利导航项目的通知》
推广实施
《企业运营类专利导航项目实施导则（暂行）》
《专利导航指南》
2020 年 11 月
国家标准发布，定于2021年6月1日实施

图 6-14　我国专利导航的产生与发展历程

二、《专利导航指南》国家标准框架体系

《专利导航指南》系列标准包括 GB/T 39551.1—2020 ~ GB/T

39551.7—2020 共 7 个部分。第 1 个部分为总则，第 7 个部分为服务要求，中间的 5 个部分为专利导航专项指南。专项指南具体涉及区域规划、产业规划、企业经营、研发活动和人才管理。其中，总则对各专项指南涉及的共同部分进行统一规定，由各专项指南进行引用。同时，各专项指南还根据各自的特点在专项指南中进一步规定具体要求和操作流程等内容。

其中，国家标准的专项指南还包括区域规划类和人才管理类两大类，这两类没有对标的导则，相比于过去的做法没有太多变化。

区域规划类专利导航下划分以区域布局为目标的专利导航和以区域创新质量评价为目标的专利导航。其中，以区域布局为目标的专利导航的分析方法主要源自产业经济学，通过对区域科教资源、区域产业资源、区域专利资源进行静态和动态匹配分析，来指导资源配置的建议。以区域创新质量评价为目标的专利导航则采用创新投入和输出指标分析来评价区域创新质量，从而提出区域创新发展的建议。

人才管理类专利导航又分为人才遴选和人才评价两类。人才遴选类主要以专利数据为基础，挖掘能够适配目标需求的人才。人才评价类则以专利数据为基础，对人才信息的真实性、人才与需求的匹配性、人才创新能力、人才使用风险等进行评价。

三、《专利导航指南》国家标准出台的意义

《专利导航指南》国家标准出台对专利导航工作来说既给出了规范，又体现了新的意义。[128]

（一）专利导航工作重要性的提高

从专利导航概念的提出，到工作指引，之后的导则，再到现在的国家标准。一路走来，专利导航的地位不断上升，操作规范升级为国家标准。在实施推广过程中，专利导航逐渐被理解和认识，并受到国务院的重视，将其用于推动战略性新兴产业的创新发展。国家标准的出台意味着专利导航工作重要性的提高。

（二）专利导航工作从此有章可循

专利导航工作开展以来，前期更多的是探索，虽然工作指引给出了导航工作的项目实施重点，但是具体的导航分析方法和规范并未详细规定。自产业类和企业类专利导航实施导则发布以来，专利导航有了参照模板，但其规定过于详细，也并未上升为必须遵循的标准，各地还根据自身的实际形成了自己的地方工作指南。国家标准的出台意味着实施专利导航应当遵守的统一规范的形成，从此专利导航工作的开展将依章办事、有章可循。

（三）专利导航分析工作的高标准和高要求

从《专利导航指南》的设计来看，国家标准对参与人员的基础条件、中间各个环节的流程设计、输出质量的控制、输出成果的绩效评价等方面均作出了详细的规定，以此来保证专利导航的实施。而如果要完全达到这些要求，不是简单遵循专利导航指南给出的基本流程即可轻易达成，而是需要充分发挥专利导航分析人员的专业能力，还需要有多种分析手段的合理选择和有效应用，方能取得中肯且可实施落地的分析结论。

（四）专利导航范围的扩大

从专利导航的发展历史及国家标准的内容来看，专利导航的适用场景不断扩展，其功能由最初的导航产业创新发展扩展到重大项目分析评议、区域创新资源布局等，被广泛运用于区域规划、产业规划、企业经营、研发活动、人才管理等应用场景，形成了多层次、开放式、立体化的方法体系。

其中，区域规划类专利导航又分为以区域布局为目标的专利导航和以区域创新质量评价为目标的专利导航两类，如图 6–15 所示。

本次修改主要体现在如下方面：

（1）将原来的企业运营类专利导航修改为企业经营类专利导航，涵盖了投资并购对象遴选、投资并购对象评估、企业上市准备、技术合作开发、技术引进、企业产品开发六大类。其中，企业产品开发类与过去的企业运营类专利导航相对应。

（2）增加研发活动类，包括以研发立项为目标和以辅助研发为目标两大类。

（3）增加人才管理类，包括人才遴选和人才评价两类。

（五）专利导航的体系化和精细化

《专利导航指南》国家标准按照项目管理的思路设计了一个统一的架构，把过去分别设计和独立实施的产业规划类专利导航、企业运营类专利导航、知识产权分析评议、区域规划类专利导航整合到一起，形成了统一的专利导航框架体系。同时，国家标准通过各专利导航专项指南对各类专利导航做了更进一步的规定，包括实施的流程、各个环节的特殊要求等，从而体现了专利导航的体系化和精细化。

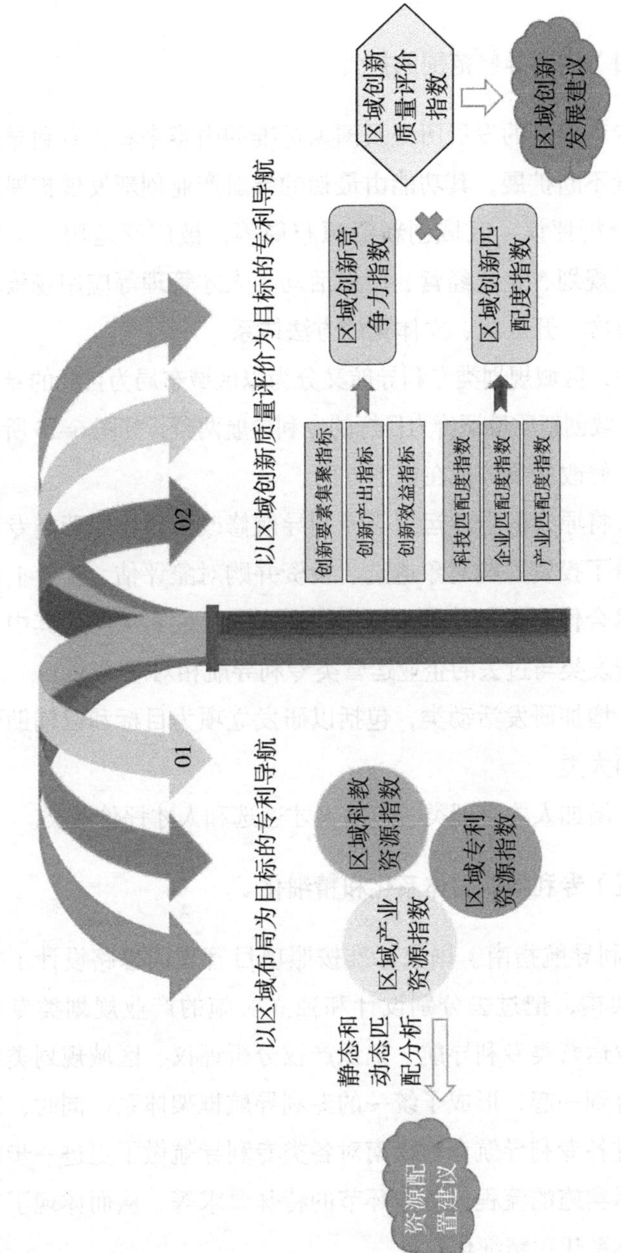

图 6-15 区域规划类专利导航

第五节　专利导航在产业规划中的应用

一、产业规划类专利导航标准

（一）《产业规划类专利导航项目实施导则》的框架体系

产业规划类专利导航是最早试点实施的一类专利导航。《产业规划类专利导航项目实施导则》（以下简称《产业导则》）的框架如图 6–16 所示，其包括产业发展现状分析模块、产业专利导航分析模块及制定专利导航产业创新发展政策性文件三个部分。其中，产业发展现状分析模块需要分析全球产业现状、我国产业现状、区域产业现状，详细给出了各个模块下面的分析内容。产业专利导航分析模块主要通过专利分析来揭示产业发展方向、区域产业定位和产业发展路径。制定专利导航产业创新发展政策性文件，则根据前述分析结果来指导和制定相应的政策性文件，以落地实施。

（二）《专利导航指南：产业规划》的框架体系

《专利导航指南　第 3 部分：产业规划》（以下简称《指南》）国家标准的框架体系见图 6–17。国家标准采用项目管理的组织架构，从基础条件、项目启动、项目实施、成果产出与运用、绩效评价这一全过程的质量控制来保障专利导航的实施与分析质量。从中，我们也可以看出《指南》与《产业导则》呈现出一些各自独有的特征，后面将进行详细阐述和分析。

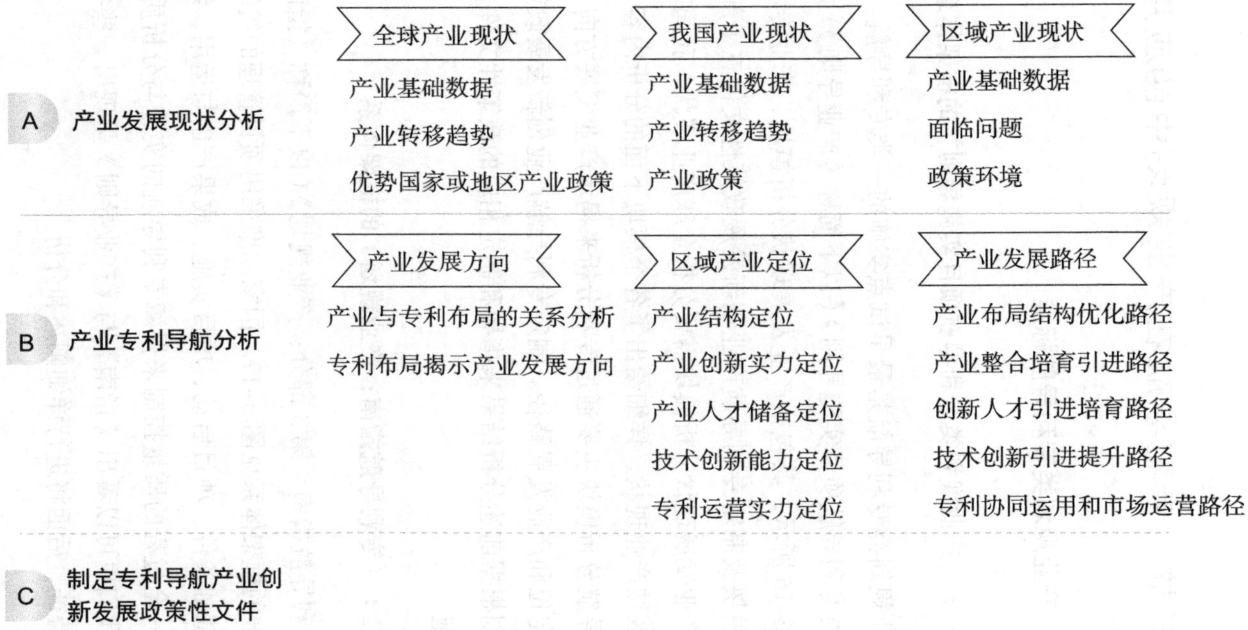
A 产业发展现状分析
全球产业现状
产业基础数据
产业转移趋势
优势国家或地区产业政策
我国产业现状
产业基础数据
产业转移趋势
产业政策
区域产业现状
产业基础数据
面临问题
政策环境
B 产业专利导航分析
产业发展方向
产业与专利布局的关系分析
专利布局揭示产业发展方向
区域产业定位
产业结构定位
产业创新实力定位
产业人才储备定位
技术创新能力定位
专利运营实力定位
产业发展路径
产业布局结构优化路径
产业整合培育引进路径
创新人才引进培育路径
技术创新引进提升路径
专利协同运用和市场运营路径
C 制定专利导航产业创新发展政策性文件

图 6-16 产业规划类专利导航项目实施导则的框架

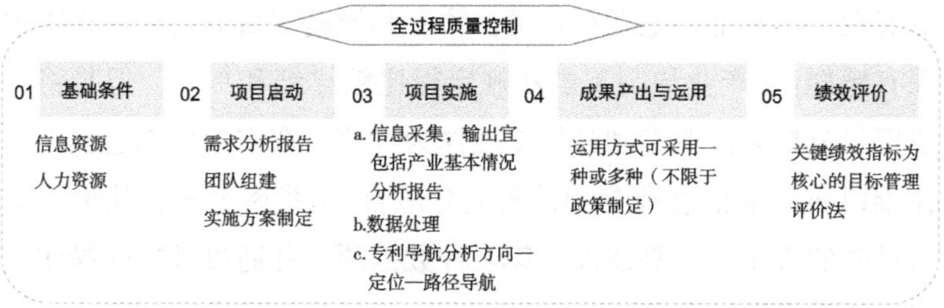

图 6–17 《专利导航指南 第 3 部分：产业规划》的框架体系

（三）《产业导则》与《指南》的关系

国家标准发布后，对专利导航分析人员来讲，必须清楚《产业导则》与《指南》的关系。那么，我们此后是否要丢掉《产业导则》呢？要回答这个问题，笔者从以下几个角度进行剖析。

1. 从发布时间来看

《产业导则》早在 2015 年公布，而《指南》（或称国家标准）于 2020 年 11 月通过并于 2021 年 6 月 1 日起实施。可见，《产业导则》早于《指南》。从事物发展的一般规律来讲，后出现的事物往往较先出现的事物更加合理和完善。例如，在指导政策制定这一环节，实务中受限于诸多因素，往往难以推行。《指南》则提出了多种应用的模式，更加切合实际。可见，《指南》相比于《产业导则》更加灵活和完善。

2. 从发布机构和文件级别来看

《产业导则》由国家知识产权局发布，属于局级文件；《指南》由国家市场监督管理总局和国家标准委员会联合发布，为国家标准。可见，《指南》更加权威，更能体现全国推广实施的强制性。

3. 从系统框架来看

从系统框架来看，《产业导则》更具体和详细，而《指南》

更宏观。实际上，笔者在负责多项专利导航项目的实践过程中也深有感触。《产业导则》虽然规定得比较详细和具体，但是将产业现状分析和产业专利分析单独作为章节，在实务操作过程中往往难以将产业信息和专利情报充分融合。《指南》不再从形式上做过多的规定，只是建议采集多种数据源，并通过基本的操作流程和过程控制，来得到有效的结论。

（四）《指南》与《产业导则》的区别和特点

国家知识产权局在对专利导航指南的解读中认为，《指南》具有内容的全面性、方法的实用性和成果的有效性几个特点。笔者在对《产业导则》与《指南》的框架体系进行深入分析后，认为《指南》相比于《产业导则》，还有如下区别和特点。

1.《指南》更加开放和融合

《产业导则》将产业分析、专利分析分为两章处理，不免会出现就产业说产业、就专利说专利，产业与专利“两张皮”的问题。与之不同的是，《指南》在输入部分仅仅定义采集的信息内容，包括专利的、产业的、科技的等信息，实际上，这为信息融合创造了条件。在实务操作过程中，分析人员可以在需要的环节采集与融合需要的数据，从而得到更科学可信的结论。可见，《指南》更加开放和融合。

2.《指南》更强调需求分析

虽然《产业导则》也提出要进行需求分析，但是《指南》对需求分析做了明确的规定，并且要求形成明确的专利导航项目需求分析报告。具体规定需求分析包括以资料调研、专家访谈、座谈研讨等方式，收集项目需求素材；对需求素材进行甄别、提炼、分析，形成明确的专利导航项目需求分析报告。

3.《指南》更强调质量控制

《指南》对质量控制方面的规定是前所未有的，其对质量的控制贯穿于专利导航的各个环节，需要同时满足《专利导航指南 第1部分：总则》和专项指南的规定。以产业规划类专利导航为例,《专利导航指南 第1部分：总则》规定的需要满足的要求包括参与专利导航相关人员达到基础条件（《产业导则》进行了详细规定）、设置质量控制人员负责质量控制、控制信息采集质量的具体要求、控制数据处理质量的具体要求、专利导航分析质量的总体要求、成果产出质量的总体要求。产业规划专项指南方面还需要满足的质量控制要求包括产业发展方向分析质量控制的要求、区域产业发展定位分析质量控制的要求、区域发展路径建议质量控制的要求。

具体地，以产业规划类专利导航的质量控制为例进行说明。

首先,《专利导航指南 第1部分：总则》规定：专利导航分析模型的有效性和分析方法的恰当性；分析结论的可靠性，可通过自我评价、需求方评价、第三方评价等方式进行检验。

其次,《指南》规定如下：

产业发展方向分析的质量宜确保：产业发展方向分析过程严谨、维度多样；产业发展方向判断合理性，可引入外部专家进行论证。

区域产业发展定位分析的质量宜确保：分析过程采用多维度方法，避免以简单数量排名进行判断；分析结论得到该区域产业主管部门或产业专家的原则认可。

区域发展路径导航分析的质量宜确保：为该区域的产业发展提出合适的目标选择及针对性路径建议；路径建议基于该区域的资源禀赋及产业发展实际，能够被落地实施。

4.《指南》更强调运用和效果

《指南》规定成果的运用方式可以为一种或多种，扩大了专利导航成果运用方式的范围。此外，《指南》相比于《产业导则》还增加了成果评价这一环节。该环节要求组成评价主体，对成果的采用程度、经济效益和社会效益展开评价。

二、战略性新兴产业专利导航

（一）战略性新兴产业专利导航概况

2013 年，专利导航开始试点实施，首批选取了 8 家具有区域特色、优势明显、专利密集和布局合理的产业发展试验区开展试点。2015 年，《国务院关于新形势下加快知识产权强国建设的若干意见》中明确要求要围绕战略性新兴产业等重点领域，建立专利导航产业发展工作机制。截至 2019 年年底，我国已累计在 17 个园区、13 个行业协会和 115 家企业实施了专利导航项目 323 个，实现了对高端装备制造、新能源新材料、生物医药、节能环保等国家战略性新兴领域的全覆盖。

（二）专利导航的基本逻辑“方向—定位—路径”

区域产业专利导航分析阶段分为三个基本模块，包括产业发展方向导航模块、区域产业发展定位模块和产业发展路径导航模块。[129]

1. 产业发展方向导航模块

产业发展方向导航模块要求以全景模式揭示产业发展的整体趋势与基本方向。该模块要求以历史演进的视角、全球化的视野，以专利数据信息为基础，首先从技术发展、产品供需、企业地位和产业转移等不同角度论证产业链与专利布局的关联度；其次，以产业链与专利布局的关联度为基础，进一步从技术控制、产品控制及市场控制等角度论证全球产业竞争中的专利控制力，揭示专利控制力与产业竞争格局的特征关系；最后，以专利控制力为依据，预测产业结构调整方向、技术发展重点方向和市场需求热点方向，从而为产业发展指明方向。

2. 区域产业发展定位模块

区域产业发展定位模块要求以近景模式聚焦实验区相关产业在全球产业链的基本位置。该模块要求立足实验区相关产业，以专利数据信息为基础，以对比分析为主要方法，将实验区相关产业的技术、人才、企业等要素资源在全球产业链中定位，从而明确区域产业在全球产业价值链中的分工和定位，并从宏观和微观两个层面揭示区域产业发展中存在的结构布局、企业培育、技术发展、人才储备等方面的问题。

3. 区域产业发展路径导航模块

区域产业发展路径导航模块要求以远景模式绘制实验区产业发展当前定位与产业发展规划目标之间的具体路径。该模块要求在对信息高度集成的基础上，结合实验区产业发展实际情况，提出实验区产业布局结构优化路径、企业整合及引进培育路径、技术引进及协同创新路径、人才培育及引进合作路径、专利协同运用和专利储备运营路径，从而为实验区相关产业实现创新驱动发展提供具有针对性和操作性的路径指引。

（三）案例分析——成都人工智能产业专利导航

1. 立项背景

美国、日本、韩国等将人工智能作为国家战略。我国

“十三五”规划明确将人工智能作为发展新一代信息技术的主要方向。四川省出台《四川省新一代人工智能发展实施方案》和《四川省大力发展人工智能产业方案》等人工智能相关政策。成都市还布局了以人工智能为主要方向的独角兽岛和科创园、海创园、智能港等核心产业载体。2017 年，四川全省人工智能核心产业规模达到 50 亿元，带动相关产业规模超过 200 亿元。按照规划，到 2020 年，这组数字分别为 80 亿元和 700 亿元；到 2025 年，这组数字将分别超过 300 亿元和 3 000 亿元。在此背景下，对人工智能产业进行专利导航，以发挥专利分析在区域产业发展中的指南针作用。

2. 产业调研

人工智能是利用数字计算机或者数字计算控制的机器模拟、延伸和拓展人的智能，感知环境、获取知识并使用知识获得最佳结果的理论、方法、技术及应用系统。狭义的人工智能指基于人工智能算法和技术进行研发及拓展应用。广义的人工智能包括计算、数据资源、人工智能算法和技术研究、应用构建在内的产业。人工智能的定义非常广泛，随着时间的推进，人工智能也将不断进化，但其本质仍是机器模拟人类思考行为的能力。按照应用范围，人工智能可分为三类：弱人工智能、强人工智能和超人工智能。

截至 2019 年 3 月底，全球活跃人工智能企业有 5 386 家。其中，美国、中国、英国、加拿大、印度位列全球前五。美国人工智能企业集中在加利福尼亚州、纽约等地；中国人工智能企业集中在北京、上海、广州和江浙地区，形成以京津冀、长三角、粤港澳为代表的三大人工智能产业集聚区。

2018 年，清华大学互联网产业研究院发布《中国人工智能城市发展白皮书》，成都市在全国排名第 11 位，人工智能从业人数全国占比 3.4%，投融资 10.1 亿元，全国占比 1.9%。据四川省经济和信息化委员会的调研信息显示，全省约有 125 家人工智能及相关产业企业，涵盖机器人、无人机、无人驾驶、语音识别、智能家居、智慧交通、智慧医疗、智能硬件、大数据等领域，其中人工智能应用领域有企业 81 家，人工智能核心基础领域有企业 44 家。在人工智能领域还缺少“独角兽”企业和“名片级”典型人工智能应用，在基础理论、核心算法及关键设备、重大应用系统等方面与国际水平差距较大。

成都人工智能产业发展存在的问题如下。

（1）人工智能产业整体规模偏小。

与广州、上海、深圳、杭州等国内人工智能发展相对领先城市相比，成都拥有的人工智能相关企业数量还比较少，这些企业多属于中小型、应用型企业，缺乏知名的领军企业和龙头企业，高端集聚效应和产业带动效应不够，产业整体规模较小。

（2）资金支持结构和渠道单一。

目前，成都人工智能技术创新和产品研发多停留于试验阶段或处于市场开拓阶段，尚未实现产业规模化应用。尤其在基础研究领域，因为其具有科研难度大、周期长、投入高、不可预测等特点，研究成果还多处于试验阶段，其市场收益的不确定性让社会资本更多选择“观望”。社会资本和金融机构更愿意投资较为成熟、看得见收益的技术成果。因此，当前研发资金来源仍以政府、高校及科研院所的项目经费扶持为主，尚未形成以社会资本为核心的市场化机制，资金构成较为单一。

（3）应用领域不够广泛。

从应用端种类来看，成都人工智能发展还处于初级阶段，人工智能服务应用以生产智能化、无人机巡线等低端应用为主，范围较为狭窄，应用点较少，对相关技术研发无法形成有效的产业市场拉动。低端的集中应用还容易造成产品的同质化竞争，扰乱市场秩序，对形成良好的产业生态产生不利影响。

3. 专利检索与导航分析

（1）检索范围的确定。

人工智能概念的界定对专利检索的范围和结果将产生较大影响。因此，检索者必须对人工智能的定义作出清晰的范围界定。

本书的检索从产业链入手，如图6–18所示，将人工智能分为基础层、核心层和应用层，其中基础层以AI芯片为关注的技术领域；核心层囊括AI技术和AI功能性应用，包括机器学习、概率推理、模糊逻辑、逻辑编程、本体工程、语音处理、自然语言处理、计算机视觉、预测分析、分布式AI、机器人、控制方法与规划、知识表达与推理；应用层涉及人工智能在交通、医疗、家居、农业、物流、金融、制造、安防、教育、旅游、政务等多个领域的应用。

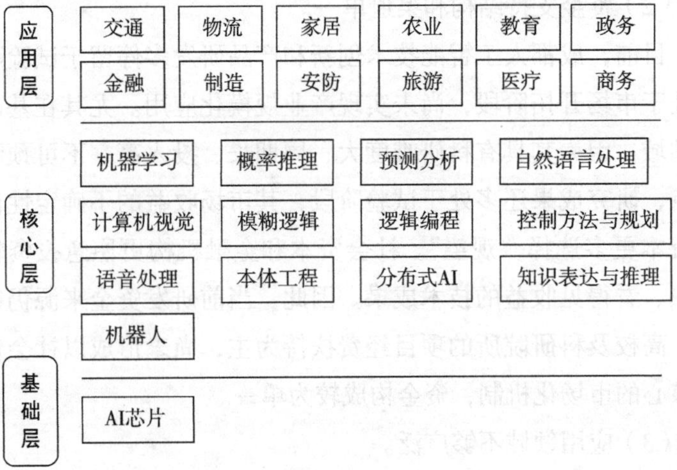

图6–18 专利检索框架

（2）检索结果。

图 6–19 给出了全球人工智能专利数量的年度（基于专利申请年）变化趋势。截至 2019 年 8 月 27 日，共检索到人工智能相关专利族 437 118 件。从图 6–19 可以看出，人工智能专利申请量在 2000—2010 年缓慢增长，在 2010 年之后持续大幅度增长，2017 年申请量约为 2010 年的 3 倍，申请热度至今不减。

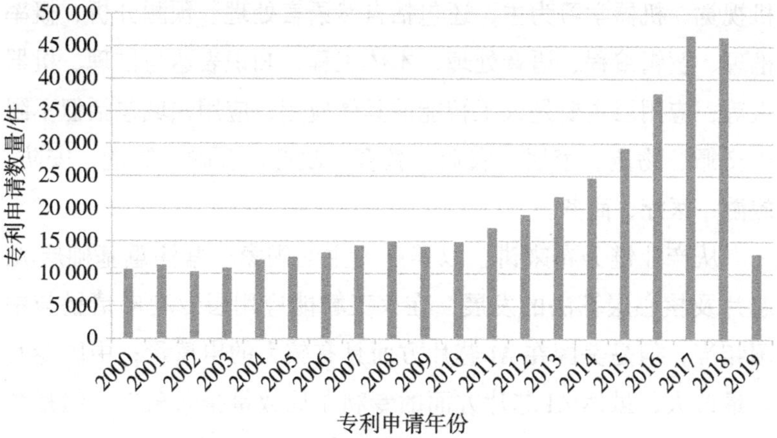

图 6–19　人工智能专利申请数量的年度分布

人工智能产业链包含基础层、核心层和应用层的主要市场主体、技术分支情况，以及专利分析部分得到的总体申请趋势、专利分布地域、主要申请主体、技术分布等情况。在基础层，主要关注 AI 芯片和云计算；在核心层主要对计算机视觉、机器学习和自然语言处理进行了分析；在应用层，对主要的 AI+ 应用的市场情况及技术分支、主要市场主体进行了信息收集，在专利分析部分主要对四川成都和天府新区的 AI 应用分布情况进行了分析，并和高新区的 AI 应用分布进行了对比。总体来看，天府新区在 AI 方面的专利布局数量不占优势，在产业链上主要涉及核心层和应用层。由于天府新区内的人工智能企业成立时间较短，虽然在专利方面还不足，但是部分企业发展较为迅速。

国外企业在人工智能方面的研究起步较早，相较而言我国的人工智能历史短、发展快。全球人工智能产业链分为基础层、核心层和应用层。基础层包括 AI 芯片、云计算平台、传感器等，本书基础层仅关注 AI 芯片；核心层包括人工智能算法，以计算机视觉、机器学习为主，还包括自然语言处理、预测分析、概率推理、逻辑编程、语音处理、本体工程、知识表达与推理、机器人等；应用层主要是人工智能的具体应用，应用领域包括但不限于交通、物流、家居、农业、教育、政务、金融、制造、安防、旅游、医疗、商务。

从产业链分布来讲，以美国为主的国家非常注重基础层 AI 芯片及核心层算法的发展，在人工智能应用层专利申请量与中国相当，但是美国在 AI 芯片方面具有较大的申请量；中国专利体量最大，虽然 AI 芯片方面的专利布局数量排名第二，但是数量不到美国专利的一半。从 AI 芯片专利申请趋势对比可以发现，中国从 2015 年开始 AI 芯片申请呈爆发式增长，2016—2018 年，中国的AI芯片专利各年申请量占全球申请总量的50%左右。可见，我国也在积极发展 AI 芯片技术。从总体趋势来看，中国的人工智能还是以 AI 应用为主，从将人工智能作为国家战略发展以来，人工智能在各应用领域的研发形成了热潮，专利申请上体现得较为明显。

导航目标区域的专利申请量 330 件左右，体量并不大，其产业链分布为：基础层的 AI 芯片方面的专利占比 1%；核心层算法方面占比 44%，以计算机视觉为主，还包括机器学习、机器人、自然语言处理、分布式 AI、语音处理、语义分析和大数据；应用层占比55%，涉及农业、交通、无人机、场地应用、安防、家居、教育、生产制造、车辆驾驶、医疗、商业、旅游、新闻等各种场景。从专利申请量来看，主要应用领域为安防、交通、移动终端、家居、客服、医疗。

四川省和成都市人工智能企业多数处于应用层，通过专利数据分析得到的天府新区人工智能企业普遍起步时间较晚，部分企业在2015年前后成立，但是发展比较迅速。由于目标区域对西部地区具有重要的战略性意义，作为整个西部地区的核心技术创新基地，在人工智能方面也应当发挥主导作用。

“人工智能全球创新计划”预计在2025年前累计引入、培育、孵化、深度辅导国内外100家人工智能优质企业，重点关注中国和北美区域研发端和市场端的交叉优势，提高各垂直行业的人工智能应用率，提高本地人工智能的行业聚集度和产业辐射力度。从战略的高度规划成都市人工智能发展，打造辐射西部地区的第四个人工智能产业聚集区；搭建人工智能产业发展平台和政策环境；通过引进、培育、合作实现人工智能企业和人才的集聚与壮大；围绕重点人工智能应用，形成多种应用扩展的人工智能范式；逐步完善人工智能基础层、核心层、应用层，形成完整产业链，构建基地内部人工智能功能协调互补的小生态环境，并形成与外部机构交互协调的大生态；加强技术成果的应用与转化，改善融资环境，积极推动地区人工智能产业发展和影响力的形成。

三、专利导航在传统产业的应用探索[130]

建立在“公开换保护”基础上的专利制度，为科技创新提供了大量的专利文献支撑。在科技创新快速发展的今天，专利信息的作用不仅在于供研发人员了解当前的技术研究进展，更为重要的是要利用专利数据催生和促进产业、技术和经济的发展，提升知识产权的运用效益。当前，数据已经成为第一生产要素，数据要素市场化已成为数字经济的新现象。国家知识产权局从2013年开始试点实施以大数据为支撑的专利导航，目前专利导航日益成为我国深入实施创新驱动发展战略和知识产权强国建设中一项极具战略意义的重要举措。《知识产权强国建设纲要（2021—2035年）》指出，应积极发挥专利导航在区域发展、政府投资的重大经济科技项目中的作用，大力推动专利导航在传统优势产业、战略性新兴产业、未来产业发展中的应用。双轮驱动的时代背景下，不仅需要发展战略新兴产业，也需要大力发展传统产业。传统产业尤其是劳动密集型和资源密集型制造业，是部分城市和区域实体经济业态的主要特征，也是经济的重要支撑。传统产业在城市的智慧崛起中发挥着不可替代的基础性作用。另外，产业结构高度化的内涵除淘汰落后衰退产业、引导发展新兴产业外，加速传统产业的高技术改造以实现产业结构的改变也是其中的重要内容。专利导航若能在传统产业得到应用，并有效地促进传统产业的转型升级，将具有重要的经济和社会意义。本书基于传统中药材产业的专利导航实践，探索技术要素与传统产业转型升级的融合互动机制，提出针对传统产业的专利导航方法和实施路径。针对传统产业的专利导航研究和实践将极大地丰富和完善专利导航理论体系。

（一）专利导航在产业规划中的应用

1. 专利导航为产业发展提供决策支撑

专利导航是我国深化创新驱动发展中，基于产业发展和技术创新需求，在运用专利信息资源方面总结出的一系列新理念、新机制、新方法和新模式。通过特有方法和模型，专利导航可以把隐藏在专利背后的技术信息充分应用到中观的产业发展上。

2013 年 9 月，国家知识产权局发布了《专利导航试点工程工作手册》(以下简称《手册》)，提出优先开展产业规划类专利导航试点，通过产业规划类专利导航来支撑产业创新发展规划决策。2015 年，《产业规划类专利导航项目实施导则（暂行）》（以下简称《导则》）要求产业规划类专利导航项目应当紧扣产业分析和专利分析两条主线，将专利信息与产业现状、发展趋势、政策环境、市场竞争等信息深度融合，明晰产业发展方向，找准区域产业定位，指出优化产业创新资源配置的具体路径。2015 年 12 月，专利导航首次被纳入国务院文件。随着专利导航的推进，其在产业规划方面的指南针作用已然显现。专利导航可以发现技术薄弱环节，通过绘制的技术路线图，指明产业技术的发展方向。李黎明等针对首批专利导航的效果进行了评估，证明了在促进专利运用方面的效益和实施中的问题。2021 年，《专利导航指南》系列国家标准发布，从基础条件、项目启动、项目实施、成果产出与运用、绩效评价和全过程的质量控制等全面保障专利导航的实施，体现出了更加灵活、包容、注重需求分析和重视成果导向的特点，为专利导航的有效实施进一步奠定了基础。

2. 专利导航主要面向战略性新兴产业应用

产业规划类专利导航之所以首先面向战略性新兴产业应用，一是因为战略性新兴产业具有重要的产业地位，二是因为战略性新兴产业具有较强的技术性。战略性新兴产业往往属于技术密集型产业，其发展与技术密切相关。专利导航以专利文献为主要数据源，由于专利的技术性特点，专利信息分析形成的成果可以较容易地应用到战略性新兴产业的发展规划中。

当然，产业规划类专利导航要解决的问题是产业问题，而非纯粹的技术问题。专利导航需要发挥专利制度对产业创新资源的配置力，进一步提高创新资源的利用效率，推动创新资源向产业发展的关键技术领域聚集，从而促使产业价值链竞争地位不断改善。

3. 专利导航有望提高传统产业转型升级进程

我国全面推行数字经济以来，产业数字化和数字产业化已经深入各行各业。根据数字经济发展总结来看，传统产业的数字化率达到了12%，然而增长非常缓慢。在传统产业的数字化改造过程中还存在就数字化而数字化的现象，缺少有效的工具和方法论。在传统产业，技术要素作为产业升级的重要驱动力，其对产业转型升级的影响已经变得至关重要。例如，眉山泡菜产业的转型升级正是由于采用新的泡菜制备技术，一改过去需要经过较长时间腌制和复杂的工艺流程，大大提高了泡菜的产量，促进了眉山泡菜产业的转型升级。正是由于技术要素在传统产业中的重要性的日趋显现，以及传统产业和战略性新兴产业的频繁互动，为专利导航在传统产业升级中的应用带来了契机。

过去在产业经济的研究中，探讨了知识势能下的技术溢出或知识溢出对产业升级的促进和影响。这种依赖横向或纵向知识溢出的效益会受到地理区域等多种因素的影响，其溢出效率是低下的。特别是对于传统产业，其自身技术创新能力较低，对知识或技术溢出的敏感性和接受能力均较低。因此，依赖被动的技术溢出效应来促进传统产业发展的过程必然是缓慢的。专利导航可以被认为是一种积极的、主动的产业规划方法，通过运用专利信息对传统产业转型升级中的关键技术进行揭示、运用和转化，并结合供给要素和需求要素的全面分析，从而促进技术要素在传统产业的嵌入或融合，最终实现传统产业的升级发展。

产业规划类专利导航已具备在传统产业中实施的基础条件。一方面，高新技术开发者在技术开发之初就会明确规划技术创新成果的应用场景和市场空间。他们往往会通过技术宣传、专利申请等途径进行公开，这为专利信息分析提供了基础。另一方面，身处传统产业的企业和资深专家往往对什么样的技术可以推进产业的转型升级有一定的认识，这为需求调研和专利导航的实施提供了可能。

由于专利导航具有这种主动规划能力，所以它有望解决和打通传统产业转型升级的难点和堵点，极大地推动传统产业转型升级的进程，产生独特的作用。

（二）专利导航在传统产业升级中的应用

1. 遵循传统产业转型升级的一般规律

传统产业的转型升级需要在区域产业定位的基础上，充分尊重各行业的特点和发展规律，通过供给、需求等要素的协调和优化，从而最终实现产业升级。

供给方面，要正确评估产业自身发展阶段与技术水平，要正视产业的技术特征、企业特点和地区差异。农业、制造业和纺织业等传统产业升级一般都存在大致相同的路径依赖："手工业生产→机械生产→现代化生产"，或者"劳动密集型→资本密集型"。

不同产业的升级路径也会有各自的特点[9]-[11]。此外，即使同一产业部门，不同地区、不同企业在发展方向和战略上也会截然不同，进而升级方向也不同。

需求方面，传统产业主要涉及衣、食、用等生活领域，需要在迎合国内消费者需求愿望与激发国内消费者购买欲望间寻求突破方向。企业在选择高端技术改造进行生产时还面临资本的约束和新的销售渠道的搭建问题。

此外，传统产业升级还要立足资源禀赋和产业基础，将重心从产品的产量转向生产要素配置和利用效率。只有综合考虑影响产业升级的因素，并对产业升级中的困难、关键环节进行识别和应对，才能实现传统产业转型升级。

一般而言，传统产业发展的目标在于提高产品的附加值，从价值链低端迈向价值链高端，从劳动密集型向资本密集型、技术密集型和创新驱动型发展。可以通过运用高新技术改造传统设备，通过功能替代或在原有设备上增加自动控制系统，以及运用技术改造传统产业的生产工艺，运用高新技术促进传统产业的管理现代化，以实现对传统产业进行高新技术改造。

2. 专利导航在传统产业中的应用逻辑

在以技术要素为主要升级驱动因素的传统产业中应用专利导航，可被看作产业规划类专利导航应用范畴的自然延伸。

（1）传统产业专利导航以产业问题研究为导向。

产业规划类专利导航是面向产业升级的一种新方法。专利导航会根据项目需求分析结论进行有针对性的信息检索和采集。采集的内容除专利信息外，还包括非专利信息。《专利导航指南》建议产业规划类专利导航的信息采集还应包括产业基本情况分析报告，以及对产业整体态势、所面向区域的产业发展现状、面临问题的初步判断。同样地，对于传统产业的专利导航仍需直面产业发展的根本问题，需要深入挖掘目标区域产业发展需求、难点和关键问题，广泛地将区域资源禀赋、产业发展的需求要素、技术供给要素等纳入考虑范围。围绕产业问题开展专利导航是传统产业专利导航的根本要求。

（2）传统产业专利导航以成果运用转化和技术要素配置为基础。

传统产业与战略性新兴产业的发展均有赖于技术要素的全面揭示和应用。对战略性新兴产业来讲，专利导航通过专利信息分析可以全面揭示技术的分布和发展情况，利用技术路线图绘制、功效矩阵分析等方法可对区域技术的发展方向和重点进行规划。相较而言，传统产业对技术要素的需求，除对技术全景的全面揭示外，更多地需要对技术成果运用或有针对性地开发。通过专利信息分析以匹配产业发展所需的技术，或通过技术成果的运用和转化，或通过合适的研发主体的推荐或集聚来完成委托开发或联合开发等，最终能促进技术要素在传统产业发展中的应用。

专利导航在传统产业中的实施，通过全面揭示传统产业亟须技术的发展水平，以远景模式展示技术供给资源分布，以近景模式展示具体技术或科技成果引进的目标和评估建议。通过传统产业的专利导航，有望在传统产业和现代产业之间架起一座科技成果运用转化之桥，促进传统产业的升级发展。

（三）传统产业专利导航仍应遵循“方向→定位→路径”方法模型

《关于加强国家专利导航产业发展实验区专利导航规划项目

管理的通知》首次提出了产业专利导航的基本模型为"方向→定位→路径"。该模型采用了地图导航的类比概念，通过"方向"来明确将要达到的目标，通过"定位"了解当前的位置，而"路径"则是根据目的地和当前的位置来规划的。对传统产业专利导航来讲，仍然可以沿用这一概念模型，并为其实施方法赋予新的内涵。

1. 传统产业升级的方向与目标

如图 6-20 所示，传统产业升级的终极目标是提高传统产业的要素生产率，通过技术要素的嵌入和融合，促进产业转型升级和高级化。对传统产业专利导航来讲，产业升级方向和目标的确定与高新技术产业的导航大为不同。对高新产业的专利导航来说，技术的演进和发展方向分析是最核心的内容。但对传统产业升级来说，技术的演进方向仅仅是其中一个需要关注的部分，确定产业升级的突破方向和对接成熟度较高的技术成果更有意义。

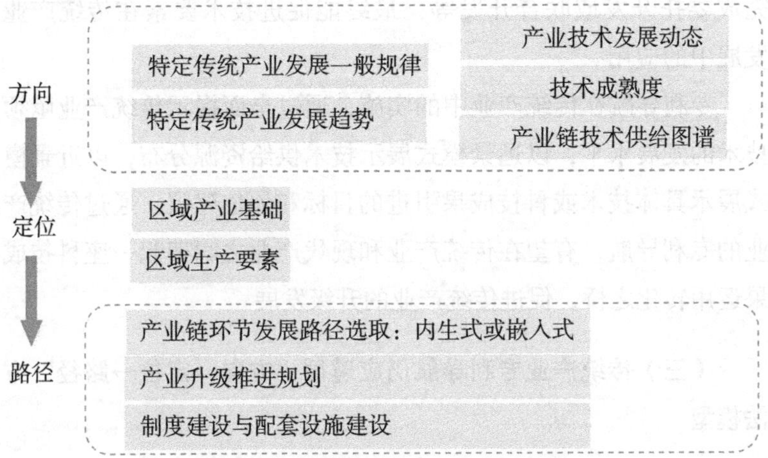

图 6-20 传统产业专利导航方法模型

传统产业专利导航需要充分考虑和尊重产业发展的特点和规律。不同产业升级的侧重点可能不一样，部分产业注重高品质、高附加值产品的推出，部分产业升级注重现代销售体系的形成，部分产业注重生产成本的降低和生产效率的提高。此外，传统产业的不同产业链环节可能需要不同的生产要素的投入和配置，包括供给要素、需求要素、制度要素等。专利导航需要充分考虑这些特点，结合产业升级的一般规律和专利信息分析，得到产业链技术供给图谱，为产业升级指明方向。

2. 产业定位

产业定位要解决的是“我在哪儿”的问题。在传统产业专利导航中，专利信息在产业定位中的占比将会下降，需要更多地从区域的产业基础和区域的生产要素概况来开展产业定位。产业基础需要了解区域产业发展历史、产业规模（包括在全国甚至全球的占比）、企业集聚情况、产业链分布情况、产品特点、加工方式与装备水平、技术水平、产品附加值水平、竞争情况等内容。生产要素需要了解供给要素，如土地、资源、劳动力、技术水平等；需求要素，如销售渠道、市场规模、营销方式、消费者需求等；制度要素，如产业政策、投资政策等。

3. 传统产业的升级路径

路径规划需要在区域产业定位的基础上，瞄准产业升级的方向，战略性地思考如何进行转型升级。对传统产业升级而言，需要根据区域本土企业的概况、产业的特点，选择是采用内生式的发展路径还是嵌入式发展路径。内生式的发展路径需要依赖本土企业的创新发展，通过鼓励本土企业自主创新、合作创新等，实现产业的发展跃迁。嵌入式发展路径则主要通过技术引进、成果转化等方式，将现有技术、装备等嵌入传统产业，通过对传统产业的技术改造，实现高级生产要素的集聚，从而实现产业升级。

在传统产业升级中可能面临多个产业链环节升级路径不同的问题。部分产业链环节可能采用内生式发展，部分产业链环节可能采用嵌入式发展。另外，对于不同产业链环节的升级是否同时进行，亦可以根据产业特点进行规划。可以优先在关键产业链环节进行升级改造再推广到其他产业链环节，亦可以选择在全产业链环节同步推进。

除技术要素外，产业升级还需要考虑需求要素和制度要素，如要不要建立及如何建立销售渠道、专业市场平台、配套设施、支撑制度等，消除产业升级中的难点、堵点，保障产业升级的顺利实施。

（四）案例分析——甘肃省中药种植产业专利导航

甘肃省作为全国药材主产地之一，中药材资源覆盖区域广、资源种类多、种植产量大、特色优势明显。然而，中药材种植主要位于产业链上游，加上目前的中药材生产的标准化程度低、产品附加值不高、出口产值低等成为制约甘肃中药材产业发展的主要因素。在此情形下，实现甘肃中药种植产业转型升级具有重要的意义。

1. 产业升级的方向

中药产业链主要分为药材种植、原材料加工、中药材存储流通、产品研发、药品生产、商业流通和医疗服务几个部分。通过文献调研和现场访谈可以得到中药产业链上各环节的产业升级大致方向。例如，在产业链上游提高种植规范化、科学化，并且基于产品的标准化、产品质量认证等推出高附加值的新产品；从原材料加工方面增加自动化加工设备、引进更好的加工工艺等；中药材存储流通方面需要打造高端中药材专业市场；产品研发和药品生产环节附加值较高，是产业链延伸发展的重要方向，可以基于本地的资源禀赋向产业链下游延伸，通过招商引才和中药产业园区建设，完善临床验证、知识产权服务等服务资源，实现集聚发展；在商业流通等环节，可积极发展电子商务，打造销售渠道网络等。

通过需求调研和借助专利信息分析得出产业链相关技术图谱，结合产业专家和技术专家的调研，进而确认产业升级所需的技术。例如，在中药种植环节，可通过提高种植过程的规范化、科学化，通过产品的质量认证提升中药材的价值。通过引入生物检测等新兴技术并嵌入中药种植及药材的道地性检测以实现转型升级。针对中药材销售环节，我们还需要考虑销售和市场要素，考虑是否引入药材追溯体系、是否建立专业市场等问题，这可以作为另一个子导航模块的内容，在此不再详述。

根据专利信息检索分析，生物检测技术可以应用于中药的育种种苗、栽培、病虫害防治、药材检测鉴定等方面。通过专利信息分析发现，目前中药材检测多采用薄层扫描、色谱、高效毛细管电泳、光谱、质谱、核磁共振等方法，采用基因检测的方法相对较少，专利产出数量不多。然而从产业调研结果来看，基因检测方法是未来产业的发展方向。通过专利分析可以看到（图6–21），在药材基因检测技术中聚合酶链反应（PCR）的专利申请较多，基因测序相对次之，基因芯片和原位杂交技术专利布局较少且成熟度还不高。PCR 基因检测技术相对成熟，更有可能成为产业升级的技术选择。

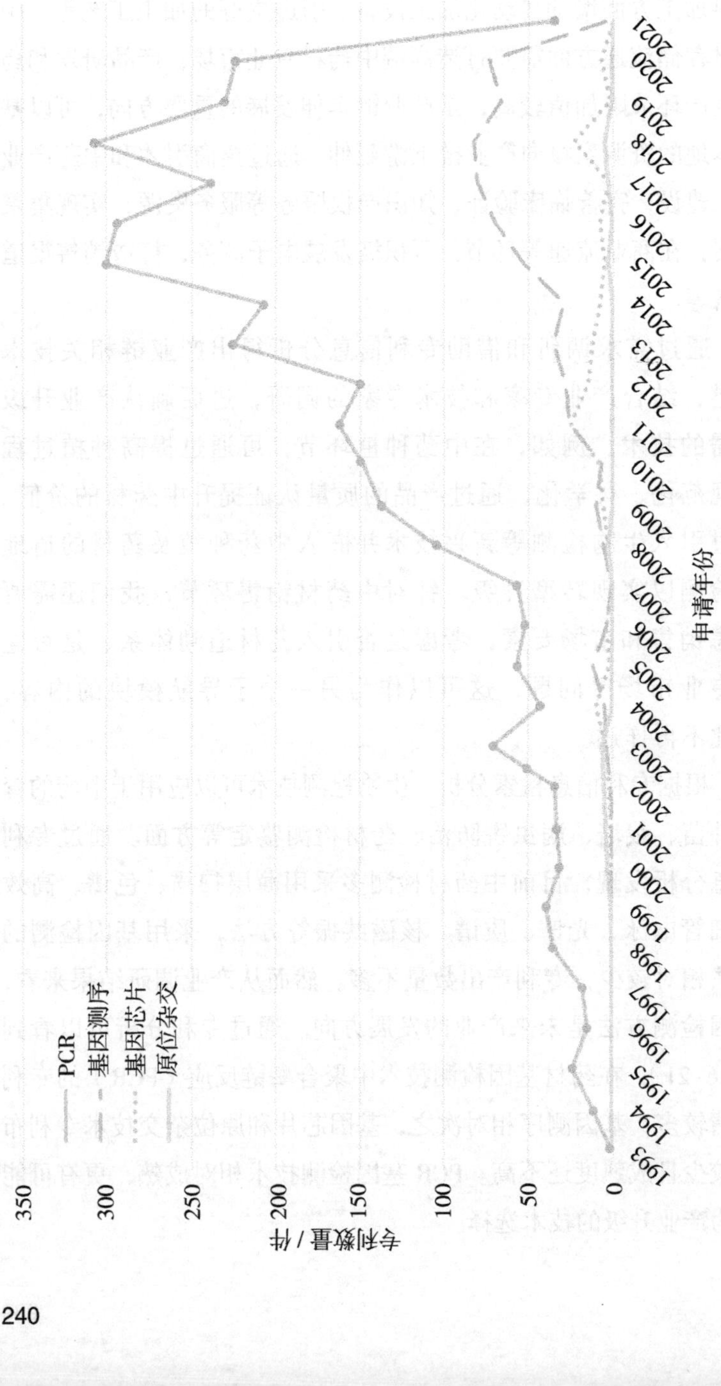

图6-21 药材基因检测各技术专利分布

2. 产业定位

甘肃省中药材种植面积占比较大，产区数量占比较多，种植企业数量较多，占全国的9.49%，中药材种植基础条件较为优异。甘肃省中药相关企业以中药饮片企业为主，中成药企业数量较少。中药材流通市场环节先后经历了计划经济下的三级站模式、药材集贸市场时期和新旧模式交替期。如今，中药材流通市场已进入中药材现代贸易流通体系的初级阶段。

通过专利检索分析发现，甘肃省中药制药领域专利数量较少，仅占中国专利数量的2%。总体来看，存在创新主体数量较少、专利申请量较少、企业研发产出能力较弱、专利挖掘及布局力度不足等问题。涉及基因检测方面的本地研发主体主要有兰州大学、中国科学院寒区旱区环境与工程研究所、甘肃农业大学、兰州百源基因技术有限公司、甘肃省农业科学院生物科技有限公司等。

产业发展方面，目前存在多种问题。首先，种质资源的质量无法得到有效的保障和科学管理，中药材市场存在着品种混乱、质量不稳定等问题。其次，甘肃省中药材产业发展资金投入不足、专业科研技术人才缺乏，研究成果未能有效地转化应用，且现有中药材加工企业、制药企业规模偏小，企业加工增值率不高，大部分药材仍是作为低附加值的原材料销售。最后，种植过程缺乏科学方法和技术的实施，存在农药化肥的不合理使用等问题，均直接影响着甘肃省中药材的品质，导致甘肃省中药材的出口价格不高，产值总体偏低。

3. 产业升级路径

在产业链的中药种植环节，通过引入产品道地性认证，建立以品质保障为中心的中药材商业模式，通过种子的育种、种苗的培育、土壤的检测、病虫害监测及道地性检测来提高中药材种植的科学化和中药产出的质量。通过标准化种植、道地性认证，并与药材追溯体系相结合，打造中药材地标品牌，提高产品附加值。结合本地研发主体的情况，一方面，鼓励以兰州百源基因技术有限公司等企业与科研院所、高校产学研结合，对成熟的成果进行转化。另一方面，落实从专利信息上反映出的拥有育种、种苗的培育、土壤的检测、病虫害监测及道地性检测技术成果的引进名目，通过技术分析和产业专家确认，筛选可以转化的技术成果，定位可引入的研发主体，根据技术成熟度等级开展科技成果转化或进行共同开发，积极培育中药材检测行业，并推进检测技术的转移转化，建立质量认证和溯源体系，鼓励优良种植技术的引进和推广，实现技术要素在中药种植各环节的嵌入。

在中药材流通环节，通过专业市场的改造和建设形成高端中药材流通体系，积极引入现代商业模式和智能仓储与物流体系，完善产品供需信息系统，推进市场规范化和管控机制。

此外，利用甘肃本地的资源禀赋优势，积极向附加值较高的中药研发和制造产业链环节延伸。中药饮片方面，企业数量较多，以培育优势企业为主要抓手，推进培育龙头，形成龙头企业牵引、竞争适度的产业生态；中成药方面，对主要中药材品种涉及的中成药类型，通过专利信息分析助力研发主体的筛选和招引。积极推进中药产业基地建设，打造中药品牌，实现甘肃中药种植产业纵向产业链的延伸，完成从劳动密集型向资本密集型和技术密集型的转化升级。

第六节 专利导航在企业运营中的应用

一、企业运营类专利导航“导则”与“国家标准”

2016年12月，国家知识产权局发布《企业运营类专利导航项目实施导则》。2020年发布的国家标准《专利导航指南 第4部分：企业经营》（GB/T 39551.4—2020）为企业经营类专利导航的标准。此次国家标准的发布，正式将知识产权分析评议的内容纳入专利导航的框架。在统一专利导航框架下，专利导航提出对多种信息源的融合的要求、各个环节的质量控制等。

（一）企业经营类专利导航

过去《企业运营类专利导航项目实施导则》（简称《企业导则》）规定的“企业运营类”被更名为“企业经营类”，同时将企业经营类专利导航的类型扩展为六类，即投资并购对象遴选、投资并购对象评估、企业上市准备、技术合作研发、技术引进和企业产品开发。

1. 企业产品开发

以专利数据为基础，通过与产业、市场、政策等信息的关联分析，提出企业产品开发方向、技术研发路径及风险规避等建议。

与《企业导则》相比，操作逻辑为：选择重点开发产品—获取技术（产品开发策略）—布局专利。

不再严格要求分析专利运营策略，如质押融资等形式化的做法。不再单独强调对竞争对手的单独分析。更强调数据融合、研发路径与风险规避，需要更加落地。

2. 投资并购对象遴选

以专利数据为基础，通过评价拟投资并购技术领域内技术拥有者的情况，从技术创新的角度为投资并购提供遴选目标对象的建议。

3. 投资并购对象评估

以专利数据为基础，通过评价拟投资并购对象的技术创新实力和专利侵权风险，为投资并购决策提供建议。

4. 企业上市准备

以专利数据为基础，通过系统分析企业的专利及相关技术创新情况，评价创新实力，排查市场风险，为企业上市提供建议。

5. 技术合作研发

以专利数据为基础，通过与企业、高等院校及科研组织等相关信息的关联，提出技术合作主题、遴选技术合作对象等建议。

导航逻辑：了解技术→了解全球在该领域的合作情况→确定可合作的主题→筛选可合作的对象→调查和评估可合作对象，确定推荐的合作对象。

6. 技术引进

以专利数据为基础，通过与产业、市场等相关信息的关联分析，提出待引进技术的持有人、可引进的具体技术、引进策略、风险防范等建议。

导航逻辑：了解技术，获取数据源；了解具有较强专利控制力的主体及其相关活动与习惯，了解未来技术趋势；技术分析，确定可引进的技术；筛选引进技术的拥有者；调查和评估引进技术的拥有者，确定推荐的技术引进对象。

（二）研发活动类专利导航

1. 以研发立项为目标的专利导航逻辑

研发前，以专利数据为基础，对研发立项的必要性和可行性等进行评价，防范潜在风险。其实施逻辑如图 6–22 所示。

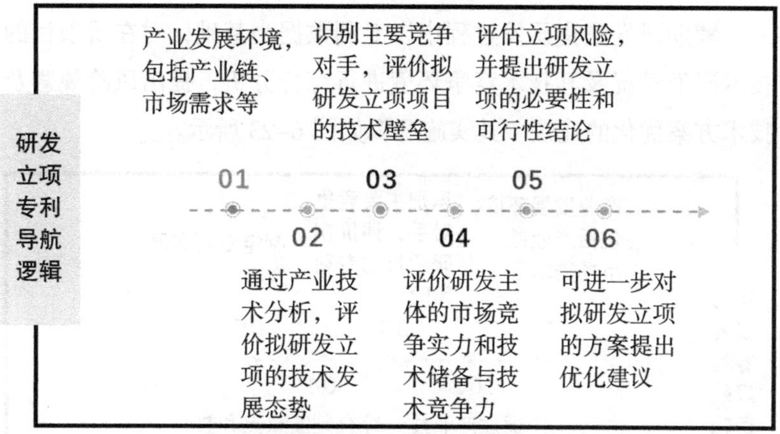

图 6–22　研发立项专利导航逻辑

还需要注意的是，即使国家标准给出了研发立项专利导航的实施逻辑，但是要实施好专利导航还需要考虑如下问题。

（1）研发的必要性结论如何作出？产业发展环境、技术发展态势、技术壁垒、研发主体的竞争实力、研发主体的技术储备及技术竞争力等因素，各因素之间的关系到底如何，以及可以多大程度来支撑必要性结论的作出。

（2）是否还有其他因素会影响研发必要性的结论？例如，国家安全、环境目的、企业战略目的等。

（3）研发的可行性结论如何作出？产业发展环境、技术发展态势、技术壁垒、研发主体的竞争实力、研发主体的技术储备及技术竞争力等因素到底如何支撑，以及可以多大程度支撑必要性结论的作出。

（4）研发的必要性与研发的可行性的逻辑关系如何？如果研发必要性为低或无，是否还需要进行可行性的判定。

2. 以辅助研发为目标的专利导航逻辑

辅助研发是指研发过程中以专利数据为基础，对在研项目的技术研发情况及其技术竞争环境进行综合分析，提出风险规避及技术方案优化的建议。其实施逻辑如图 6–23 所示。

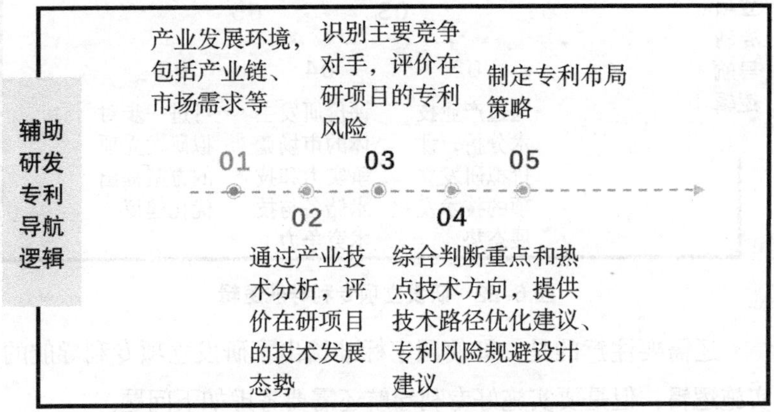

图 6–23　辅助研发专利导航逻辑

与以产品开发为目标的专利导航相比，辅助研发类专利导航具有以下特点。

（1）产品开发类导航需要确定研发的重点产品，而辅助研发已经明确了产品或技术。

（2）产品开发类导航需要设计产品开发策略，如自主开发、合作开发和技术引进，而辅助研发基本确定是自主研发。当然，笔者以为不排除部分技术可以提出合作或引进。

（3）产品开发类的专利布局方案可能更抽象和宏观，而辅助研发专利布局、专利风险与规避设计的要求可能更具体和详尽。

（三）知识产权分析评议与专利导航的融合

从《专利导航指南》中我们可以看到，在企业经营类和研发活动类中增加的专利导航类型均来源于知识产权分析评议。那么，为什么会将知识产权分析评议的内容纳入专利导航的框架呢？其原因如下。

1. 专利导航提出之初，知识产权分析评议便在考虑之列

专利导航工作开展之时，《专利导航试点工程手册》的产业专利导航与知识产权分析评议是一起提出的。该手册中的操作指南部分，除规定实验区产业专利分析工作操作指南外，还涉及实验区重大经济活动知识产权评议工作操作指南，以及专利储备运营工作操作指南。可见，知识产权分析评议早在试点实施之初就在专利导航的考虑范围内。

2. 专利导航与知识产权分析评议对情报的融合需求及决策的精准性的需求有共通性

专利导航强调运用以专利信息为主的多种情报资源，来解决应用场景下的问题；而知识产权分析评议本身也是利用情报分析的手段，通过知识产权的分析评议来解决重大经济活动中的问题。二者对信息的需求是一致的，都是为了解决具体问题而开展的分析，均强调提高决策的精准性和科学性。

3. 专利导航与知识产权分析评议的基本框架是一致的

专利导航与知识产权分析评议均强调风险识别、导航与预测，其操作的基本框架是一致的。在信息的采集、数据处理、数据分析到成果运用的整个过程中，专利导航与知识产权分析评议

均强调以解决具体问题为出发点，综合采集多种情报，得出有效的分析结论，区别仅在于二者应用于不同的场景而已。

二、运营类专利导航项目产品开发策略

在国家标准《专利导航指南　第 4 部分：企业经营》（以下简称《指南》）专利导航中，对“以产品开发为目标的专利导航”标准中的 11.3 e 提出：分析开发企业可重点开发的产品或产品组合所需的技术，制定所需技术的获取策略，可包括自主开发、合作开发和技术引进等。

《指南》的产品开发策略设计逻辑：首先提出企业可重点开发的产品或产品组合建议；围绕产品或产品组合分析开发所需的技术；针对所需的各项技术制定各项核心技术的获取策略，可包括自主开发、合作开发和技术引进等。

在以企业产品开发为目标的企业经营类专利导航（或企业运营类专利导航）项目实务中，国家标准《专利导航指南　第 4 部分：企业经营》（GB/T 39551.4—2020）和《企业运营类专利导航项目实施导则》（以下简称《导则》）可用于指引我们进行项目分析架构设计和功能模块的选择与应用。具体实施时，为了尽可能符合实际情况，在功能单元的选取和操作中可以融合更多的维度，丰富专利导航的操作体系。本书就产品开发策略设计部分进行展开，探讨产品开发策略选择的影响因素。对于产品开发策略，《指南》中仅给出了可以选择的几种开发策略，即自主开发、合作开发和技术引进等，并未对如何进行产品开发策略的选择给予规范。《导则》相比于《指南》，进一步给出了不同开发策略的定义。根据定义的内容，我们可以发现，《导则》实际上给出了产品开发策略选择的依据，即以企业自身的技术基础来选择产品开发的

基本策略。显然，实际情况可能会更为复杂，影响开发策略的因素也不仅限于此。例如，企业的开发历史偏好、目标技术的专利申请人类型（如申请人为学校或个人）等均会影响企业的产品开发策略的形成。因此，对产品开发策略选择的影响因素及其相互关系的分析和系统思考是必要而有意义的。

如图 6–24 所示，产品开发策略的影响因素，除企业自身的技术基础外，还存在较多的可能影响企业重点产品开发策略的因素。综合考虑影响决策的内因和外因两个方面，将影响因素归为六大类，分别为产品特征、企业特征、主体特征、技术特征、竞争环境、市场环境。各大类又包括下级因子共 19 项。

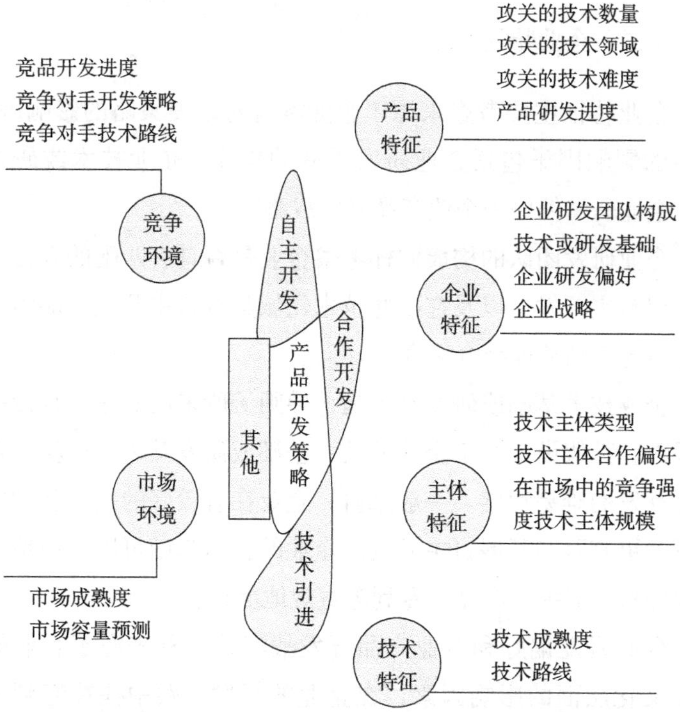

图 6–24　企业重点产品开发策略选择的影响因素

（一）产品特征

产品特征主要是关于产品技术开发本身的内容，涉及产品攻关的技术数量、技术领域、难度及技术研发的进度。其中，攻关的技术数量和难度、攻关的技术领域主要考察企业是否具有匹配的人力资源来完成自主研发，如果不足以支撑，无外乎通过招聘、企业并购、委托开发或合作开发等策略来完成研发。而产品研发进展主要考虑当前的产品研发的实际情况，对于部分已经处于研发中的产品，其产品开发策略较大可能会沿用现有的开发策略。

（二）企业特征

企业特征主要考查来源于企业本身对研发策略的影响因素，其中的影响因子包括企业研发团队的构成、企业技术或研发基础、企业研发偏好和企业产品开发战略。

企业研发团队的构成同样考察企业是否具有匹配的人力资源来完成自主开发，以及在哪些技术领域具有自主开发的能力，一般应当与产品特征结合考察。

企业技术基础或研发基础是《导则》所采用的最为直接的考虑因素，其假设是基于企业的技术基础或研发基础，反映了企业自主开发的难易程度。一般来讲，企业在有较好的技术基础的情况下，更有可能开展自主开发。企业的技术基础可以方便地通过企业的科研成果、产品、专利等直观地反映。

企业研发偏好和企业产品开发战略是一种来源于企业的经营和文化层面的影响因素，在企业的研发实践中往往起到关键作用。

（三）主体特征

所谓的主体为技术拥有主体。主体特征影响因素下设技术主体类型、技术主体合作偏好、技术主体在市场上的竞争强度、技术主体规模等。

技术主体类型可以对应专利申请人或专利权人类型和申请人国别。申请人类型包括企业、高校、研究机构、个人等。申请人国别会因为地理和语言等障碍而影响合作的开展。可见，主体类型的不同会影响产品开发策略，特别是合作开发的可能性。

技术主体合作偏好可以通过考察该主体历史的合作情况等来初步评价。有合作偏好的主体对合作开发的落地也具有重要影响。

技术主体在市场上的竞争强度，是指技术主体在市场上与企业之间的竞争强度，可以通过考察市场的重叠程度、产品的类似程度等来分析，一般强竞争对手之间开展合作开发的可能性较小。

技术主体规模主要考察技术主体拥有的市场或技术地位，一般与处于强势地位的技术主体很难合作开发，而更多地采用技术引进吸收的策略。

（四）技术特征

技术特征影响企业产品开发策略的因素包括技术成熟度和技术路线两个方面，技术成熟度的高低主要影响企业是否采用技术引进开发的决策。企业没有必要将技术成熟度较高的技术分支作为重头开始研发。相反，技术路线的不同可能带来技术革新，新的技术路线的研发可能不能更多地寄希望于合作研发或技术引进开发，而需要在新的技术路线下开展自主开发研究。

（五）市场环境

市场环境对产品开发策略的影响主要涉及市场成熟度和市场容量预测。如果市场成熟度较低，那么企业有较多的时间来开展研发，企业可以有较多的决策权，要么开展自主研发，要么开展合作开发。而若市场成熟度较高，产品开发上市时间具有较大影响，因而会对产品的开发策略的选择产生影响。

此外，市场容量的预测与市场成熟度一起通过影响产品开发的紧急程度而对产品开发策略的选择产生影响。

（六）竞争环境

竞争环境同样会影响企业产品开发策略的制定。竞争环境主要考虑竞品开发进度、竞争对手开发策略、竞争对手开发路线等。竞争对手分析是企业研发中的重点，可根据竞争对手的产品开发方向、产品开发进展及产品开发采用的策略，结合企业自身的情况，经综合考虑制定自身的产品开发策略。

三、企业运营类专利导航分析架构

企业运营类专利导航是对企业的重点产品进行专利导航分析。因此，首先需要选定企业导航的重点产品，明确产品对象和分析检索的范围，然后按照专利导航的分析架构完成导航工作。

（一）定位

定位的目标在于选定重点产品。按照《导则》给出的要求，一般分为对产业的定位、对企业的定位及对产品的定位的分析。

当企业确定要进行专利导航时，实际上企业自身是比较清楚其重点产品的，因此在选取重点产品时并不需要做很多分析，企业是可以直接给出导航产品的。但是对产业链的了解、对行业的了解及对产品的理解都是必要的。

（二）重点产品分析

重点产品分析是专利导航的核心环节。首先需要对产品相关专利进行检索，并进行专利的分类分级。如图 6-25 所示，可以对新能源汽车电池检测产品根据检索结果进行分类，以便进行专利的进一步分析。

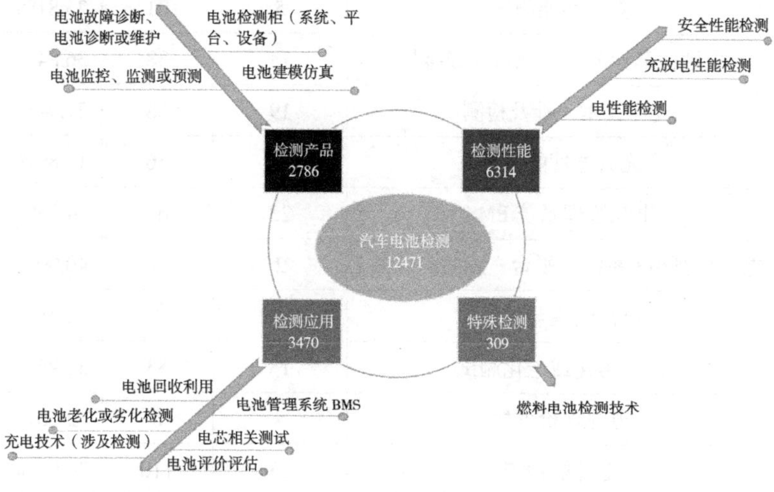

图 6-25 汽车电池检测技术分支及专利申请概况

对重点产品的发展方向的分析是其中的重要内容之一。产品的发展方向可以来源于企业调研及专利分析的结果。在判断产品及相关技术发展方向时，可以采用多种分析方法，如可以通过对优势国家技术布局分析来揭示技术发展方向，可以通过龙头企业专利分布揭示技术发展方向，可以通过技术分支专利分布揭示技术发展方向，可以通过对新的技术突破揭示前瞻性研发的可能性与布局方向。

通过分析可以得出国外企业的专利布局特点，以及国内企业的布局特点，其重点布局方向、技术发展方向等。例如，利用专利技术活跃度分析可以展示龙头企业或竞争对手的专利布局方向，参见表 6-7。

表 6-7　丰田自动车专利申请活跃度

第一技术分支	近五年申请量 / 件	总申请量 / 件	申请活跃度
安全性能测试	5	21	23.81%
电池故障诊断、电池诊断或维护	14	38	36.84%
充电技术（涉及检测）	19	68	27.94%
充放电性能测试	10	56	17.86%
电池管理系统 BMS	23	67	34.33%
电池检测柜（系统、平台、设备、仪器）	2	5	40.00%
电池建模与仿真	0	1	0.00%
电池劣化或老化测试	18	53	33.96%
电池评价评估	5	8	62.50%
电性能检测	23	110	20.91%
电池监控、监测或预测技术	17	46	36.96%
燃料电池检测技术	14	61	22.95%
电池回收利用	0	1	0.00%

注：表中以深色底纹表示申请活跃的技术分支，综合考虑了申请活跃度比例和申请数量进行选取。

（三）规划与建议

在专利分析的基础上，可以提出未来产品的功能升级方向，参考分析结果，针对现有产品开发一些新的项目和功能。对于重点关注和发展方向的开发设计，可以根据专利分析结果考虑合作对象、重点专利的解读、专利的收储等。对于新出现的一些技术，应当考虑是否进行前瞻性研发布局。

在对比整体专利布局情况、技术发展趋势与目标企业的布局情况的基础上，可以从多个维度提出专利布局策略。例如，完善现有研发成果的保护性布局，在重点领域或未来技术发展方向进行前瞻性专利布局，以及针对竞争对手进行专利布局。专利分析的结果可以为专利布局的重点和方向指明方向。

在专利分析的基础上，还应当对产品开发中专利布局方面的专利风险进行预警，包括自己布局较弱的环节，以及可能涉嫌侵权的专利等的分析建议。

第七章
专利的运用、转化和保护

专利的实施和运用是专利价值实现的根本途径。专利转化的核心目标在于推动技术创新转化为现实生产力，促进经济社会发展。而专利保护是确保专利价值得以实现的重要基石。我们应当不断加强知识产权综合立法，全面推进专利保护与运用的深度融合，同时加强知识产权保护体系的建设与完善，为创新创造提供坚实保障。

第一节　促进专利的运用与转化

专利制度的宗旨在于保护专利权人的合法权益，鼓励发明创造，从而推动发明创造的应用，提高创新能力，促进科学技术进步和经济社会发展。专利制度旨在赋予创新者以明确的私权保障，通过这种独占权的授予，创新者能够合法地排除他人在未经许可的情况下对创新成果的无偿使用和实施。此举不仅确保了创新者对其创新成果的合法权益，也为创新者从创新活动中获得超额收益提供了可能，进而促进了创新活动的持续发展和社会进步。然而，专利制度对创新的保护，并不要求该创新方案已经得到商业化的运用。实际上，众多的专利并未产业化或应用到实际的商业活动中。一方面，有较多的专利申请主体并不具备实施专利的能力和条件；另一方面，很多专利对应的创新成果，其技术成熟度是较低的。根据技术成熟度的划分标准，达到第 9 级的成果是可以实现批量化生产的，而众多的专利成果的技术成熟度往往处于第 1 ~ 3 级。要实现产业化和商业化应用还有很多工作要做，同时会面临较多的风险。

基于技术创新理论，创新成果的商业化运用往往需经历“魔川”“死谷”及“达尔文海”等多重严峻考验。这些阶段蕴含的风险较高，可能导致创新成果难以顺利进入下一阶段。即便成功突破前述阶段，创新产品能否获得市场的广泛认可，亦成为专利价值能否实现的重要衡量标准。因此，众多专利权在诞生后，并不能自然而然地依据专利法获取应有回报。专利法旨在通过激励创新者，进而推动科技社会持续健康发展，这一目标的实现并非易事。鉴于此，如何高效发挥专利的价值、促进专利的运用和转化就显得尤为重要。

一、知识产权运用的概念

关于知识产权运用的定义有很多。根据《工业企业知识产权管理指南》中的定义，知识产权运用是指各类市场主体依法获得、拥有知识产权，并在生产经营中有效利用知识产权、增强知识产权防卫能力、实现知识产权价值的活动。国家知识产权局给出的定义是：知识产权运用是指以实现知识产权经济价值为直接目的，促成知识产权流通和利用的商业活动行为，具体模式包括知识产权许可、转让、融资、产业化、作价入股、专利池运作、专利标准化等。

2023 年，国务院办公厅印发《专利转化运用专项行动方案

（2023—2025年）》以贯彻落实《知识产权强国建设纲要（2021—2035年）》和《“十四五”国家知识产权保护和运用规划》，大力推动专利产业化，加快创新成果向现实生产力转化，开展专利转化运用专项行动。专项行动包括通过建立知识产权运营服务平台、产学研合作、供需对接活动盘活高校和科研机构存量专利；投融资路演活动促进帮助企业对接更多优质投资机构等内容。此外，探索高校和科研机构职务科技成果转化管理新模式、健全专利转化的尽职免责和容错机制、实施开放许可等措施也是打通转化关键堵点，激发运用内生动力的重要探索。在涉及专利指标的项目评审、机构评估、企业认定、人才评价及职称评定等环节中，应着重将专利的转化效益作为核心评价标准，避免单纯以专利数量作为主要考量依据。此外，制定并发布针对中央企业的高价值专利工作指引，对引导企业优化专利布局、提升专利质量及其实际应用效益具有重要意义。

二、推进职务科技成果制度改革

科技创新绝不仅是实验室里的研究，而是必须将科技成果转化为推动经济社会发展的现实动力，破除职务科技成果转化过程中的障碍。2015年发布的《中华人民共和国促进科技成果转化法》、2016年发布的《实施〈促进科技成果转化法〉若干规定》《促进科技成果转移转化行动方案》被称为成果转化三部曲，旨在促进研究开发机构、高等院校技术转移。国家鼓励研究开发机构、高等院校通过转让、许可或者作价投资等方式，向企业或者其他组织转移科技成果。国家设立的研究开发机构、高等院校转化科技成果所获得的收入全部留归单位，纳入单位预算，不上缴国库。扣除对完成和转化职务科技成果作出重要贡献的人员的奖励和报酬后，应当主要用于科学技术研发与成果转化等相关工作，并对技术转移机构的运行和发展提供保障。国家设立的研究开发机构、高等院校科技人员在履行岗位职责、完成本职工作的前提下，征得单位同意，可以兼职到企业等从事科技成果转化活动，或者离岗创业，从事科技成果转化活动，在原则上不超过3年时间内保留人事关系，在科技成果转化过程中，通过技术交易、市场挂牌交易、拍卖等方式确定价格的，或者通过协议定价并在本单位及技术交易市场公示拟交易价格的，在履行勤勉尽责义务、没有牟取非法利益的前提下，单位领导免除其在科技成果定价中因科技成果转化后续价值变化产生的决策责任。[131]

2017年，《国务院关于印发国家技术转移体系建设方案的通知》，指出要着眼于构建高效协同的国家创新体系，从技术转移的全过程、全链条、全要素出发，从基础架构、转移通道、支撑保障三个方面进行系统布局；发挥企业、高校、科研院所等创新主体在推动技术转移中的重要作用；激发创新主体技术转移活力；建设统一开放的技术市场：构建互联互通的全国技术交易网络，加快发展技术市场，提升技术转移服务水平；发展技术转移机构；壮大专业化技术转移人才队伍；依托创新创业促进技术转移；深化军民科技成果双向转化；推动科技成果跨区域转移扩散；拓展国际技术转移空间；树立正确的科技评价导向；强化政策衔接配套；完善多元化投融资服务；加强知识产权保护和运营；强化信息共享和精准对接；营造有利于技术转移的社会氛围等。

2019年，财政部发布《关于进一步加大授权力度 促进科技成果转化的通知》，提出中央级研究开发机构、高等院校对持有的科技成果，可以自主决定转让、许可或者作价投资，除涉及国家秘密、国家安全及关键核心技术外，不需报主管部门和财政部审批或者备案。[132]

2020 年，教育部、国家知识产权局、科技部联合发布《关于提升高等学校专利质量促进转化运用的若干意见》，围绕解决“不敢为”“不会为”和“不作为”问题，指出应当全面提升高校专利创造质量、运用效益、管理水平和服务能力，推动科技创新和学科建设取得新进展，支撑教育强国、科技强国和知识产权强国建设。提出了树立高校专利等科技成果只有转化才能实现创新价值、不转化是最大损失的理念，突出转化应用导向，倒逼高校知识产权管理工作的优化提升。强化政策引导。发挥资助奖励、考核评价等政策在推进改革、指导工作中的重要作用，建立并不断完善有利于提升专利质量、强化转化运用的各类政策和措施。[133]

2021 年，国务院办公厅印发《关于完善科技成果评价机制的指导意见》，提出应充分发挥科技成果评价的“指挥棒”作用，全面准确反映成果创新水平、转化应用绩效和对经济社会发展的实际贡献，着力强化成果高质量供给与转化应用。推动建立全国性知识产权和科技成果产权交易中心，完善技术要素交易与监管体系，支持高等院校、科研机构和企业科技成果进场交易，鼓励一定时期内未转化的财政性资金支持形成的成果进场集中发布信息并推动转化。建立全国技术交易信息发布机制，依法推动技术交易、科技成果、技术合同登记等信息数据互联互通。鼓励技术转移机构专业化、市场化、规范化发展，建立以技术经理人为主体的评价人员培养机制，鼓励技术转移机构和技术经理人全程参与发明披露、评估、对接谈判，面向市场开展科技成果专业化评价活动。提升国家科技成果转移转化示范区建设水平，发挥其在科技成果评价与转化中的先行先试作用。[134]

为了适应科技成果转化制度的变化，2021年《专利法》修订，在修订的《专利法》中作出了相应的规定。《专利法》第六条规定，对于职务发明，该单位可以依法处置其职务发明创造申请专利的权利和专利权，促进相关发明创造的实施和运用。同时，《专利法》第十五条规定，国家鼓励被授予专利权的单位实行产权激励，采取股权、期权、分红等方式，使发明人或者设计人合理分享创新收益。

三、引入开放许可制度

为了促进专利许可信息的对接、提高专利许可的谈判效率，以及降低专利许可的交易风险，开放许可制度被引入我国专利法。具体在《专利法》第五十条、第五十一条、第五十二条进行了规定。第五十条规定开放许可的声明与撤回；第五十一条规定专利实施许可的获得、年费减免与许可使用费，开放许可实施期间，对专利权人缴纳专利年费相应给予减免；第五十二条规定开放许可纠纷解决的处理。

（一）专利开放许可的由来

专利开放许可制度来源于英国专利法中的“License of Right”。早在1919年颁布的《英国专利及外观设计法》中就规定了最原始的当然许可制度，其具体内容为：专利局可以根据专利权人的自愿性要求，对其进行公开注册；如果有利益相关者因其在专利权下的独占权遭到滥用而提出要求，则对其进行背书，自愿背书和强迫背书有同样的法律效果。后来，在1977年颁布的《英国专利法》中正式使用了“License of Right”一词，译为“专利权人登记许可时提出的申请”，也被称为“当然许可”。

现行《英国专利法》规定了开放许可申请和实施程序、撤销程序及申请强制开放许可登记。专利权人在专利有效期内可随时向专利局局长提出申请，将该专利进行开放许可登记。一项专利成立开放许可还必须满足一个条件：该项专利登记为开放许可专利，不会妨碍在该专利权下享有权利的主体的利益。进行专利开放许可登记以后，被许可人可以依据与专利权人的协议或者专利部门的裁决获得专利的许可使用权。专利权人在设立开放许可之后的任何时点都可以向专利局申请撤销开放许可。由于开放许可可以减半收取专利维持费，所以开放许可撤销以后，需要补缴其未做开放许可登记时应缴纳的所有专利费的差额。在专利侵权诉讼中，被告依据开放许可条款实施该专利时，法院不对其颁发强制令或者禁令。专利权人可以要求侵权损害赔偿，但侵权损害的赔偿数额限定在许可使用费的 2 倍之内。英国还允许他人强制将专利权人的专利登记为开放许可，《英国专利法》明确规定了强制申请开放许可登记的情形：在专利授权三年之后，任何人可以随时向专利局请求开放许可。

《德国专利法》第二十三条中规定了开放许可的相应制度。从申请主体来看，除取得专利权后的专利权人外，尚在专利申请阶段的申请人也可作出开放许可声明。开放许可声明应当以书面形式作出，并表示任何人都可以使用其专利。若专利注册簿中记录有独占许可，或正在申请独占许可，开放许可声明无法通过审核。通过审核的专利可享受年费减半优惠政策并公告于《专利公报》。潜在实施者以通知的形式告知专利权人专利的实施方式，此后潜在实施者获得以通知中陈述的实施方式实施专利的权利，且有义务向专利权人告知实施情况并支付补偿费。德国同样允许开放许可的撤回，撤销开放许可应当以书面形式向专利局申请。如果该项专利尚未许可任何人使用，那么专利权人随时都可撤销。开放许可撤销后，应当在一个月内补缴优惠的专利年费。德国通过引入代理框架，要求选择了开放许可的权利人放弃定价权而接受专利行政部门的定价。

法国于1968年引入了专利开放许可制度，但这一制度在2005年被废止。相较于英国、德国专利开放许可登记的数据，法国开放许可登记的数量较少，且出现波动下降的趋势。法国企业、自然人、非营利组织、研究机构等盈利能力较弱的主体更青睐专利维持费用减额制度，这项制度最终替代了原有的开放许可制度。在这项制度尚未废止的时候，开放许可声明审查通过并公告后，专利的维持费用减免40%。被许可人可以与专利权人协商就开放许可合同实施条款达成一致，协商不成可由法庭裁决确定合同实施条款。撤回开放许可声明的主体仅限于专利权人，并未对撤回行为作出限制，任何时候，无论开放许可专利是否有人使用，均可撤回开放许可声明，已成立的开放许可合同效力不受专利权人撤回开放许可声明的影响。开放许可声明撤回后，专利不再享受专利维持年费减免的优惠政策，但无须补缴已享受减免的专利维持费用。

（二）专利开放许可制度的特征

专利开放许可制度以专利权人自愿提出或撤销为基础。开放许可声明的产生与撤回、许可条件的确定，均由许可协议双方通过意思自治决定。因此，开放许可是一种自愿性的许可，不受任何国家或第三者的干预，这与我国专利制度中的强制许可恰好相反。专利强制许可是专利权人不实施、不充分实施，又不愿意让他人实施，行政机关无须专利权人同意，允许专利权人以外的其他人实施专利的法律制度。

专利开放许可声明属于合同法上的要约邀请。专利权人在作出开放许可声明时，主动放弃了对被许可人的自由选择权。

专利开放许可一定是非独占许可。目前，关于开放许可的要求仅针对普通许可。

（三）开放许可制度实施中面临的问题

修订后的《专利法》创设的专利开放许可制度为专利许可运用开辟了新途径、新模式。修订后的《专利法》增加了专利开放许可制度，该制度的设立能够有效盘活存量专利，促进专利转化。开放许可制度的开放许可声明和获得许可的方式具备了要约—承诺的性质，是专利权人自愿的许可行为。然而如果缺乏公权力的适当介入，将导致开放许可的法律规定仅仅成为合同制度的注意规定，而不能提高开放许可的许可效率，从而违背开放许可制度的设立初衷。

此外，定价问题作为一个系统工程，是专利开放许可制度能否顺利落地和有效实施的关键。在我国专利开放许可制度中，专利权人需要在开放许可声明中明确许可使用费，将许可使用费的定价权赋予专利权人。虽然这一方式能够在交易程序中省略当事人谈判协商专利使用费的流程，节省了一定的交易成本，但也存在一定的弊端，可能难以收到应有的效果。基于专利评估极强的专业性和市场性，专利权人难以准确评估专利技术的价值，更难以就专利设定合理的许可费用。为保证不损失自身利益、获得尽量多的利益，一旦专利权人将许可费标准定价稍高或过高，就可能导致开放许可专利许可费标准难以被潜在实施者接受。对开放许可声明中的许可使用费标准的形式审查，无法保证专利权人对开放许可声明许可使用费定价的合理性，实质审查又因行政成本过高而不现实。无法保证专利权人对开放许可声明许可使用费定价的合理性，也会导致该定价方式难以实现提高交易效率的目的。

目前，中国知识产权研究会牵头组织编制《专利开放许可使用费估算指引（试行）》，致力于为专利权人确定专利开放许可使用费提供相关方法指引、标准指导和数据规范，为更加科学、公允、低成本地确定许可费率提供指引。下一步，要在点面结合的基础上，立足FRAND原则，对影响因素、指标体系、模型优化等予以优化完善，以更好地服务市场主体的技术转移转化需求。

但有观点认为，以明确许可使用费支付方式和标准作为专利开放许可声明成立的前提条件，不符合专利开放许可声明的法律性质，且与英国、德国等国家的实践经验相悖。将来该规定可能成为限制专利开放许可制度实施的重大障碍，应当修改完善。许可使用费的支付方式和标准，不应成为申请实行专利开放许可的前提条件。英国、法国、俄罗斯都要求专利权人公示开放许可的许可条件，而未要求专利权人公示具体的许可使用费金额。在确定专利许可使用费时，必须考量诸多因素，这些因素的复杂性和多样性使得难以直接找到市场参照物。同时，专利的价值本身并非一成不变，而是会随着时间和市场条件的变化而波动。因此，在评估专利许可使用费时，必须严谨、理性地分析各种影响因素，以确保费用的合理性和公正性。在实际操作中，专利许可费是专利许可合同中双方博弈的核心，并且约定专利使用费的计算方式有很多，如交叉许可、权益交换、股权置换等。要求专利权人在作出开放许可声明时即确定专利许可费的支付方式和标准，不仅对专利权人来说有难度，而且可能对专利权人或者被许可人不公平。

四、开展专利转化专项行动

2023年10月，《国务院办公厅关于印发〈专利转化运用专项行动方案（2023—2025年）〉的通知》（以下简称《行动方案》）[135]，非常全面地规划了近三年的专利转化运用工作内容。《行动方案》的总体要求是：要以习近平新时代中国特色社会主义思想为指导，全面贯彻落实党的二十大精神，聚焦大力推动专利产业化，做强做优实体经济，有效利用超大规模市场优势，充分发挥知识产权制度供给和技术供给的双重作用，有效利用专利的权益纽带和信息链接功能，促进技术、资本、人才等资源要素高效配置和有机聚合。从提升专利质量和加强政策激励两方面发力，着力打通专利转化运用的关键堵点，优化市场服务，培育良好生态，激发各类主体创新活力和转化动力，切实将专利制度优势转化为创新发展的强大动能，助力实现高水平科技自立自强。

《行动方案》从大力推进专利产业化加快专利价值实现，打通转化关键堵点、激发运用内生动力，培育知识产权要素市场、构建良好服务生态，强化组织保障营造良好环境四个方面对专利转化工作进行了规划。

（一）通过专利产业化促进专利价值实现

据美国《每日邮报》报道，在亚利桑那州的一个退休人员家的阁楼上发现的一幅画是抽象表现主义绘画大师杰克逊·波洛克的作品。拍卖师证明这幅画价值至少1 000万美元。专利闲置，正如放在阁楼上的名画，难以被发现和发挥其价值。

将专利技术推向市场、实现专利产业化是专利价值实现的根本要求。专利转化的价值的实现重点体现在梳理盘活高校和科研机构存量专利和专利产业化方面。

存量专利的价值实现主要针对高校和科研机构。职务科技成果的权属关系和处置权利的概述正是要消除在实际中存在的“不敢转”的问题。为了促成存量专利的转化运用，还应当完善专利转化中的其他堵点，解决“不愿转”“不会转”的问题。《行动方案》规划了建立市场导向的存量专利筛选评价、供需对接、推广应用、跟踪反馈机制等具体行动措施，包括由高校、科研机构组织筛选具有潜在市场价值的专利，依托全国知识产权运营服务平台体系统一线上登记入库。有效运用大数据、人工智能等新技术，按产业细分领域向企业匹配推送，促成供需对接。基于企业对专利产业化前景评价、专利技术改进需求和产学研合作意愿的反馈情况，识别存量专利产业化潜力，分层构建可转化的专利资源库。加强地方政府部门、产业园区、行业协会和全国知识产权运营服务平台体系等各方协同，根据存量专利分层情况，采取差异化推广措施。针对高价值存量专利，匹配政策、服务、资本等优质资源，推动实现快速转化。

专利的产业化与培育推广专利密集型产品，是专利转化过程中的关键环节。我们不仅需要积极盘活已有的专利存量，更要致力于将专利转化为实际产品，并进一步推动其产业化发展，以实现专利价值的最大化。围绕专利在提升产品竞争力和附加值中的实际贡献，制定出台专利密集型产品认定国家标准，分产业领域开展统一认定。

（二）多种知识产权的运用形式服务企业与产业发展

知识产权对企业和产业的发展既有护航作用，又有促进作用。专利运用的形式多种多样。在《行动方案》中提出了知识产权金融的内容，支持高校、科研机构通过多种途径筹资设立知识产权管理资金和运营基金。

对于企业，以专利产业化促进中小企业成长。开展专精特新中小企业“一月一链”投融资路演活动，帮助企业对接更多优质投资机构。推动专项支持的企业进入区域性股权市场，开展规范化培育和投后管理。支持开展企业上市知识产权专项服务，加强与证券交易所联动，有效降低上市过程中的知识产权风险。

对于产业，以重点产业领域企业为主体，协同各类重大创新平台，培育和发现一批弥补共性技术短板、具有行业领先优势的高价值专利组合。围绕产业链供应链，建立关键核心专利技术产业化推进机制，推动扩大产业规模和效益，加快形成市场优势。支持建设产业知识产权运营中心，组建产业知识产权创新联合体，遵循市场规则，建设运营重点产业专利池。深入实施创新过程知识产权管理国际标准，出台标准与专利协同政策指引，推动创新主体提升国际标准制定能力。面向未来产业等前沿技术领域，鼓励探索专利开源等运用新模式。

第二节 加强专利保护

在应对侵权行为时，鉴于专利客体具有的无形性特征，其易受到侵犯且维权过程较为复杂。加之专利维权诉讼需要投入大量的精力和成本，很多企业并未积极开展维权行动。然而，这种长期的忽视将导致专利制度威信的丧失，降低专利制度的重要性，进而削弱创新的积极性。侵权成本低、维权成本高的怪现象，将不少企业推入侵权的洪流，企业不愿意投入人力物力去创新，而去“山寨”别人的专利产品，这样的企业成为专利制度的蝗虫，不断蚕食着专利权人的创新成本，也在蚕食着专利制度的建立的根本。[136]

习近平总书记指出，知识产权保护工作关系国家治理体系和治理能力现代化，关系高质量发展，关系人民生活幸福，关系国家对外开放大局，关系国家安全。[137] 专利权是科技领域最重要的知识产权，知识产权与新质生产力息息相关，保护知识产权就是保护创新。[138]

2014 年修订实施的《中华人民共和国专利法实施细则》第九十五条规定“省、自治区、直辖市人民政府管理专利工作的部门以及专利管理工作量大又有实际处理能力的地级市、自治州、盟、地区和直辖市的区人民政府管理专利工作的部门，可以处理和调解专利纠纷”。将专利侵权纠纷行政裁决权赋予直辖市的区知识产权局，预示着“严保护”将再上新台阶。

另外，对于在全国有重大影响的专利侵权纠纷，国务院专利行政部门可以应专利权人或利害关系人的请求进行处理。这体现了对重大案件的专利保护的特别处理机制。

一、专利行政保护

（一）概述

纵观世界各国，对专利的保护大都是采用司法的形式。专利权乃至知识产权属于私权，私权受到了侵犯或者产生了纠纷就应像民事权利被侵犯时一样，去寻找司法救济处理争端。为何我国还要用行政权这一公权力来给予私权保障呢？

专利行政保护其实是一个宽泛的概念，可以具体分为行政管理、行政服务和行政执法三个方面。行政管理和行政服务无论在学理和法理上都属于政府职能。争议较多的是行政执法存在的必要性。行政执法可分为处理纠纷和查处违法行为两部分，处理纠纷又分为行政裁决和行政调解两种。我们通常所说的行政执法大多指行政裁决，是一种准司法行政活动。[139]

行政机关按照国家宪法和有关组织法的规定而设立，代表国家依法行使行政权，是组织和管理国家行政事务的国家机关，是国家权力机关的执行机关。行政机关的职权通常由宪法和法律规定，主要分为执行与管理两个方面，本身没有居中裁决的功能。行政裁决是行政主体根据法律的授权，以中间人的身份，对发生在平等民事主体之间的民事纠纷居间进行裁断的行为。行政裁决制度，系自20世纪以来在行政权的逐步扩张的背景下，通过立法授权的方式使得行政机关获得了部分立法及司法职能，从而得以建立的制度体系。此制度确保了行政权力的有序运行，同时也在一定程度上促进了法治社会的构建。[140]

我国采用“双轨制”立法，是由于在专利制度建立时，全国人大常委会在审议时考虑到，由于中华人民共和国成立后长期实行计划经济，加之专利权纠纷的专业性、技术性较强，若当事人完全诉诸人民法院，既增加权利人的诉累，也会使司法资源更为紧张，因此确立了司法保护与行政执法“两条途径，协调运作”的模式。按照专利制度的规定，被侵权人遇到纠纷时可以选择请求行政机关救济或者向司法机关提起行政诉讼。

近年来，国家知识产权局大力推进专利行政保护规范化建设，先后制定了《专利侵权判定和假冒专利行为认定指南（试行）》《专利行政执法操作指南（试行）》《专利侵权行为认定指南（试行）》《专利行政执法证据规则（试行）》《专利纠纷行政调解指引

（试行）》《专利执法行政复议指南（试行）》《专利执法行政应诉指引（试行）》《专利标识标注不规范案件办理指南（试行）》等文件，有效规范了专利执法工作，提高了办案水平。[141] 2023年3月7日，国家知识产权局发布《关于印发2023年全国知识产权行政保护工作方案的通知》，提出切实加强知识产权行政保护工作，优化创新环境和营商环境，推动经济高质量发展。

（二）专利行政执法的特点

关于一般的专利侵权纠纷，专利权人有两种选择进行维权。相较单独的司法保护而言，专利行政执法具有以下特点。

1. 主动性

行政执法，作为国家行政管理职能的具体实现形式，其核心在于依职权积极、自觉地采取行动，秉持主动而非被动的态度进行。这种积极主动的特质，是行政执法与行政司法相区别的显著特点之一。

行政司法行为是一种事后的救济行为。一般说来，没有当事人的主动申请，裁决机关不得主动采取行动。当然，行政机关行政执法的主动性，必须是依法的主动；没有法律依据，则不得主动。因为在行政执法领域，一方面是依职权执法；另一方面是依相对人申请执法。

2. 强制性

行政执法是法定的行政机关实施、适用行政法律规范的行为，是贯彻、执行国家意志的手段，因而它必然具有国家意志的拘束力和法律规范的执行力。在行政执法过程中，如果行政管理相对人违反行政法律规范或不履行行政法律规范中所规定的义务，就会受到行政处罚或行政强制，以达到维护公共利益和社会秩序的目的。当然，行政执法的强制性要由法律来明确加以规定，在行政执法过程中必须依法进行强制。

3. 专利行政执法体现对公众利益的保护

专利侵权行为的影响已经超出私权纠纷的范畴，对社会治理的多个方面都可能产生危害，造成广大人民群众切身利益和社会公共利益的损失。专利行政部门的有效介入，不仅能够打击专利领域的侵权行为，解决专利纠纷，还能通过专利行政执法，预防和减少社会公共安全事件的发生，提高消费者权益保护、产品质量监督的水平，防止不正当竞争的蔓延。恶性的专利侵权行为，破坏了诚实守信的市场竞争秩序，也影响了产业创新的动力与积极性，事关我国未来发展的重大利益。在市场失灵或者无效的情形下，专利行政部门代表公共利益依法介入，发挥行政保护的优势，消除市场失灵和无效所带来的“负外部性”影响，重拳出击打击产业发展中的群体、反复和故意侵权行为，严格保护先驱和重大创新成果，不仅有利于维护公平竞争的市场秩序，营造创新驱动发展的良好环境，而且有利于激发全社会的创业创新热情，有利于全社会和产业的持续创新。专利行政执法以其专业服务、主动灵活、及时监督等优势，有力提供了新技术、新业态和新领域的知识产权保护[142]。

（三）典型案例

1. 兰州市知识产权局处理“包装袋（腻子粉）”外观设计专利侵权纠纷案[143]

【案情简介】

请求人乌鲁木齐某装饰材料厂是“包装袋（腻子粉）”外观设计专利的专利权人，专利号为ZL201630025440.2。涉案专利权在请求人提起侵权纠纷处理请求时合法有效。2023 年 9 月 22 日，兰州市知识产权局依法予以立案。

请求人称兰州市某经营部生产、销售的包装袋与涉案专利的外观设计一致，侵犯了请求人的专利权。在审理过程中，经兰州市知识产权局主持，双方当事人同意通过调解方式处理该案。

2023 年 10 月 26 日，在兰州市知识产权局的组织下，双方当事人签订调解协议书。2023 年 11 月 13 日，上述调解协议经兰州市中级人民法院完成司法确认。

【典型意义】

本案通过将行政裁决与行政调解工作相结合，及时化解纠纷，引导当事人申请司法确认，形成了知识产权行政保护与司法保护的合力，开辟了“行政调解 + 司法确认”实质性化解知识产权纠纷的新途径。

2. 庆阳市市场监督管理局处理“一种回缩式双钎鼢鼠捕杀器”实用新型专利侵权纠纷案

【案情简介】

请求人王某是“一种回缩式双钎鼢鼠捕杀器”实用新型专利的专利权人，专利号为 ZL202021203032.9。涉案专利权在请求人提起侵权纠纷处理请求时合法有效。2023 年 7 月 10 日，庆阳市市场监督管理局依法予以立案。

请求人称，李某未经专利权人许可，以生产经营为目的，制造、使用被控侵权产品。请求人提交了涉案专利的授权公开文本、专利权评价报告等支持其主张。被请求人认为涉案产品是其改进仿制的，并不构成对他人专利权的侵犯。

经审理，被控侵权产品与涉案专利均涉及鼢鼠捕杀器技术领域，其解决的技术问题近似，被控侵权产品全面覆盖涉案专利的技术特征。2023 年 8 月 1 日，庆阳市市场监督管理局作出行政裁决，认定被控侵权产品落入涉案专利权的保护范围，侵权事实成立，责令被请求人立即停止侵权行为。

【典型意义】

本案中，市场监管部门面对专利侵权纠纷案件中的疑难技术问题，通过现场检查、调查询问、咨询专家等方式进行全面分析判断，准确认定专利权保护范围，充分发挥专利侵权纠纷行政裁决优势，具有较强的业务指导性和示范性。

二、专利司法保护

专利权的私权属性决定了专利权的保护应当采取司法保护占主导地位的模式，而且世界上大多数发达国家采取的也都是这种模式。从中国专利权保护的现状来看，随着社会公众知识产权意识的增强，专利权人也越来越多地选择通过司法保护其专利权。发挥司法保护知识产权的主导作用，是党和政府从国家战略高度出发，结合我国经济社会发展总体状况，在总结知识产权事业发展和知识产权保护规律的基础上作出的战略决策。为更好地服务党和国家工作大局，推进“大众创业、万众创新”，应当让司法保护知识产权的主导作用得到更加充分的发挥。[144] 司法机关主要通过裁判案件影响纠纷解决效率及进行规范资源输出以实现社会治理。科斯提出交易成本理论时便注意到，法院能够通过裁判案件提高纠纷解决效率、降低企业交易成本，进而影响其经济行为。[145] 在知识产权领域，更高效的权利保护意味着市场主体能够更充分地开发其拥有的知识产权以获得收益，进而为其持续创新提供正向激励。[146]

（一）知识产权法院建立

2013年11月，党的十八届三中全会通过《中共中央关于全面深化改革若干重大问题的决定》，明确提出“探索建立知识产权法院”。2014年6月6日，中央全面深化改革领导小组通过《关于设立知识产权法院的方案》与《关于司法体制改革试点若干问题的框架意见》，决定将知识产权法院建设作为“司法体制改革的基础性、制度性措施”之一，以其为样本施行关于司法体制改革的诸多举措。[147] 2014年，北京知识产权法院、广州知识产权法院、上海知识产权法院相继正式挂牌成立。[148] 后来，我国还在南京、苏州、武汉、成都、杭州、宁波、合肥、福州、济南、青岛、深圳、天津、郑州、长沙、西安、南昌、长春、兰州、乌鲁木齐、海口、厦门建立了21家知识产权法庭。[149]

中国多地设立的跨区域管辖知识产权纠纷案件的知识产权法院和法庭，通过集约化审理提高了知识产权案件的审判效率，统一了审判标准，专利诉讼不确定性的降低会对专利权人的诉讼行为决策产生正向影响，使其在自身合法权益受到侵犯时更多地选择司法途径来进行维权与救济。[150] 知识产权法院和法庭的设立能够提高知识产权法律的执行水平及专利纠纷案件的司法效率，为专利纠纷案件提供了统一、高效、专业的解决途径与环境。因此，要继续深化知识产权司法审判体制改革，通过完善的知识产权司法审判制度体系，强化知识产权司法保护的利益平衡效应。

（二）惩罚性赔偿制度

当前，专利侵权平均赔偿数额低下，解决赔偿数额的问题可以提高我国专利司法保护强度。现代意义的惩罚性赔偿制度来源于英美法系。2019 年 11 月，党的十九届四中全会提出“建立知识产权侵权惩罚性赔偿制度”。2020 年 5 月 28 日，第十三届全国人民代表大会第三次会议通过了《民法典》，首次对知识产权惩罚性赔偿作出一般规定。2020 年 10 月 17 日，《专利法》经历第四次修改后，正式确立了惩罚性赔偿制度。2021 年修改的《专利法》中所确立的惩罚性赔偿的适用条件为故意和情节严重两种情形。

关于专利侵权惩罚性赔偿的功能，学界存在许多不同的观点，如惩罚功能、遏制功能、激励功能、补偿功能、教育功能、执法功能、威慑功能、鼓励市场交易功能、吓阻功能、报复功能等。在诸多功能中，补偿功能与惩罚功能的实现可以保护权利人的合法权益并对侵权人的严重违法行为进行制裁，因此是最为重要的两个功能。其中，惩罚功能的实现可以弥补补偿性赔偿对专利侵权赔偿数额低下的不足，显著提高侵权人的违法成本，预防潜在侵权人侵权。

专利侵权惩罚性赔偿制度的适用条件：严重不法侵权行为达到“故意侵权且情节严重”的程度，侵权人故意侵权的主观恶意较大，通过补偿性赔偿通常无法制止其再犯。在适用惩罚性赔偿的专利侵权案件中，侵权人通常已经达到了长时间侵权或者多次制止未果而继续侵权的恶劣程度，仅对实际损失及侵权获利或者专利许可使用费进行赔偿，不能斩断其主观侵权恶意。通过提高专利侵权人的违法成本，使其一次侵权就会获得严重惩罚，避免其再次实施类似的侵权行为，这是专利侵权惩罚性赔偿制度发挥的重要功能。[151]

三、社会保护与自我保护

《知识产权强国建设纲要（2021—2035年）》专门将“建设促进知识产权高质量发展的人文社会环境”作为六项重点任务之一，提出了“到2035年……全社会知识产权文化自觉基本形成”的发展目标。

社会保护和自我保护应作为行政保护和司法保护资源的补充，尽量减少对行政资源和司法资源的使用。一方面，应增加社会力量的作用。例如，通过广泛调动电商平台、会展方、企业法务、服务机构、仲裁、调解、协会、联盟等社会组织和法务力量，通过自组织高效地解决部分知识产权问题。另一方面，应减少不必要的案件出现，做好自我保护和合规性要求，加强风险排查。此外，应帮助鼓励和引导优势领域实现主动保护。

（一）行业组织

行业协会、商会、产业联盟等组织可以建立知识产权保护自律机制，建立健全知识产权维权保护规范，将知识产权保护内容纳入团体标准和示范合同文本，推动建立行业服务标准，提升服务能级，提高服务质量；加强对行业内知识产权保护工作的监督，对侵犯他人知识产权的会员进行规劝惩戒；提高成员知识产权意识，规范成员创造、运用、保护知识产权等行为，帮助成员解决知识产权纠纷，共同防范知识产权风险。

行业组织可以建立专利预警制度，对重点区域、行业的国内外专利状况、发展趋势、竞争态势等信息进行收集、分析、发布、反馈。行业协会、专利中介服务机构还可以通过专利预警为政府决策和企业发展提供服务，维护产业安全，提高企业应对专利纠纷的能力。

为应对海外专利侵权纠纷，行业协会还应建立专利海外援助机制，为企业提供应对海外专利纠纷、争端和突发事件的服务。行业协会应当制定本行业专利海外应急预案，指导会员建立海外专利保护制度。知识产权维权援助机构开展专利维权援助工作，重点援助、扶持困难人员和中小企业，实现维权援助的公益化、专业化、规范化。

行业协会还可以依法成立行业性、专业性调解组织，开展知识产权纠纷调解工作，提供便捷、高效的知识产权调解服务，引导当事人通过调解方式解决知识产权纠纷。应推进仲裁机构加强知识产权仲裁专业化建设，广泛吸纳知识产权专业人才参与仲裁工作。

2023 年，首都知识产权行业协会正式发布《知识产权公共服务规范》团体标准。其中，提到的基础服务包括但不限于知识产权政策宣贯服务、知识产权风险防控服务、知识产权维权援助服务、快速预审及优先审查对接服务、知识产权申请引导服务、知识产权业务办理咨询服务、知识产权纠纷应对指导服务、知识产权信息查询检索服务、知识产权信息分析利用服务、知识产权基础知识培训服务、知识产权知识宣传服务、知识产权合规管理引导服务、知识产权金融服务、知识产权转让、许可服务、数据知识产权登记引导服务、电子存证指导服务。[152]

（二）三方平台

展览会、展示会、博览会、交易会等活动的主办方可以对参展方专利侵权问题给予快速处理。主办方可以与参展方就专利保护事项进行约定，按照相关规定做好专利保护工作。参展方以专利产品或者专利技术的名义进场参展的，可要求他们提供专利证书或者专利实施许可合同等相关证明材料，从而降低专利侵权案件的发生。在发生侵权时，还可以通过下架、撤展等方式，快速制止侵权。在展会期间，展会的主办方、承办方、参展方应对专利管理等部门的工作予以配合，共同提供良好的专利法律治理环境。

鼓励公证机构创新公证证明和公证服务方式，依托电子签名、数据加密、区块链等技术，提供原创作品保护、知识产权维权取证等公证服务。

（三）自我保护

大型零售企业应当与供货企业就专利保护事项进行约定，明确双方的专利保护责任，预防假冒专利产品和专利侵权产品进入流通市场；专利产品的供货企业应当提供专利证书或者专利实施许可合同等相关证明材料。

企业事业单位在开展对外投资、参加展会、招商引资、产品或者技术进出口业务时，应当及时检索、查询有关国家或者地区的相关知识产权情况。

（四）服务与宣传

2024 年 1 月 20 日施行的修改后的《专利法实施细则》新增的第十六条规定："专利工作应当贯彻党和国家知识产权战略部署，提升我国专利创造、运用、保护、管理和服务水平，支持全面创新，促进创新型国家建设。国务院专利行政部门应当提升专利信息公共服务能力，完整、准确、及时发布专利信息，提供专利基础数据，促进专利相关数据资源的开放共享、互联互通。"

政府有关部门及有关单位应当加强专利宣传教育，在法治宣传教育计划和公务员培训体系中纳入专利知识的内容，加强对企业、事业单位人员的培训，鼓励高等院校开设专利课程。加强对专利信息发布、新闻报道工作的组织、协调，对重大专利事件新闻报道和舆情进行收集、分析、通报。可以鼓励和支持知识产权志愿者开展知识产权保护宣传、咨询活动，参与知识产权的网络舆情调查、分析等志愿服务，增强全社会的专利意识，营造专利保护和促进的良好环境。

（五）知识产权人才培养

高等院校、科研机构、企业应当建立健全知识产权内部管理和保护制度，增强保护意识，强化保护措施，提升自我保护能力。鼓励和支持高等院校开设知识产权保护课程，培养知识产权保护专业人才；鼓励和支持高等院校、科研机构、企业通过市场化机制引进国内外高层次知识产权保护人才。

2004年，教育部联合国家知识产权局共同发文《关于进一步加强高等学校知识产权工作的若干意见》，要求高校“从战略高度认识和开展知识产权工作，加强知识产权人才的培养”，鼓励有条件的高校设立知识产权法学或知识产权管理学相关硕士点、博士点。

2008年，中国政府制定并发布《国家知识产权战略纲要》，标志着我国知识产权事业迎来生机盎然的春天。这一指导中国知识产权事业发展的纲领性文件强调，要加大知识产权人才队伍建设力度，并把知识产权设立为二级学科。

2012年，知识产权专业被正式作为法学类的特设本科专业（专业代码：030102T）列入《全国普通高等学校本科专业目录》，该目录放弃使用“知识产权法专业”而使专业名称得到了统一。

截至2022年，我国建立知识产权学院的高校已有50余所。设有知识产权本科专业的高校共有105所，如表7-1所示。

表7-1 建立知识产权本科专业的高校

建立时间及数量	高校名称
2003年1所	华东政法大学
2004年增设1所	华南理工大学
2005年增设3所	暨南大学、重庆理工大学、中国计量大学
2006年增设1所	杭州师范大学
2011年增设10所	浙江工商大学、内蒙古财经学院、福建工程学院、南昌大学、烟台大学、山东政法学院、河南财经政法大学广西民族大学、重庆邮电大学、西南政法大学
2012年增设25所	中南民族大学、大连理工大学、兰州大学、北京科技大学天津学院、保定学院、石家庄学院、辽宁对外经贸学院、哈尔滨金融学院、上海政法学院、苏州大学、安徽大学、铜陵学院、淮北师范大学、宜春学院、河南师范大学、安阳工学院、武汉东湖学院、湘潭大学、湖南师范大学、桂林电子科技大学、重庆交通大学、西南科技大学、兰州理工大学、甘肃政法学院、新疆大学
2013年增设17所	华中师范大学、天津科技大学、沈阳工业大学、池州学院、青岛农业大学、聊城大学、山东女子学院、北京电影学院、河南科技大学、中原工学院、河南师范大学、郑州成功财经学院、衡阳师范学院、广州大学松田学院、重庆工商大学、宜宾学院、兰州商学院
2015年增设2所	泰州学院、景德镇陶瓷大学
2017年增设10所	重庆大学、北方工业大学、大庆师范学院、上海大学、淮阴师范学院、三江学院、嘉兴学院、安庆师范大学、九江学院、昆明理工大学津桥学院

续表

建立时间及数量	高校名称
2018年增设5所	南京工业大学、厦门理工大学、郑州大学、西华大学、四川文理学院
2019年增设13所、撤销1所	北京吉利学院、牡丹江师范学院、湖州师范学院、萍乡学院、许昌学院、河南牧业经济学院、湖南工业大学吉首大学张家界学院、肇庆学院、广东金融学院、凯里学院、大理大学、西北大学
2020年增设5所	河北金融学院、福建江夏学院、华东交通大学、武汉工程大学、广西警察学院
2021年增设7所	中南财经政法大学、河北科技师范学院、泉州师范学院、青岛工学院、河南工程学院、广东技术师范大学东莞理工学院
2022年增设6所、撤销1所	太原师范学院、浙江万里学院、菏泽学院、山东石油化工学院、河南科技大学、湖南理工学院

国务院印发《“十四五”国家知识产权保护和运用规划》，专门将“推进知识产权人才和文化建设，夯实事业发展基础”作为五项重点任务之一。

该规划提出：畅通知识产权人才培养、评价和成长的职业化通道。一是加快推进设置知识产权专业学位，强化面向职业的知识产权教育。二是积极推动知识产权职称制度改革，完善面向职业的评价体系。三是推动在重点区域建设高水平知识产权人才高地，探索设立国家知识产权人才培养基地，优化知识产权智库、专家库、人才库结构等，促进面向职业的知识产权人才发展，满足知识产权强国建设对高层次人才的需要。

2019年6月，人力资源和社会保障部印发《关于深化经济专业人员职称制度改革的指导意见》，明确提出“在发展势头良好、评价需求旺盛的知识产权等领域，增设新的专业”。2020年，知识产权专业正式被纳入经济专业技术资格考试科目，极大地完善了知识产权人才评价制度，对团结凝聚各类知识产权人才、促进企事业单位知识产权人才职业发展和队伍建设、激励和保护全社会创新活动具有重要的意义。

第八章
高校专利价值的实现

随着创新驱动发展战略的实施，我国高校在科技创新方面发挥着越来越重要的作用。作为知识创新的重要主体，高校拥有大量的科研成果和技术专利。如何将这些科技成果转化为实际生产力，一直是亟待解决的问题。

近年来，国家出台了一系列关于促进科技成果转化的政策措施，如《中华人民共和国科学技术进步法》《中华人民共和国促进科技成果转化法》等，以推动高校知识产权的价值实现。尽管如此，据中国教育科学研究院发布的报告显示，目前国内高校有近一半以上的发明专利未能得到有效利用。

在国外，很多高校实行商业化管理模式来推进高校专利转移转化工作。通过设立专门的技术转移机构，负责评估、管理和推广学校的研究成果；同时采取一系列配套措施保障该过程中的利益分配等问题。这种模式极大地促进了大学技术创新与商业应用之间的有效衔接。

2024 年年初，国家知识产权局、教育部等 8 部门印发《高校和科研机构存量专利盘活工作方案》。其中提到，高校和科研机构要牢固树立以转化运用为目的专利工作导向，综合考量转化潜力、商业价值和维护成本等，建立健全以产业化前景分析为核心的专利申请前评估制度，从源头上提升专利质量。严格规制非正常专利申请行为，按照有关文件规定，停止对专利申请的资助奖励，大幅度减少并逐步取消对专利授权的奖励，主要通过转化收益等方式对发明人或研发团队予以奖励。探索科技成果管理新模式，建立健全专利转化的尽职免责相关制度规定，以及与容错机制相配套的相关制度规定。[153]

王会丽等将高价值专利的培育过程划分为专利价值目标确定、专利价值生成和专利价值实现三个阶段。[154] 专利价值目标确定在专利创造开始之前，通过专利战略规划、专利导航、专利挖掘、专利布局等引导专利创造的方向和重点，确定专利的市场、技术、法律价值目标；专利价值生成在专利创造过程中，通过专利预警跟踪、专利申请前评估、专利申请前预检索、高质量的专利申请文本撰写、高质量的专利审查沟通等提升专利创造质量和专利保护水平，保证专利价值的生成；专利价值实现在专利创造完成之后，通过专利价值评估、专利分级分类管理、专利运营等促进专利的运用和转移转化，在市场应用中显现出专利的经济或战略价值，从而实现专利价值。

第一节　专利的挖掘与布局

2020 年 2 月，教育部、国家知识产权局、科技部联合发布《关于提升高等学校专利质量促进转化运用的若干意见》，提出全面提升高校专利质量，“科技创新 2030 重大项目、重点研发计划等国家重大科研项目”验收前，要以转化应用为导向，做好专利布局、技术秘密保护等工作，形成项目成果知识产权清单；项目结题后，加强专利运用实施，促进成果转移转化。[155] 要实现专利的价值，通过专利对创新成果进行合理有效的保护是前提，这就离不开专利的挖掘与布局。

一、专利挖掘

（一）专利挖掘的概念

专利挖掘是指有意识地对创新成果进行创造性的剖析和甄选，进而从最合理的权利保护的角度确定用以申请专利的技术创新点和技术方案的过程。从该概念可知，专利挖掘实际上同时涉及了“最合理的权利保护的角度”的法律视角及“技术创新点和技术方案”的技术视角两个方面。要做好专利的保护，必须站在法律的视角思考对技术方案的保护，二者缺一不可。专利挖掘是实现对创新成果保护的第一个重要环节，其直接目的是获得对创新或研发成果的最大化保护。具体体现如下。

（1）形成全面的专利布局，避免研发成果出现专利保护的漏洞。

（2）将专利保护范围延伸，形成专利保护网。

（二）专利挖掘的思路与方法

1. 问题导向的专利挖掘

（1）问题导向专利挖掘的概念。

问题导向的专利挖掘根据具体的场景，至少可以包括基于研发项目的专利挖掘、围绕创新点的专利挖掘、围绕技术标准的专利挖掘和围绕改进技术的专利挖掘。

问题导向的专利挖掘是以发现和提出问题为关键手段的一种专利挖掘方法。可以通过以下案例来感受专利挖掘在专利保护甚至创新方向演进中的作用。

案例：手机自动锁屏

问题：手机在不使用时，能耗高，容易触摸按键误拨电话号码。

方案：单键锁屏。设置一个按键来对屏幕进行锁屏操作，从而解决以上问题。当然，这个按键如何设置，可以延伸出多种具体的技术方案。

问题：单键锁屏增加单独的按键，且仍然存在误触解屏的情况。

方案：双键锁屏。同时误触两个按键的概率较小，通过双键的方式可以解决以上问题。

问题：双键锁屏必须人工操作进行锁屏，操作不方便，有时会忘记锁屏。

方案：自动锁屏。

随着技术的发展，出现了触屏手机的新技术。此时，我们的方案可以进一步升级。

问题：如何基于触屏设计锁屏和解锁。

方案：组合方案。按键 / 自动锁屏 + 滑屏 / 密码解锁 / 轨迹解锁。

（2）专利挖掘的一般流程。

如图 8–1 所示，专利挖掘始于问题的发现和问题的提出，根据问题提出解决问题的发明构思，并可以提出多种可选的方案。这些技术方案有些是属于现有技术的，根据对现有技术的考察，形成自身的技术方案。此时就需要思考如何对技术方案进行保护的问题。如果适宜通过专利保护，则进行专利申请，否则通过其他方式进行保护。在技术方案提出后，并不意味着流程的结束。专利挖掘是一个持续的过程，可能会导致新的技术创新。所提出的方案还存在哪些缺陷，这些缺陷是否会导致新的问题等，这些反馈和进一步的思考为专利挖掘提供了输入。当然，我们还可以对外在的技术本身的问题进行挖掘，从而构建起新的专利挖掘循环。

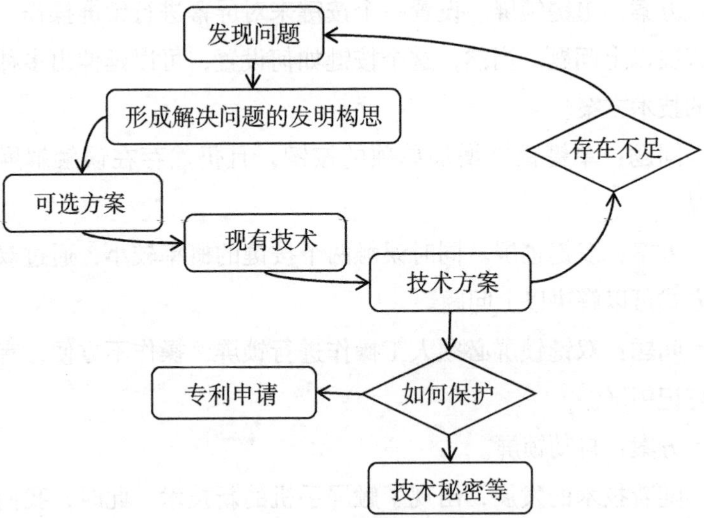

图 8-1　专利挖掘流程

（3）专利的横向衍生与纵向衍生。

如果你对专利挖掘的一般流程与技术创新的流程感觉非常相似，这样的感觉并没有错。专利挖掘实际上是对创新过程的一种推演和重视。但专利挖掘还可以有一些方式方法来帮助创新者对一个新的技术创新给予最大的扩展和发散。这就是专利的横向衍生与纵向衍生。

专利的横向衍生着重考虑替代实现手段。你需要不断地提问：还可用什么方法解决该问题。

专利的纵向衍生着重于发散思维，考虑相关功能。你要不断地问自己：采用该方法会遇到什么障碍或新问题？这些障碍或新问题又该如何解决？该问题本身还会牵涉到哪些问题？

案例：手机屏幕的滑动解锁

横向衍生：指纹、人脸识别、虹膜识别、手势识别。

纵向衍生：滑动解锁本身存在的问题。安全性差，如多重触发、轨迹触发等；不方便，如考虑触发位置、滑动方向、声音解锁等；不灵敏，如考虑滑动距离、硬件敏感性等。

滑动解锁的出现本身是为了解决误触问题，随后衍生了安全问题、体验便利性、体验多样性。

2. 现有专利导向的专利挖掘

以现有专利为导向的专利挖掘根据其目的，至少可以分为围绕完善专利组合的专利挖掘、针对规避设计的专利挖掘和围绕竞争对手核心专利的专利挖掘等类型。

无论是以上哪种情形，往往都需要情报的支撑或技术人员的“头脑风暴”，包括对与技术方案相关的技术分支进行全方位的掌握，对技术路线及其发展情况进行了解，对可以替代的思路和方法进行归纳与分析。

以机顶盒产品为例，对该产品的创新往往可以从技术分解的思路入手，从产品的工艺、配套、应用等方面进行挖掘思路的构建。如图 8–2 所示，机顶盒产品的挖掘方向可以从产品的结构、功能、工作方式上来思考当前的技术创新问题及对发明构思进行挖掘。

- 产品（机顶盒）
  - 产品结构
    - 小型化
    - 散热
    - 便于维护
  - 功能
    - 智能化
    - 互联互动
    - 安全性
    - 个性化
    - 多功能
    - 可扩展（兼容性）
    - 稳定性
  - 工作方式
    - 快速响应
    - 低功耗

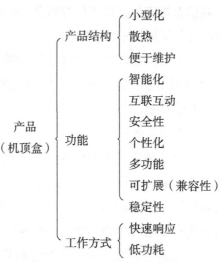

图 8–2　机顶盒产品技术分解示意

二、专利布局

（一）专利布局的概念

定义 1：专利布局是指企业综合生产市场和法律等各方面因素，对专利进行有机结合，构建严密高效的专利保护网，形成有利的专利格局。[156]

定义 2：专利布局是指企业综合产业、市场和法律等因素，对专利进行有机结合，涵盖了与企业利害相关的时间、地域、技术和产品等维度，构建严密高效的专利保护网，最终形成对企业有利格局的专利组合。

定义 3：专利布局是企业结合自身商业战略和市场竞争环境，考虑何时何地就何种技术如何申请专利及申请多少专利。

定义 4：专利布局是一个具有目的性的专利组合过程，其中专利组合形态包括技术标的组合、空间组合、时间组合、申请模式组合与不同技术领域组合。

定义 5：专利布局是对专利申请的周密规划和统筹安排，通过对专利申请时间、地域和途径的选择，专利保护内容的谋划等，有策略地部署形成专利格局。专利布局是有目的性的专利挖掘、专利组合的过程。

以上几种定义表明，专利布局具有很强的目的性和规划性，需要从时间、地域、技术全面谋划，最终以一定数量的专利形成有效保护。在确定目的及规划时往往还要考虑产业、市场、法律、自身商业战略等方面。因此，专利布局是在综合考虑产业、市场竞争、法律等因素，形成或为达到某特定目的，从时间、地域、技术全面谋划专利部署以形成有效保护的过程。

（二）专利布局的场景

根据专利布局开展的目的，可以分为以下几类：基于技术预测的专利布局、已有成果的专利布局、对抗竞争对手的专利布局。而实际上，对高校来说，更多的是针对已有成果的专利保护布局。

1. 基于技术预测的专利布局

基于技术预测的专利布局关键在于找到一个好的开发主题，而布局的计划和方向主题的确定，需要了解产业或未来的方向在哪里，产业需求或市场的需求在哪里。一是可借助情报的力量。考虑到专利公开的滞后性和局限性，可广泛结合论文、产业信息、新闻、市场需求等情报信息。二是需要依赖企业人员的专业嗅觉能力，由于企业长期从事相关工作，可能对行业的技术发展有深入的了解和独特的认识，因此与专业人员的充分沟通尤为重要。三是需要根据企业经营业务的特点，关注与企业产品有强关联的领域的最新研究成果与发展动态，发现应用到企业业务中的契机。

确认专注的领域后，再锁定全球的竞争对手，通过技术鱼骨图，了解竞争者的专利拥有情况，并检视竞争对手的专利是布局在哪些技术上，然后结合企业的自身优势，定位企业的技术研发和布局重点。

2. 已有成果的专利布局

已有成果的专利布局是目前遇到最多的一种需求场景。此时专利布局的重点需要考虑哪些已申请专利（包括自身和竞争对手）。哪些可以申请专利，如何进行专利挖掘、专利组合。申请多少专利和申请哪些专利以完善布局，从而保障企业研发成果。

在这个场景下，与客户的沟通及客户的支持力度非常重要。专利布局能做好也并非易事。即使知识产权能力较强的企业在专利布局上“翻车”的也不少，由于专利布局上的漏洞被利用，规避方案出现直接，导致研发成果不能在市场中获得预期的收益。只有围绕保护主题的思考、头脑风暴、有条理的问题激发与工作流程，才能最大程度上保证布局的有效性。

3. 对抗竞争对手的专利布局

对抗竞争对手的专利布局即为抵御主要竞争对手在市场上发动的专利攻击行为并在个别领域形成一定的专利反击力量提供专利筹码，尽量消除竞争对手对企业的威胁。针对对抗性专利布局，企业可以依托自身的优势，根据竞争对手的研发重点和专利布局情况，在细分市场和细分领域中寻找能够遏制和威胁对方产品发展甚至占据领先地位的专利部署点。比如，在对手专利布局的薄弱点上，或在产品的主要改进方向上，设置专利障碍。再如，在竞争对手的核心专利外围，从不同的技术方案、效果及应用等层面进行扩展，申请大量外围专利，对竞争对手的核心专利形成包围，给对手的有效商业应用设置专利障碍。针对竞争对手未来的技术发展方向和产品拓展方向铺设前瞻专利；或站在行业制高点，预埋与竞争对手技术或产品发展趋势相关的重要基础性专利，以蛙跳式对抗竞争对手的专利围剿。

（三）专利布局的呈现方式

瑞典格兰斯特兰德（Ove Granstrand）早在1999年就提出了经典的六种专利布局模式，此后提出的各种布局模式均是此基础上的简单变形。这些布局模式实际上是专利布局结果的呈现方式。

1. 模式一：特定的阻绝与回避设计

特定的阻绝设计是指用一个或少数几个专利来保护特定用途的发明。

2. 模式二：策略型专利布局

布局具有较大阻绝功效的专利，如必需的技术或者路障性专利，具有阻碍性高、无法回避的特点。

3. 模式三：地毯式专利布局

类似于布雷区的地毯式专利布局，将所有可能申请的技术方案全部申请专利。

4. 模式四：专利围墙

利用系列式的专利形成对竞争对手研发的阻碍，形成一道围墙。当许多不同的技术解决方案都可达到类似功能的结果时，可考虑用该布局模式。

5. 模式五：包绕式专利布局

以多个小专利包绕着竞争对手的重要专利，阻碍竞争对手重要专利的商业应用。例如，以各种不同应用来包绕基础型专利，很可能使基础型专利的价值荡然无存，当竞争对手有基础型专利时，就可以包绕式专利作为交互授权谈判的筹码。

另外，如果企业本身有重要的基础型专利，那么应先自行通过研发形成自己的包绕式专利布局，避免让竞争对手采取该模式。

6. 模式六：组合式专利布局

以各种结构和方式形成如网络般的组合式专利布局，如以多个包绕式专利布局形成紧密的专利网络。

以上六种模式各有优缺点。由于对专利布局的认识不深，在企业的实际应用中常常存在部分企业一产品一专利，以及部分大型企业陷入以量取胜难以自拔的情况。可见，专利布局不应仅限于布局的具体形式，而是要根据企业的实际情况，做到有的放矢，通过专利布局实现企业的最终价值。

（四）专利布局的实施

情报法是在全面的专利和非专利情报检索的情况下，根据企业自身的实际产品、生产过程、研发成果、已有专利状况及竞争对手的专利状况、研发动向等进行的专利挖掘、布局和培育工作。

1. 准备工作

（1）初步了解公司经营情况、专利情况、相同领域的专利申请情况。

（2）了解专利布局的目的与需求。

2. 调研与沟通

（1）深入全面地了解产品或技术，形成产品分解图或技术分支图（技术树）。

（2）深入沟通项目解决的问题、创新点、采用的技术手段、可替代方案、产品链、可应用场景或领域。

（3）了解研发方向、技术发展状态、研发实力、对技术缺陷和市场痛点的认识。

3. 情报检索

建立完整技术分解表，得出产品、项目、技术的整体的专利组合分支情况。

得出专利组合名称、数量；主要竞争对手的专利组合分布情况。

根据专利和非专利情报得出未来技术发展方向和趋势。

4. 专利布局

（1）对企业自身和竞争对手的专利组合进行对比分析，在了解自身和竞争对手的情况下进行针对性布局。

（2）在情报支撑的基础上，对已有的研发成果可以考虑通过以下几个步骤进行专利布局。

一是布局框架设计（根据企业需求及布局的重点选取布局框架的大小）。以产品分解图或技术分支图为基础，根据经验对每一个分支从原理、结构、方法、用途、材料五个方面思考布局专利的可能性、申请的类型。

二是核心技术或创新点的布局。根据调研时了解的项目解决的技术问题和创新点，判断或筛选核心技术与创新点，并对核心技术或创新点进行扩展布局。扩展布局对具体的技术方案所解决的技术问题进行高度抽象和概括后，形成核心专利；对替代技术手段进行挖掘，形成围绕核心专利的基础专利；在产业链、产品链上扩展，在应用领域上扩展，与其他现有技术结合上扩展，形成外围专利。

三是现有技术缺陷挖掘与专利布局（可选择是否进行）。针对核心技术领域，选取与所述技术特征最相近的现有专利若干篇；依次分析每一篇现有专利所对应的技术问题、技术改进、所达到的技术效果，以及潜在的技术缺陷，并针对潜在的技术缺陷列出对应的解决方案，对所述每一篇现有专利所对应的潜在的技术缺陷进行汇总、分类，归纳同一潜在的技术缺陷所对应的若干种解决方案，并进行专利布局。

四是非核心技术与创新点布局。非核心技术与创新点可以作为外围专利进行布局。非核心技术与创新点专利布局专注于保护那些不是产品或服务核心但对其竞争力和市场价值具有显著影响的技术创新。这些创新可能包括产品的外观设计、用户界面、制造工艺、使用方法及系统和组件的改进等。

五是技术前瞻性布局。根据调研阶段了解的技术发展趋势、企业研发方向、技术缺陷或市场痛点与技术人员沟通，确定部分技术的前瞻性布局方案、内容。

第二节　专利申请前评估

目前，国内高校的专利拥有量是一个非常庞大的数字。然而，目前我国高校能够转化的专利、具有较大价值的专利基数仍然较低。为确保专利的质量，在高校进行专利申请之前，还应经过一个专利申请前的评估过程。所谓专利申请前评估，是指专利申请文件正式提交前，由专业评估师、专利代理师或技术经理人等评估人员，对专利技术交底资料进行分析、评价并形成结论的过程。

专利申请前评估的目的是保障申请的专利尽量能够到达成果转化阶段，最终实现专利的经济价值。近年来，我国在科技成果转化方面也作出了重大改革，完善了科技成果的处置和职务科技成果的收益分配问题。在专利申请之前，通过专利申请前评估可以将有价值的技术识别出来，并对这些技术进行专利申请和保护，从而为后端的技术转移和成果转化打下基础。以下将对国外的专利申请前评估做法进行介绍。

一、美国 MIT 技术许可办公室早期发明评估与定价

“大学阶段的发明”产生于基础研究，而不是开发项目，这些发明大都需要较多的时间和金钱的投入才可能将其发展成可销售的产品。这样的投资通常风险是非常大的，无论是技术的实用性还是最终的市场接受度都不能确定。

早期发明评估的目的主要用于作出三个决策：

第一，是否申请专利。决定的作出会基于市场、本发明或技术的独特性和实用性、获得专利保护的可能性、与发明人相关的因素、专利对本机构的社会和人道主义责任的潜在矛盾影响。

第二，是向已经建立的公司推销该发明，还是建立分拆义务。

第三，许可的费用。

当然，如果第一个问题的答案是否定的，后续两个问题就没有意义了。

（一）决定是否申请专利

1. 是否申请专利需要回答的三个问题

一是这项发明是否可能获得足够广泛的保护产品或产品线的专利，而不仅是现有技术的微小变化。

二是如果获得专利，那么本发明是否有可能吸引被许可人或商业化投资，从而产生足够的回报，以证明专利费用是合理的。

三是专利是否为最大化社会获取技术的正确途径。

关于可专利性的第一个问题的答案相对容易确定。如果时间允许，对出版的未决专利的文献的搜索将揭示现有技术。在可能的情况下，这个搜索最好由专业的图书管理员与发明者一起完成。如果发现了潜在的重要现有技术，就可以要求专利代理来评估其重要性和通过专利申请可能实现的权利要求。现有技术搜索也可能出现必须考虑的主导专利。

第二个问题比第一个肯定的回答要难得多。市场研究需要时间和劳动。如果技术转让办公室收到了许多发明披露（在麻省理工学院，每年会收到大约 450 个披露），将没有足够的资源对每一个都进行市场研究。特别是还有政策规定不得因申请专利或商业化的原因延迟社会公开。

最后，必须认识到发明越有创新性，就越难得到好的市场反馈。新技术的潜在用户不能轻易判断出他们以前从未考虑过的东西的价值。商业历史上充满了对创新产品（如复印机和家庭电脑等）的潜力的严重低估。大学基础研究的创新发明也会面临类似的挑战。

对于第三个问题，根据美国 MIT 的观点，大学研究机构首要考虑的是技术转移的社会功能，将新产品和其他有用产品投入公共领域使用，鼓励使用新技术提高工业竞争力，创造经济发展和就业机会，其次才考虑许可收入。

2. 是否申请专利的分析维度

（1）市场。

必须尝试回答以下有关本发明的市场可能存在的以下问题。

1）本发明可满足什么需求？这是主要的、公认的需求，还是次要的需求？

2）如何满足这一需求？还是它已经完全满足这一需求？

3）市场有多大？超大、大、小，还是超小？（专利权人通常不需要多大的精度，被许可方或投资者需要更大的精度。）

4）这个市场是已经建立起来，还是需要发展起来？

5）这是一个正在成长的领域，还是一个垂死的领域？

（2）技术。

需要回答有关新技术和现有技术及如何开发本发明的问题。

1）这项技术将如何改变市场目前解决需求的方式？

2）新技术与现有技术的不同，而且更好吗？如果更好，它提供的主要好处是什么。

3）这项技术的工作原理有多确定？是否可以向潜在的被许可方或投资者证明？

4）将该发明开发成一种商业产品需要多长时间和多少钱？

（3）专利保护的可能程度。

回答以下问题将帮助决策者确定获得专利是否值得花钱。

1）现有技术的搜索（或对科学状况的了解）是否表明广泛的主张是可能的？

2）本发明是否处于产品开发的早期阶段，以致该专利将在产品进入市场之前到期？（遗憾的是，随着市场开始快速增长，许多人的专利已经到期。）

3）这个领域是否发展极快，导致专利无关紧要。遇到专利问题的时候，这个发明会过时吗？（这在美国的软件专利中并不少见。）

4）专利下的实践能否被发现，从而对侵权者的专利维权是否现实。（如果制造方法简单且不需要特殊材料，且本发明在最终产品中不明显，则执行专利可能不现实。）

（4）发明人。

应考虑以下问题，以确定发明者在寻找该技术的被许可方或投资者方面的效率。

1）这个发明是在发明者的主要研究领域发现的吗？如果不是，他或她是否完全熟悉市场对该发明的需求？

2）发明者是否与本发明领域有业务联系？

3）这位发明家著名吗？（推销具有诺贝尔奖得主名字的专利要容易得多。）

4）发明者是否会与潜在的被许可方或投资者进行合作，以分享他或她对该发明的潜力和开发方法的看法。

5）发明者是否对开发任务的规模和不确定性及潜在的财务回报有现实的期望？

6）与投资者或公司的关系会合理地进行，还是发明者太天真或过于偏执？

（5）社会责任。

技术转让专业人员必须尝试战略性地申请专利，以保护发达国家的利润，并鼓励商业研究和开发。同时，他们必须使用机制来确保穷人能够获得最终产品。

在确定一项新发明专利是否符合公共利益时，应考虑以下问题：

1）这项技术如果没有得到进一步投资开发，是否可以直接进行应用？即使它不是专利，而是放在公共领域，它也会被广泛使用吗？

2）如果前面问题的答案是肯定的，那么专利持有机构是否能设计出一种非排他性的许可策略，允许在不妨碍技术使用的情况下产生收入？

3）如果这项技术需要大量的高风险投资，那么专利和独家许可是必要的，发展中国家是否应该放弃专利以鼓励一般竞争？（在这种情况下，这种方法对健康和农业专利是合理的。）

4）专利权人是否可以要求对其他机制的再许可，以促进低成本地在发展中国家的公共部门进行制造和分销？

5）对于某项技术，如药物或疫苗，如果只在发展中国家使用，在发达国家很少有或没有市场，通过专利和有限的许可证进行市场聚合是否将创造一个足够盈利的市场，以鼓励开发和临床测试？

6）专利权人是否应当免费向非营利性研究机构开放研发工具？

（6）当地考虑事项。

申请专利在某种程度上取决于该机构及其地理位置。

1）在欠发达地区（包括发达国家的欠发达地区和发展中国家），可以促进非常适合当地工业的技术，特别是该地区的技术技能，以创造就业机会和加强当地经济。

2）公共机构，而不是私人机构，可能会强调将促进当地经济发展的技术，特别是如果技术转让是立法者用来决定为特定机构提供多少资金的指标之一。

3）医疗机构可能会决定在市场相对较小的地方为产品申请专利，因为它对患者有潜在的好处。

（二）决定是否向现有公司授权建立新公司

授权给现有公司最大的缺点在于公司可能丧失对新技术的兴趣；授权给新公司的最大缺点在于重大的利益冲突风险。

当满足以下标准时，最好采用分拆公司或设立新公司的办法进行成果转化。

（1）本发明是一种平台技术，可以孵化多个产品。分拆公司更有可能尝试利用该技术的全部潜在应用，而老牌公司则更有可能专注于其现有产品线的单一补充。

（2）目前还没有一个行业在生产类似的产品。在一个既定的市场上，一家新公司很难进行竞争，除非该技术具有压倒性的优势。

（3）市场大到足以证明存在风险。

（4）出口存在的国家和（或）其计划出口的主要市场存在强大的知识产权（IP）保护。

（5）至少有一个可靠的发明家将作为创始人、顾问和（或）员工加入公司（最重要的标准）。

（三）决定发明许可收费的多少

当开发技术的成本、制造成本、市场接受周期和最终市场规模都是未知的时，很难合理估计专利的许可费。

幸运的是，技术转让办公室几乎从来没有被要求（或能够）一次性出售一项技术。（即使研究机构愿意出价，也很少有公司或投资者愿意预先支付任何可观的资金购买未经证实的技术。）因此，在技术转移时不需要计算本发明的全部价值。

许可证协议和衍生协议都有出现这种不确定性的风险时进行分担的机制，包括支付方式、许可的前期与后期、依据公司未来的销售与成功进行分担。

总之，评估和定价早期技术更多的是艺术，而不是科学。最终的成功需要对产品开发、制造和市场的一般知识，可比技术的定价知识（当信息可用时），以及经验。

二、新加坡管理大学的专利申请前评估模型

（一）TTO 办公室评估创新的一般流程

1. 发明人进行发明披露

发明人首先需要完成一个表格，以描述发明的背景、发明针对的问题，详细描述发明的特征、功能、优点及与现有技术的区别。这部分应该足够详细，以便让具有相关技能的人能够理解和实施该发明。

2. IP 经理调研发明人了解发明及建立商业前景的初步感觉

负责本发明的技术领域的知识产权管理者（Intellectual Property Manager，IPM）采访发明者或发明团队，以更好地了解

本发明的细节，并收集关于本发明的商业前景的初步想法。

3. IP 经理执行专利检索，可能结合专家调研

接下来，IPM 通过桌面研究或联系领域专家，对现有技术进行探索性的专利搜索。

4. IP 经理准备一份 3 ~ 4 页的关于本发明的商业潜力报告

IPM 最终准备一份关于本发明的商业潜力的 3 ~ 4 页报告，并将其发送给技术转移办公（Technology Transfer Office，TTO）的所有成员。

TTO 每月召开会议对评估报告进行讨论。如果讨论通过，则 TTO 批准对发明的预算支持，将投入资源用于发明的保护和许可。如果没有通过，发明者可以选择上诉，自行商业化，带着当前发明更完善的版本再次回到 TTO，或者干脆放弃。

（二）发明成果评价报告的主体内容

1. 技术背景

在讨论本发明之前，我们需先审视相关技术当前的进展与水平。简言之，就是要对该发明所依托的技术现状有一个清晰的了解。为实现这一目标，我们可以援引一些公开的专利和文献资料，以便更为准确地把握技术的当前状态。这样的步骤对后续深入探讨发明的具体设计具有至关重要的作用，它能帮助我们更准确地认识到该发明在设计上的独特之处。

2. 本发明的概述

对技术方案的详尽披露是报告的关键组成部分。在此，需要准确阐述本发明所针对的具体问题、所采用的技术手段，以及预期实现的技术效果。在描述本发明的过程中，应当遵循严谨的逻辑结构，对技术方案的工作原理、操作过程进行系统性、条理性

的阐述，确保信息的完整性和准确性。

3. 知识产权保护问题

知识产权保护工作是一项重要任务，涉及专利撰写时，应充分考虑权利要求的数量、可执行性及侵权可判性等相关因素。这些要素对确保专利的严谨性、规范性和准确性具有至关重要的作用，必须予以高度重视。在专利撰写过程中，我们应秉持严谨、稳重、理性的态度，确保每一项权利要求都经过精心策划和周密考虑，以保障知识产权得到充分、有效的保护。

4. 商业应用

对一项发明进行商业化应用的范围和前景的分析预测，实际上是对其市场潜力、技术适应性及潜在的社会经济影响进行深入评估的过程。这一过程要求我们综合考虑多方面因素，包括但不限于产品的市场需求、消费者的接受程度、竞争对手的情况、技术发展的趋势及相关政策法规的支持与限制。

5. 本发明的资金来源

披露本发明的资金来源。

6. 所有可能影响本发明授权前景的现有技术

详细说明所有可能对发明专利的实质内容造成影响的先前公开披露情况，包括发明人在此之前的出版物、公开演示或者私下对话等。这些先前公开披露的内容，如果涉及发明专利的核心技术或者创新点，可能会削弱发明专利的新颖性或者创造性，从而影响发明专利的授权前景。因此，在进行发明专利申请时，应当全面披露这些可能影响发明专利性的先前公开披露情况，以便审查机关能够全面了解发明专利的创 造性和新颖性，从而作出正确的审查决定。同时，也能避免因未披露先前公开披露情况而可能导致后来的专利侵权纠纷。

（三）评估者与评估标准

在早期阶段，科学发明可能因缺乏实现预期结果的明确迹象，或预期结果的价值相较所需成本而言较低，而面临被排除的风险。针对此情况，可通过评估声明的方式，详细阐述本发明的潜在价值，并依据不同的评估准则进行全面考量。值得注意的是，早期科学发明的机会具有动态性，随着从理念向实践的转变过程，以及评估者对其认识的不断深化，其潜在价值可能随之发生变化。

TTO 由技术转移经理负责评估，评估准则有两个。

1. 可行性

可行性评估，本质上是一项全面而审慎的考量，旨在系统分析并评估一项创新行动是否具备按照既定设想，顺利推进至预期最终状态的能力与条件。这一过程不仅是对技术层面的深入剖析，更是对市场需求、经济效益、社会影响等多维度因素的全面评估。它要求评估者具备敏锐的洞察力、丰富的实践经验及前瞻性的思维，以确保发明能够在实际应用中展现其应有的价值，并为社会的发展与进步贡献力量。通过可行性评估，我们可以更加清晰地认识到发明的潜力和局限，为后续的决策和规划提供有力的依据。

可行性评估取决于至少两个标准。

（1）克服疑虑（overcoming doubts）。

克服疑虑，即对关于本发明权利要求有效性的疑虑进行深究与消除。当发明者向世人展示他们的创新时，他们不仅是在分享其发现的新技术、新方法或其他科学突破的具体细节，更是在传播一种对未来的无限憧憬与期待。这些发明所蕴含的可能是前所未有的商业成功之潜能，在此之前，确保他们的技术是否具有新颖性和原创性显得尤为关键。评估发明可行性的专业组织在决定是否采取进一步行动之前，都会审慎地审视这些发明，力图消除对其主张的任何疑虑。

（2）成熟度（maturity）。

本发明是否已足够成熟，足以推动其进一步地发展与实施，必须经历一个自我证明的过程。这一过程要求发明首先展现出其有效性。只有当一项发明能在实验室之外更为复杂且不受控的实际环境中稳定地展现其功能与效果时，我们方可称之为成熟。

当一项发明在多重条件下都能产生可靠且一致的结果时，评估者便能更为清晰地预见其潜在的商业价值，并在确信其成功（或具有极高成功可能性）的基础上，作出更为果断的决策。反之，若一项发明尚未积累足够的实际应用记录，那么它仍处在初步探索的阶段，此时任何急于商业化的尝试都可能显得过于草率。因此，我们建议评估者在此阶段采取更为审慎的态度，与其保持一定的距离，以期在时机更为成熟时再做定夺。

2. 可取性（预期结果能否达到对其投资的标准）

在评估是否要对某个特定机会采取行动时，我们首先考虑的是其潜在的可取性。换句话说，我们会深入探讨这个预期结果是否足够有吸引力，以覆盖并超过实现它所需的投资成本。如果经过分析后，发现这个机会缺乏足够的增长潜力或者其预期回报并不足以抵销所需投入，那么我们通常会选择按兵不动。

进行这样的可取性评估，实际上是在探寻科学发明或某个项目是否与我们的创业初衷高度契合——我们追求的不仅是技术的创新，更是希望这些创新能够带来经济上的丰厚回报，实现投资的增值。只有当这两点完美结合时，我们才会果断地采取行动。

可取性评估取决于至少两个标准。

（1）背景熟悉度（background familiarity）。

背景熟悉度这一概念源于更广泛地强调知识在制定和利用创业机会方面的作用。当个体或组织对发明背后的背景具有深度理解时，将展现出更为敏锐的捕捉技术机会并在该领域高效运作的能力。对技术机会背后的科学技术的深刻理解，为企业开展可行性评估提供了更为坚实的基础。拥有足够背景知识的组织会更加自信地驾驭将发明转化为实际商业机会的过程，进而实现其盈利目标。

（2）科学复杂性（scientific complexity）。

"复杂性"一词通常用于描述某事物基于复杂技术和知识体系的构造程度。在审视科学发现所衍生的初步发明时，组织赞助者可以巧妙地运用其复杂性这一维度，来衡量潜在行动机会的吸引力。

当一项发明建立在较为简单的技术基石之上时，它往往缺乏与行动决策密切相关的两大关键特质：新颖性与独特性。新颖性赋予其与众不同的魅力，而独特性则是其市场价值的保障。

对源自已知科学的简单发明而言，它们可能会陷入与已有类似产品生产商的激烈竞争，或者面临其概念被更为优越的竞争对手甚至新入行者轻易模仿的风险。这两种潜在的困境都会削弱其盈利潜力和行动的吸引力。

相比之下，基于复杂技术基础的发明则要求更精细地描绘其内在的细节和复杂性。这种详尽的表达不仅使评估者能够更全面地认识其独特优势，还能增强他们对该发明潜力的信心，进而更准确地评估其行动价值。

一个发明背后科学基础的深度和复杂性，有助于赞助者基于现有科学知识构想出其独特的应用场景。与市场上现有的产品相比，这种对更复杂技术基础的挖掘和揭示，凸显了更为独特的功能特点和更为持久的竞争优势，这对那些寻求具有重大商业潜力的发明的组织赞助者而言，无疑具有极大的吸引力。

三、欧洲联合研究中心（JRC）——欧洲 TTO 新技术评估

欧洲联合研究中心、世界知识产权组织的调查发现，只有大约 1/3 的 TTO 进行与知识产权保护相关的估值。在评估早期技术时，TTO 使用定性和定量方法，一半以上依赖于内部专业知识。调查发现，53% 的技术经理人只使用内部专业知识，33% 结合了内部专家和外部专家，13% 将这项任务外包给外部机构。

TTOs 使用多个商业搜索工具或数据库，如 EPOPATSTAT、QPAT-Orbit、Thomson Delphion 等。为了估计潜在的市场价值，可以使用 marketsearch.com 和 reportlinker.command 数据库、Thomson Innovation，Dianeconsulting，Avention/onesource and business-insight.com。

当技术许可是商业化来源的首选时，可借助国际公共关系协会（IPRA）、Edgar（upwork.com）、royaltysource.com 等定义特许使用费。

四、高校申请前评估方法建议

高校专利申请量非常庞大，进行逐一的详细评估可能会引发显著的成本负担。为提高评估效率与资源利用的最大化，我们建

议先进行初步筛选，以识别并选取那些具备稳定资金支持、核心发明人团队引领、原创性突出及市场前景广阔的专利。这样的策略将有助于我们在确保评估质量的同时，降低评估成本，从而为高校专利申请的优化和筛选提供更为精准和高效的指导。

（1）专利申请前评估之前，还宜准备对是否适合通过专利进行保护的评估内容。

（2）需要评估发明专有权的强度，如专利保护的范围和强度、使用专利的自由、监督侵权的能力、进行诉讼的能力等。

（3）对产业化的评估、处于概念阶段的发明创造，还宜评估它是否可以实践或投入生产，是否可以通过持续投资和二次开发应用于该行业。

（4）评估技术的商业潜力，需要确定产品的能力、预期需求、最终用户身份、市场规模和成熟度。

（5）发明人过去的技术成果转化情况，常常被用于辅助专利申请前的评估。

（6）在申请前需要提交材料，同时经过学院学术委员会专家评议评估。具体如下：

1）评估新技术方案的实际应用可行性、新技术方案的技术生命周期。

2）通过自行进行专利检索，初步评估新技术方案的新颖性与创造性。

3）根据与产品开发方案有关的产品类型判断是否申请专利。

4）评估产品技术方案在市场上被仿冒的可能性、技术方案被逆向工程破解的可能性。

5）确定技术方案所能申请知识产权保护的类型（营业秘密、著作权或专利权）、需要保护的内容（专利布局与申请策略组合）

及其他经营上的需求（阻隔竞争对手的产品），提高竞争对手技术开发难度（成本或技术应用）、提高产品销售广告卖点、申请政府计划补助（高新企业申请抵税）等。

第三节 高校专利的运营与转化

在职务科技成果转化制度经历深入改革后，关于“不敢转”的疑虑已基本消解，“不会转”的困境则成为当前亟待解决的主要问题。过去，专利的生成多受数量驱动和职称评定需求的推动，导致存量专利的管理面临一系列挑战。同时，鉴于高校科技成果的固有特性，其创新成果多为基础性创新，位于技术创新链条的起始阶段，技术成熟度相对较低，距离最终实现产业化仍有一段较长的路程。因此，高校科技成果的产业化应用不可避免地会面临多重风险。然而，必须强调的是，高校科技成果转化工作对国家经济社会的持续发展具有举足轻重的意义。通过有效转化高校科技成果，能够充分释放高校创新力量的社会价值，进一步促进科技与产业的深度融合。

一、高校专利运营转化的主要问题

面对新时代建设科技强国和教育强国的需要，知识产权特别是专利作为高校科技创新工作的重要方面，还存在“重数量轻质量”“重申请轻实施”的问题，突出表现为两个方面。[157]

一是专利数量存在泡沫。2017 年，在我国世界一流大学建设高校中，专利授权量超过 1 000 件的高校有 16 所，授权量最高的超过 2 000 件；而美国麻省理工学院、斯坦福大学分别为 306 件和 204 件。我国高校专利数量普遍是欧美高校的 5 倍以上，这显然与我国高校实际创新水平不相符合。

二是专利转化实施亟须加强。据报道，我国高校专利转化率普遍低于10%，而美国高水平大学专利转化率约为40%，可以看出，我国高校专利转化率与国外高水平大学存在较大差距。相关部门多次对高校科技成果转化工作作出指导，要求深入研究高校科技成果转化率偏低的问题。

专利质量不尽如人意，转化率低下，其背后的原因可以归结为以下三个方面。

第一，知识产权政策制度亟待完善与优化。当前，我国高校虽拥有众多专利，但转化率却相对较低，其主要原因在于部分专利的申请动机主要围绕结题验收、绩效考核等需求。同时，专利申请、授权、维持等环节的费用几乎全部依赖财政经费的支持。这种模式导致专利申请和维持虽然满足了各项考核要求，甚至还能获得奖励补贴，而几乎无须承担任何成本和责任，但造成了“垃圾专利”或“荣誉专利”的泛滥，真正基于技术价值保护的专利申请却相对较少，导致财政资金的非必要消耗。高校应当坚决摒弃片面追求专利数量的倾向，切实消除“专利泡沫”，以严谨科学的态度对待知识产权的申请与维护工作。

第二，知识产权管理机制尚不健全。高校科研项目管理、知识产权管理、成果转化等工作分散在不同的部门，且往往缺少统筹协调机制，难以形成知识产权全流程管理机制。高校对专利信息分析利用的重视程度不够，科研项目立项前缺乏知识产权状况分析研究，项目实施过程中缺少知识产权保护状况跟踪机制，专利布局和专利挖掘手段应用不足。

第三，知识产权运营能力严重不足。知识产权运营涉及金融、法律、产业等多方面的专业知识和综合运用。欧美等发达国家的研究型大学，普遍建立了数十人规模的技术转移机构和专业团队。而我国高校知识产权管理部门基本是由 2 ~ 3 名管理人员组成，人员数量不足、专业能力欠缺，难以达到知识产权专业化运营的要求，只能进行登记、盖章等简单的管理工作。可以说专利的实施转化工作远未引起高校的重视，高校目前的机构、编制、专业人才队伍等远不能适应新时代国家发展需要。这一问题已成为制约我国高校科技创新和知识产权工作迈向高质量发展的短板之一，亟待解决。

二、高校专利运营转化的主要途径

近年来，高校专利运营转化的推进工作取得了显著成效。政府层面通过精心策划的政策体系、中试基地的稳健建设、科技金融的强力支持及高效运行的交流交易平台，为高校科技成果的转化营造了优质的制度环境。各地知识产权局联合相关部门、产业联盟、运营中心及投融资机构，针对产业需求，组织开展了精准的供需对接、银企合作和项目路演活动，有效推动了成熟技术成果的产业化进程。

同时，高校和企业也在不断探索与实践，逐步形成了若干成功的专利运营转化案例和经验总结。这些案例和经验不仅为高校科技成果的转化提供了宝贵的参考，也为未来的科技创新和产业发展奠定了坚实的基础。

（一）通过产学研用，打通高校专利转化的通道

核心技术的重大突破，始终依赖于坚实稳固的基础研究。而基础理论向核心技术的有效转化，必须通过产业化来实现。因此，加强科技成果转化工作，对推动科技创新具有至关重要的意义。

我们必须坚定不移地加强产学研之间的深度融合与协作，进一步推动校企及校地合作向纵深发展，以此提升高校在科技创新方面服务于国家经济发展的综合能力。

为了缩小校企之间的科技供需差距，湖北省推行了“百校联千企”和“万人攻万项”等活动，鼓励高校与企业建立长期稳定的合作机制。这些机制旨在根据企业的实际需求，共同搭建创新联合体和研发技术攻关团队，从而助推地方科技自主性和创新能力的发展。湖北省教育厅、科技厅等机构还联手打造了一个名为“互联网+高校科技服务”的大型平台，该平台通过对高校科技人员和团队的研究方向、技术专长、项目承担情况及科研成果等信息进行个性化精准画像，有助于实现企业科技需求与高校科技资源的精准对接。截至目前，该平台已经吸引了超过1万名高校科技人员注册。

此外，重庆与成都通过建立成渝地区双城经济圈，致力于推动科技成果的转化与校企合作。每年，两地均组织企业前往成渝地区的高校参加成果对接会议，旨在加强产学研用的深度融合。然而，在推进过程中，我们仍需面对高校科技成果与企业实际需求难以精准对接的挑战。鉴于此，为确保合作的高效与实效，产学研用的合作机制应更加注重在立项阶段即达成合作共识，而非仅在成果产生后进行推介。这样的策略将更有利于资源的优化配置和成果的快速转化。

为了加强高校科技成果的转移转化，高校方面也在积极探索创新。以武汉理工大学为例，该校构建了科技成果与知识产权管理运营数智化平台，利用这一平台，学校成功推动了一系列科技成果的商业化应用。材料复合新技术国家重点实验室和材料科学与工程国际化示范学院的官建国教授便将六项关于特种功能涂料制备与工业化应用的发明专利转让给了武汉双虎涂料股份有限公司，交易金额达到1.06亿元。[158]

（二）通过组建公司，将高校的研究成果推向市场

高校作为知识和技术的摇篮，其重要性不言而喻。然而，将实验室中的创新成果转化为市场中的实际产品，却是一项充满挑战的艰巨任务。为了解决这一问题，越来越多的高校开始自己组建专门的公司对学术研究成果进行商业孵化。在这种模式下，高校不仅能够保持其研究成果的学术纯洁性，还能通过公司这一灵活的机制吸引更多的投资，加速技术的市场化进程。

以美国麻省理工学院（MIT）为例，其在将科研成果商业化的道路上走在前列。MIT通过创建诸如Mitel Microwave、A123 Systems和Dropbox等一系列成功的公司，将自己在电子、能源和互联网技术方面的突破带给了世界。这些公司的成功不仅为社会带来了巨大的经济效益，也极大地推动了相关行业的发展。

在国内，清华大学同样在这方面取得了显著成就。清华控股有限公司就是其中的一个典范，它依托清华大学的强大科研实力，孵化出了包括清华同方、紫光集团和启迪控股等在内的多家知名高科技企业。这些企业的产品和服务涵盖了信息技术、环保、新材料等多个领域，为我国的经济发展贡献了重要力量。

总体而言，高校采取设立公司的形式将研究成果转化为市场产品，无疑是一种切实有效的科技成果转化策略。此举不仅推动了学术研究与市场需求的深度融合，也为社会带来了更为丰富的价值。随着创新驱动发展战略的持续推进，我们有充分的理由坚信，未来高校在此方面的努力将会取得更加显著的成效。

高校组建公司的模式主要有两种：一是校办企业；二是与社会资本合作成立的混合所有制企业。

根据2020年的公布数据，至少有83家公司属于“高校系”上市公司，包含50只A股、3只港股及30只新三板股，涉及42所高校。从高校持股的上市公司数量来看，14所高校持股2家以上公司。其中，清华大学为14家上市公司大股东，包含11只A股，如辰安科技、紫光学大、启迪古汉等，辰安科技实际控制人为清华大学；北京大学持有5家上市公司股份，3只A股及2只港股，分别是方正控股及北大资源，且北京大学是这2家公司的实际控制人。哈尔滨工业大学、昆明理工大学及中南大学持股上市公司数量均为4家。[159]

截至2021年年底，高校院所创设和参股公司数量为3 415家，比2020年增长17.6%。其中，中央所属高校院所创设和参股公司数量为1 260家，比2020年增长47.9%；地方所属高校院所创设和参股公司数量为2 155家，比2020年增长4.1%。

（三）通过专利转化、许可、作价投资等形式将高校的技术出让给企业

1. 高校的创新成果是企业的重要创新来源

高校技术出让给企业的案例在全球范围内有很多，这些案例通常涉及专利许可、技术转让及与企业合作成立研发合资公司等形式。以下是一些典型的例子。

（1）斯坦福大学与Google。

斯坦福大学的计算机科学教授拉里·佩奇和谢尔盖·布林在1996年开发了一种名为“PageRank”的网页排名算法。这项技术后来成为谷歌（Google）搜索引擎的核心。虽然两人最终离

开了斯坦福大学创办了 Google，但该算法的专利权仍归斯坦福大学所有。斯坦福大学通过授权 Google 使用这项技术获得了丰厚的收益。

（2）加利福尼亚大学与苹果公司。

加利福尼亚大学曾与苹果公司就一项关于触摸屏技术的专利发生纠纷。这项技术涉及在触摸屏上检测多点触控的操作。经过诉讼，双方最终达成和解，苹果公司支付了一笔未公开的费用获得了该技术的使用权。

（3）麻省理工学院与半导体行业。

麻省理工学院（MIT）在半导体技术方面拥有多项关键专利。例如，MIT 与 IBM 曾合作开发出一种新型晶体管技术，这项技术被用于 IBM 的电脑芯片。此外，MIT 还与德州仪器和仙童半导体等公司进行过技术转让合作。

（4）剑桥大学与 ARM 公司。

剑桥大学的计算机科学家团队开发了一种低功耗的微处理器设计，后来成立了 ARM 公司商业化这项技术。ARM 公司的处理器设计被广泛应用于移动设备和物联网设备，包括苹果的 iPhone 和 iPad。

（5）清华大学与清华同方。

清华大学通过其控股的清华控股有限公司，将多项技术转让给清华同方股份有限公司。清华同方股份有限公司利用这些技术发展了包括计算机、信息安全、数字电视等多个领域的业务。

这些案例表明，高校在技术创新和经济发展中扮演着重要的角色。通过与企业合作，高校不仅可以促进其研究成果的应用，还可以通过技术转让获得资金支持，进一步推动学术研究和教育事业的发展。

（6）青岛科技大学与山东山科。

青岛科技大学与山东山科产研人才价值股权投资基金合伙企业（有限合伙）就短纤维定向取向增强橡胶复合材料挤出成型技术项目成功签约，轮胎先进装备与关键材料国家工程研究中心科研团队 18 项高价值专利转化价值 940 万元，标志着该校在科研成果高价值专利培育方面取得新突破。

2. 高校专利转让、许可、作价投资逐年增长

随着国家对知识产权保护的重视和高校科技成果转化政策的不断优化，中国高校的专利转让、许可和作价投资也呈现出逐年增长的趋势。

中国政府一直鼓励高校加强知识产权的创造、保护和运用。为了提高科技成果转化效率，各高校纷纷建立健全了知识产权管理体系，并积极与企业开展合作，将专利技术转让或许可给企业进行产业化应用。

根据国家知识产权局发布的数据，中国高校的专利转让和许可数量总体呈上升趋势。特别是在一些高科技领域，如电子信息、生物医药、新材料等，高校与企业的技术合作日益紧密，专利转让和许可的活跃度不断提升。

随着高校专利质量的提升和市场认可度的提高，越来越多的高校开始尝试通过专利作价投资的方式与企业合作。这种方式不仅能够为企业提供技术支持，还能为高校带来股权收益，形成了双赢的局面。例如，清华大学、北京大学等知名高校设立了专门的投资基金，用于支持基于本校专利技术的创业项目。这些项目涵盖了新能源、人工智能、高端装备制造等多个战略性新兴产业领域。

2021 年，转让、许可、作价投资方式转化科技成果总合同金额和合同总项数均有所增长。以转让、许可、作价投资方式转

化科技成果的合同总金额为227.4亿元。高校院所以转让方式转化科技成果的合同金额为86.6亿元，比2020年增长23.5%；以许可方式转化科技成果的合同金额为74.3亿元，比2020年增长8.9%；以作价投资方式转化科技成果的合同金额为66.5亿元，比2020年增长0.1%。[160]

中国高校专利转让、许可和作价投资的增长，对推动国内产业升级和经济发展具有重要意义。它不仅能够将学术研究成果转化为实际生产力，还能带动就业，培养人才，提升国家整体的创新能力。随着创新驱动发展战略的深入实施，中国高校有望在推动国家经济高质量发展中发挥更加重要的作用。

近年来，学校高度重视知识产权工作，通过主动作为、靠前服务，不断完善以“数量布局、质量取胜”为导向的知识产权高质量发展机制，实施“分类施策、梯次培育”计划，不断加大高价值专利的培育力度，知识产权各项工作迈上新台阶。未来，需要进一步探索高校科技成果的转化工作方法与组织方式，以促进高校知识产权工作的健康发展。

后　记

2015年，笔者偶然踏入了知识产权的领域，这段职业旅程充实而多彩。笔者曾效力于官方机构，担任审查工作；在企业界，从事科技情报的分析；曾在服务机构，担当专利代理师的角色；如今，笔者在高校传授知识产权的理论与研究。在这条道路上，笔者广泛接触了各类专利事务，主导并完成了很多不同类型的项目。时至今日，回望过去，我发现曾经的努力已经结出了一些有意义的果实，但它们散布各处，缺乏系统性。笔者渴望对这些分散的经验进行梳理和整合，以形成一个完整知识体系架构。

经过深思熟虑，笔者选择了“专利的价值”作为本书的主线。虽然这个名字并不显眼，但它是连接过去工作与成果的绝佳纽带，能够串联起一个个片段，形成一个完整而有序的知识框架。由于过去对专利价值的理解比较有限，主要在实务层面开展工作，因此在撰写本书的过程中，笔者专门研究和探讨了专利价值的哲学基础方面的内容。在漫长的编撰过程中，笔者一直致力于融合专利的理论知识与实践经验，虽然最终的体现可能仍有不足之处，但笔者坚信这样的尝试能够为读者带来一定程度的启示。

此外，本书以专利价值为核心，广泛探讨了知识产权领域的诸多前沿议题，如科技成果评估、专利质押融资、专利导航、高价值专利培育及高校科技成果转化等。书中的一些思考和方法多是个人经验的总结，仅供业界参考。

在科技创新越来越受到重视的今天，对专利的价值的探索和实践是极其重要的。本书希望通过系统探讨专利的价值，为读者提供一个全面了解和掌握专利知识的平台。笔者相信只有充分发挥专利的作用，才能更好地推动科技进步，促进经济社会的可持续发展。希望本书能够为广大读者提供有益的启示和指导，共同为科技创新和知识产权事业的发展贡献力量。

参考文献

[1] 词语大全“知识”[EB/OL]. [2024-07-02]. https://guoxue.baike.so.com/query/view?type=phrase&title=%E7%9F%A5%E8%AF%86&src=onebox.

[2] 汉语大字典编纂处.中华大辞典[M].四川：四川辞书出版社，2018.

[3] 于正河，李娜.论知识产权化[J].东方论坛，2009(5)：100-103.

[4] 郑成思.知识产权法：新世纪初的若干研究重点[M].北京：法律出版社，2004.

[5] 刘春田.知识产权法[M].5版.北京：高等教育出版社，2015.

[6] 张玉敏.知识产权法学[M].北京：法律出版社，2011.

[7] 建立世界知识产权组织公约[EB/OL].(1979-10-02)[2024-07-02]. http://ipr.mofcom.gov.cn/zhuanti/law/conventions/wipo/wipo_convention/wipo_convention_right.html.

[8] KALANJE C M. Role of intellectual property in innovation and new product development[Z/OL] [2024-07-02]. https://www.wipo.int/export/sites/www/sme/en/documents/pdf/ip_innovation_development.pdf.

[9] FISHER W. Intellectual property and innovation : theoretical, empirical, and historical perspective[D]. The programme seminar on intellectual property and innovation in the knowledge-based economy, 2001.
[10] MANSFIELD E. Social returns from R&D: findings, methods and limitations[J]. Research-technology Management, 1991 (34): 24-27.
[11] ROGERS M. The definition and measurement of innovation[M]. Australia : Melbourne Institute of Applied Economic and Social Research, 1998.
[12] 刘滨 . 浅谈 IPD 模式下的知识产权管理 [J]. 福建冶金, 2021, 50 (5): 59-62.
[13] 创新管理——知识产权管理指南: ISO56005[S]. 国际标准化组织, 2020.
[14] 钟敬恒 . 论专利保护对创新的促进作用 [J]. 法制与社会, 2015 (1): 238-242.
[15] HELLMANN T. The role of patents for bridging the science to market gap[J]. Journal of Economic Behavior & Organization, 2007 (63): 624-647.
[16] KENNEDY R. Strategic management[M]. VA : Virginia Tech Publishing, 2020.
[17] HELLMANN T. The role of patents for bridging the science to market gap[J]. Journal of Economic Behavior & Organization, 2007 (63): 624-647.
[18] HALL B H. Patents, innovation, and development[J]. International Review of Applied Economics, 2024 (38):

17-42.

[19] GOLD E R, JEAN-FRÉDÉRIC M, SHADEED E. Does intellectual property lead to economic growth? Insights from a novel IP dataset[J]. Regulation & Governance, 2019, 13(1): 107-124.

[20] GAMBARDELLA A. Patent value: issues, measurement & determinants[Z/OL]. [2024-07-02]. https://www.wipo.int/edocs/mdocs/mdocs/en/wipo_ip_econ_ge_2_11/wipo_ip_econ_ge_2_11_ref_gambardella.pdf.

[21] FARRE-MENSA J, HEDGE D, LJUNGQVIST A. What is a patent worth? Evidence from the U.S. patent lottery[J/OL]. Journal of Finance, American Finance Association, 2020, 75(2): 639-682. http://www.nber.org/papers/w2326.

[22] 李黎明. 专利价值研究的文献综述与未来展望[J]. 情报杂志, 2023, 42(2): 166-174.

[23] ZIMMERMAN, MICHAEL J, BRADLEY B. Intrinsic vs. Extrinsic Value[M/OL]. The Stanford Encyclopedia of Philosophy. 2019[2024-7-2]. https://plato.stanford.edu/cgi-bin/encyclopedia/archinfo.cgi?entry=value-intrinsic-extrinsic.

[24] 智慧芽年度调研报告: 知产价值正沿三大圈层向外延展[R/OL]. (2022-04-26)[2024-07-01]. https://zhuanlan.zhihu.com/p/505500368.

[25] HIROSE I, OLSON J. The Oxford handbook of value[M]. Oxford: Oxford University Press, 2015.

[26] 徐晋.新解构发展经济学——价值空间、测度体系与供给侧改革结构方程[J].西安交通大学学报(社会科学版),2018,38(1):1-11.
[27] 徐晋.稀缺二元性与制度价值论——后古典经济学范式的理论架构[J].当代经济科学,2016,38(1):1-12,124.
[28] 班瓦利·米托,贾格迪胥·谢兹.再造企业价值空间[M].成秀光,译.北京:机械工业出版社,2003.
[29] 常能.基于价值空间的设计策划理论研究[J].吉首大学学报(社会科学版),2017,38(S2):116-118.
[30] PARCHOMOVSKY G, WAGNER R P. Patent portfolios[J/OL]. University of Pennsylvania Law Review, 2005. [2024-07-02]. https://scholarship.law.upenn.edu/faculty_scholarship/49.
[31] 360百科"价值"[EB/OL]. [2024-07-02]. https://baike.so.com/doc/1755614-1856438.html.
[32] PITKETHLY R H. The valuation of patents: A review of patent valuation methods with consideration of option based methods and the potential for further research[J]. Irotellectual Property, 1997(8): 17-18.
[33] Patent Ratings LLC. Method and system for rating patents and other intangible assets: US09661765[P]. 2000-09-14.
[34] GASSMANN O, BADER M A, THOMPSON M J. Patent management: Protecting Intellectual Property and Innovation[M]. Zurich: Springer, 2020.

[35] Final Report from the expert group on intellectual property[R]. Publications Office of the European Union, 2014.

[36] 专利质量评价技术规范：DB 34/T 2877—2017[S].安徽省质量技术监督局，2017.

[37] 马廷灿，李桂菊，姜山，等.专利质量评价指标及其在专利计量中的应用[J].图书情报工作，2012，56（24）：89-95，59.

[38] 国家知识产权局专利管理司，中国技术交易所.专利价值分析指标体系操作手册[M].北京：知识产权出版社，2012.

[39] 中国技术交易所.专利价值分析与评估体系规范研究[M].北京：知识产权出版社，2015.

[40] 专利交易价值评估指南：SZDB/Z 103—2014[S].广东：深圳市市场监督管理局，2014.

[41] 刘剑锋，刘梦娜，何丽娜，等.专利价值评价的综合指标体系研究[J].中国发明与专利，2018，15（11）：56-60.

[42] 中国资产评估协会.知识产权资产评估指南[EB/OL].（2017-09-08）[2024-07-02]. https://law.esnai.com/print/184628/.

[43] 中国资产评估协会.中评协关于印发《资产评估执业准则——资产评估方法》的通知[EB/OL].（2019-12-10）[2024-07-02]. https://www.cas.org.cn/ggl/61795.htm.

[44] 专利交易价值评估指南：SZDB/Z 103—2014[S].深圳市市场监督管理局，2014.

[45] 杨思思，戴磊.专利价值评估方法研究概述[J].电子知识

产权，2016(9)：78-84.

[46] BERMAN B. From Assets to Profits：Competing for IP Value & Return[M]. New Jersey：John Wiley & Sons, Inc, 2009.

[47] 焦悦，谭东丽，吴尧．基于改进后收益法对专利质押价值评估研究——以江苏省赛康医疗设备有限公司为例[J].中国资产评估，2023(9)：31-40.

[48] VAKILI M. Patent portfolio valuations-importance of IP and patents[EB/OL].(2017-07-12)[2024-06-22]. https://ipwatchdog.com/2017/07/12/patent-portfolio-valuations/id=85409/#.

[49] 孙玉艳，张文德．基于组合预测模型的专利价值评估研究[J].情报探索，2010(6)：73-76.

[50] 冯丽艳．技术生命周期与技术类无形资产价值评估方法的选择[J].商场现代化，2009(1)：48-49.

[51] 唐恒，孔潆婕．专利质押贷款中的专利价值分析指标体系的构建[J].科学管理研究，2014，32(2)：105-108.

[52] 韩士专，胡凤林．许可实施状态下的专利价值评估方法[J].中国发明与专利，2008(11)：38-40.

[53] 张晓慧．浅析不同经济行为中的专利权价值评估要点[J].当代经济，2009(11)：42-43.

[54] 易泽鹏．基于机器学习的专利价值分类预测模型研究[D].广西：广西大学，2021.

[55] Final report from the expert group on intellectual property[R]. Publications Office of the European Union, 2014.

[56] 专利评估技术标准 2.0：Q31/0110000116F010—2018[S]. 上海：上海必利专利评估技术有限公司，2018.

[57] ADAM S.What is my patent portfolio really worth? Measuring and inc reasing real value of your patent portfolio[J]. Chipworks, 2006.

[58] 专利组合 [EB/OL]. [2024-01-30]. https://baike.so.com/doc/8615722-8936700.html.

[59] ZEEBROECK N. The puzzle of patent value indicators[J]. Economics of Innovation and New Technology, 2021 (20): 1, 33-62.

[60] GILL A, HELLER D. Borrowing against the (Un) known: The value of patent portfolios[R]. 2020.

[61] 翟东升，陈曾曾，徐硕，等. 基于实物期权的专利组合估值方法研究 [J]. 情报杂志，2021，40 (6)：200-207.

[62] 袁旗. 知识资产价值视角下的中国企业专利组合价值测度研究 [D]. 山东：青岛大学，2023.

[63] 曹晨，胡元佳. 专利组合价值评估探讨——以药品专利组合为例 [J]. 科技管理研究，2012 (13)：174-177.

[64] LEE B K, SOHN S Y. Patent portfolio-based indicators to evaluate the commercial benefits of national plant genetic resources[J]. Ecological Indicators, 2016, 70: 43-52.

[65] 陈朝晖，周志娟. 基于 FANP 方法的专利组合价值评估模型设计及应用研究——以“深圳大疆”为例 [J]. 科技进步与对策，2020，37 (5)：18-26.

[66] 卞秀坤，郑素丽，诸葛凯，等. 基于 ISM 模型的企业专

利组合核心特征分析[J].科技管理研究，2020，40（3）：95-100.

[67] 任培民，赵树然，姜文远.基于结构方程-组套索的复杂专利组合测度研究[J].科研管理，2022，43（9）：159-168.

[68] BADER M A, VOGEL H, TOBIAS, M. et al.Intellectual property right valuation index and a method and a system for creating such an index：US13449064[P]. 2012-04-17.

[69] DONNER I H. Intellectual property audit system：US5999907[P]. 1993-12-06.

[70] OECD. The measurement of scientific and technological activities using patent data as science and technology indicators patent manual[M]. Francisca：OECD Publishing, 1994.

[71] ERNST H, OMLAND N. The patent asset index-A new approach to benchmark patent portfolios[J/OL]. World Patent Information, 2011，33（1）：34-41. https://doi.org/10.1016/j.wpi.2010.08.008.

[72] COLLAN, MIKAEL, KYLÄHEIKO K. Forward-looking valuation of strategic patent portfolios under structural uncertainty[J]. Journal of Intellectual Property Rights, 2013, 18（3）：230-241.

[73] COLLAN M, HEIKKILÄ M. Enhancing patent valuation with the pay-off method[J]. Journal of Intellectual Property Rights, 2011，16（5）：377-384.

[74] 林福亮．专利权质押融资的困境与对策[J]. 知识经济，2018（10）：43-44.

[75] Final report from the expert group on intellectual property[R]. Publications Office of the European Union，2014.

[76] 邓恒，王含．高质量专利的应然内涵与培育路径选择——基于《知识产权强国战略纲要》制定的视角[J]. 科技进步与对策，2021，38（17）：34-42.

[77] 周磊，王婧怡，黄彩云，等．基于机器学习的高质量专利特征组合挖掘[J]. 武汉纺织大学学报，2021，34（3）：67-71.

[78] GUELLEC D，BRUNO VAN POTTELSBERGHE. The economics of the European patent system：IP policy for innovation and competition[M]. Oxford：Oxford University Press，2007.

[79] HALL B H，HARHOFF D. Recent research on the economics of patents[EB/OL]. [2024-06-22]. https://www.nber.org/papers/w17773.

[80] 智周知识产权．高价值发明专利定义出炉：明确5种情况纳入高价值发明专利统计范围[EB/OL].（2021-04-09）[2023-06-23]. https://www.sohu.com/na/459803884_120468974.

[81] 郭青，戚湧，高盼军．基于技术、法律和经济三位一体的专利质量评价及应用研究[J]. 中国发明与专利，2021，18（1）：21-29.

[82] 刘鑫，赵婷微．产业安全视角下全球高铁专利质量测度与

风险识别 [J]. 科技管理研究，2021，41（4）：53-60.
[83] 许鑫，赵文华，姚占雷 . 多维视角的高质量专利识别及其应用研究 [J]. 现代情报，2019，39（11）：13-22，45.
[84] 彭华涛，田兰馨 . 高质量专利评估研究进展及展望 [J]. 武汉理工大学学报（社会科学版），2022，35（3）：48-56.
[85] 苏平，马瑜 . 基于战略生态位管理理论的高价值专利培育优化 [J]. 河南科技，2021，40（8）：155-158.
[86] 姬虹 . 河南省中小企业高价值专利培育路径探究 [J]. 科技与创新，2020（5）：124-125.
[87] 姬虹 . 企业高价值专利培育模式研究——以校企合作为视角 [J]. 科技与创新，2020（21）：68-69，71.
[88] 赵佑斌 . 高质量专利的技术价值培育及案例评析 [Z]. 2023-06-05.
[89] 专利包缺失引发的包围战——杜邦 VS 特安纶 [EB/OL]. （2020-02-24）[2024-06-22]. https://zhuanlan.zhihu.com/p/108840087.
[90] 高价值专利培育：不同维度的培育方法 [EB/OL].（2023-02-11）[2024-06-22]. https://baijiahao.baidu.com/s?id=1757499836573345904.
[91] 企业知识产权国际合规管理规范：DB44/T 2362—2022[S]. 广东：广东省市场监督管理局，2022.
[92] 高价值专利的市场价值培育与布局经略 [EB/OL].（2017-09-01）[2024-06-22]. https://www.sohu.com/a/168891850_740044.
[93] 亢荣 . 如何基于竞争对手的情况培育专利的市场价值 [J]. 电器工业，2018（5）：54-56.

[94] 江苏省知识产权局关于印发江苏省高价值专利培育示范中心建设和管理办法（暂行）的通知[EB/OL].（2021-09-07)[2024-06-22]. http://jsip.jiangsu.gov.cn/art/2021/9/7/art_85036_10397409.html.

[95] 苏国平.创新驱动发展下的科技成果评价现状及对策[J].河南科技，2023，42（19）：153-158.

[96] 《关于完善科技成果评价机制的指导意见》审议通过[EB/OL].（2021-05-25）[2024-06-22]. https://www.nsfc.gov.cn/csc/20340/20289/57758/index.html.

[97] 国务院办公厅印发《关于完善科技成果评价机制的指导意见》[EB/OL].（2021-08-02）[2024-06-22]. https://www.sohu.com/a/481038581_121106991.

[98] 科技部关于印发《科学技术评价办法》（试行）的通知[EB/OL].（2003-09-20）[2024-06-22]. https://www.lexiscn.com/law/law-chinese-1-257955.html.

[99] 王馨迪.科技投入项目（应用类）绩效评价体系研究[D].北京：北京交通大学，2017.

[100] 科学技术研究项目评价通则：GB/T 22900—2009[S].中华人民共和国国家质量监督检验检疫总局，2009.

[101] 兰峰.科技投入项目绩效考评体系的研究[D].北京：北京交通大学，2008.

[102] 王馨迪.科技投入项目（应用类）绩效评价体系研究[D].北京：北京交通大学，2017.

[103] 袁瑞钊，孙利辉.DEA方法在应用技术类科技成果评价中的应用[J].青岛大学学报（自然科学版），2013，26（3）：87-90.

[104] 陈洪梅，熊思勇.应用技术类科技成果评价指标研究[J].科技管理研究，2011，31（8）：35-37.

[105] 孙继辉，职琳斓.应用类科技成果评估体系研究——以大连市金普新区为例[J].大连大学学报，2017，38（4）：56-60，82.

[106] 高超，王燕霞.科技成果五元价值协同评价模式研究[J].科学咨询（科技·管理），2023（12）：1-4.

[107] 国务院办公厅关于完善科技成果评价机制的指导意见[EB/OL].（2021-08-02）[2024-06-22]. https://www.gov.cn/zhengce/content/2021-08/02/content_5628987.htm.

[108] 柴国荣，许崇美，闵宗陶.科技成果转化评价指标体系设计及应用研究[J].软科学，2010，24（2）：1-5.

[109] 李宁，张春育.科技成果评价在成果转移转化过程中遇到的问题和对策建议[J].天津科技，2019，46（9）：3-5.

[110] 盛国荣.决策者和专家：技术评估中的两个关键性要素[J].科技管理研究，2010，30（8）：194-197.

[111] 修国义.企业技术评价方法研究[J].哈尔滨理工大学学报，1998（2）：61-64.

[112] 曹杨，黄灿泽.专利技术先进性对许可决策的影响研究[J].人才资源开发，2014（14）：20-21.

[113] 宋艳，何嘉欣，常菊.科技型企业初创期技术战略研究综述——基于技术创新属性评估视角[J].电子科技大学学报（社科版），2019，21（4）：40-48.

[114] 如何构建企业专利信息利用体系？（顶层设计＋运行机制）[EB/OL].（2019-06-12）[2024-06-22]. http://www.iprdaily.cn/news_21923.html.

[115] Baglieri, D, Cesaroni, F. Capturing the real value of patent analysis for R&D strategies[J/OL]. Technology Analysis & Strategic Management, 2013, 25（8）: 971-986[2024-07-08]. https://doi.org/10.1080/09537325.2013.823149.

[116] 周善明，王鹏，武月娇，等.从专利信息利用角度思考企业技术创新路径[J].中国发明与专利，2015（9）：77-80.

[117] DAR-ZEN CHEN, HAN-WEN CHANG, et al. Core technologies and key industries in Taiwan from 1978 to 2002：A perspective from patent analysis[J]. Scientometrics, and Springer, Dordrecht, 2005, 64（1）: 31-53.

[118] 国家知识产权局关于实施专利导航试点工程的通知[A/OL].（2013-04-02）[2024-07-09]. https://www.cnipa.gov.cn/art/2014/3/10/art_381_138217.html.

[119] 专利导航试点工程工作手册（第一版）[EB/OL]. [2021-03-29]. https://www.cnipa.gov.cn/art/2017/9/22/art_381_138220.html.

[120] 关于印发2014年度专利导航试点工程项目计划的通知[EB/OL].（2017-09-22）[2024-07-09]. https://www.cnipa.gov.cn/art/2014/4/22/art_386_134000.html.

[121] 关于加强国家专利导航产业发展实验区专利导航规划项目管理的通知[EB/OL].（2014-04-09）[2024-07-09]. https://www.cnipa.gov.cn/art/2014/4/9/art_386_134001.html.

[122] 国家知识产权局办公室关于推广实施产业规划类专利导航项目的通知[EB/OL].（2015-08-07）[2024-07-09]. https://

www.cnipa.gov.cn/art/2015/8/7/art_53_116517.html.

[123] 国务院关于新形势下加快知识产权强国建设的若干意见[EB/OL].（2015-12-13）[2024-07-09]. https://www.cnipa.gov.cn/art/2015/12/23/art_67_28446.html.

[124] 国家知识产权局关于确定新一批国家专利导航产业发展实验区、国家专利协同运用试点单位、国家专利运营试点企业的通知[EB/OL].（2016-01-29）[2024-07-09]. https://www.cnipa.gov.cn/art/2016/1/29/art_549_146075.html.

[125] 关于推广实施企业运营类专利导航项目的通知[EB/OL].（2017-01-17）[2024-07-09]. https://www.cnipa.gov.cn/art/2017/1/17/art_385_133967.html.

[126] 广东省知识产权局关于发布《广东省专利导航工作指南》《广东省知识产权分析评议工作指南》的通知[EB/OL].（2019-05-09）[2024-07-09]. http://amr.gd.gov.cn/gkmlpt/content/2/2275/post_2275805.html.

[127] 专利导航指南：GB/T 39551—2020[S].国家市场监督管理总局，2020.

[128] 贾年龙，徐晓鸣.《专利导航指南》国家标准解读：从导则到标准[J].专利代理，2022（1）：25-32.

[129] 关于加强国家专利导航产业发展实验区专利导航规划项目管理的通知[EB/OL].（2014-04-09）[2024-07-09]. https://www.cnipa.gov.cn/art/2014/4/9/art_386_134001.html.

[130] 贾年龙，何东.专利导航助力传统产业转型升级的机理与路径探索——基于中药材产业的实践研究[J].情报探索，2024（9）.

[131] 国务院关于印发实施《中华人民共和国促进科技成果转

化法》若干规定的通知[EB/OL].(2016-03-02)[2024-06-22]. https://www.gov.cn/zhengce/content/2016-03/02/content_5048192.htm.

[132] 财政部关于进一步加大授权力度促进科技成果转化的通知[EB/OL].(2019-09-23)[2024-06-22]. http://www.mof.gov.cn/gkml/caizhengwengao/wg201901/wg201910/202005/t20200521_3517543.htm.

[133] 教育部、国家知识产权局、科技部发布《关于提升高等学校专利质量 促进转化运用的若干意见》[EB/OL].(2020-02-19)[2024-06-22]. http://www.moe.gov.cn/srcsite/A16/s7062/202002/t20200221_422861.html.

[134] 国务院办公厅关于完善科技成果评价机制的指导意见[EB/OL].(2021-08-02)[2024-06-22]. https://www.most.gov.cn/xxgk/xinxifenlei/fdzdgknr/fgzc/gfxwj/gfxwj2021/202108/t20210804_176223.html.

[135] 国务院办公厅关于印发《专利转化运用专项行动方案(2023—2025年)》的通知[EB/OL].(2023-10-17)[2024-06-22]. http://www.scio.gov.cn/zdgz/jj/202310/t20231020_775324.html.

[136] 穆江峰.我国专利行政执法制度的特征与问题探究[J].学理论,2015(14):66-68.

[137] 习近平.全面加强知识产权保护工作激发创新活力推动构建新发展格局[J].理论导报,2021(2):29.

[138] 沈湫莎.盘点存量专利,“纸变钱”激活新质生产力[N].文汇报,2024-03-27(001).

[139] 马紫晨.专利行政执法之出路探究[J].法制博览,2024

(6): 40-42.
[140] 专利法第四次修改中的专利行政执法相关问题研究[EB/OL].(2017-04-05)[2024-06-22]. https://www.chinaiprlaw.cn/index.php?id=4716.
[141] 解读《专利纠纷行政调解办案指南》等文件[EB/OL].(2020-09-07)[2024-06-22]. https://www.cnipa.gov.cn/art/2020/9/7/art_66_152172.html.
[142] 王淇.论专利行政执法对公共利益的保护[J].知识产权,2016(6): 107-111.
[143] 2023年甘肃省知识产权行政执法典型案例(专利侵权篇)[EB/OL].(2023-12-20)[2024-06-22]. http://scjg.gansu.gov.cn/scjg/c110132/202312/173819062.shtml.
[144] 充分尊重专利权的私权属性 切实发挥司法保护专利权的主导作用[N/OL].(2016-01-25)[2024-06-22]. http://shms.hljcourt.gov.cn/public/detail.php?id=244.
[145] 罗纳德·H.科斯.企业、市场与法律[M].上海: 格致出版社,2014.
[146] 夏后学,谭清美,白俊红.营商环境、企业寻租与市场创新——来自中国企业营商环境调查的经验证据[J].经济研究,2019,54(4): 84-98.
[147] 习近平: 改革要聚焦聚神聚力抓好落实[N/OL].(2014-06-06)[2024-06-22]. http://www.xinhuanet.com/politics/2014-06/06/c_1111024486.htm.
[148] 陈天昊,苏亦坡.我国知识产权法院的治理实效与制度逻辑[J].法学研究,2023,45(1): 179-204.
[149] 管荣齐.知识产权司法保护专题研究[M].北京: 法律出

版社，2020.
[150] 韦倩，韦祎 . 知识产权司法保护、技术创新与专利制度利益平衡 [J]. 山东大学学报（哲学社会科学版），2023（6）：44-55.
[151] 覃苇 . 专利侵权惩罚性赔偿制度问题研究 [D]. 广西：广西大学，2023.
[152] 知识产权公共服务规范：T/CIPSA 0005—2023[S]. 首都知识产权行业协会，2003.
[153]《高校和科研机构存量专利盘活工作方案》印发 [EB/OL].（2024-02-05）[2024-06-22]. https://www.eol.cn/tech/zhengce/202402/t20240205_2558119.shtml.
[154] 王会丽，王岩 . 高价值专利培育在高校“双一流”建设中的作用探析 [J]. 河南科技，2020，39（33）：40-44.
[155] 教育部国家知识产权局科技部关于提升高等学校专利质量促进转化运用的若干意见 [EB/OL].（2020-02-19）[2024-06-16]. http://www.moe.gov.cn/srcsite/A16/s7062/202002/t20200221_422861.html.
[156] 苏小芳，朱军，石磊 . 浅析专利预警与专利布局对企业发展规划的重要性 [J]. 时代金融，2018（29）：197-198.
[157] 教育部科技司司长：提升专利质量，加强产学研合作，促进成果转化 [EB/OL].（2020-01-03）[2024-06-16]. https://law.csu.edu.cn/info/1131/4022.htm.
[158] 武汉着力推动科技创新资源共建、成果共用、利益共享——链通产学研用 构筑科创高地 [EB/OL].（2023-10-11）[2024-06-22]. http://www.moe.gov.cn/jyb_xwfb/moe_2082/2023/2023_zl10/202310/t20231011_1085007.

html.
[159] “高校系”上市公司名单来了！清华大学最霸气 持股规模近 2 700 亿[EB/OL].（2020-07-29）[2024-06-16]. https://baijiahao.baidu.com/s?id=1673525820857661143.
[160] 中国科技成果转化 2022 年度报告：成果转化趋势、问题和工作建议 [R/OL].（2023-07-27）[2024-06-16]. https://mp.weixin.qq.com/s/9f_mcoc1ZkzvaNeS70-FDw.
[161] 余俊．知识产权与中国现代性的起源[J]. 知识产权，2019（8）：57-62.
[162] 苏国平．创新驱动发展下的科技成果评价现状及对策[J]. 河南科技，2023，42（19）：153-158.